奥山 格 著

ORGANIC CHEMISTRY

有機化学 ^{改訂
3版}
問題の解き方

丸善出版

はじめに

　本書は，奥山 "有機化学　改訂 3 版" に付随するものであり，本テキストで学習する学生のみなさんの助けになることを願ってまとめたものである．ここに，本書の構成とねらいをあげるので，本書を有効に使って有機化学を自分のものにしてほしい．

　化学構造は有機化学の原語として，視覚的にも身につくように，手で覚えるように，常に自らの手で構造式を書きながら学習を進めよう．鉛筆と紙，必要に応じて分子模型が理解の助けになることをよく覚えておこう．

　各章のはじめに "まとめ" の項目を設けたので復習の助けになるだろう．8 章以降で新しい反応が出てくる章には "反応例" をまとめた．主として "Organic Syntheses" に掲載されている信頼性の高い反応であり，反応条件と収率の概略も記した．ついで，テキストの "問題解答" を掲載している．テキストの問題を解いたあとで，自分の解答を確かめるために使ってほしい．さらに，本書独自の "演習問題" がある．巻末にまとめてその解答も掲載しているので，演習書としても活用できる．有機反応の解答はただ一つとは限らないことが多いので，"解答" は "解答例" にすぎないと考えて，自分の解答と違うときにはその理由を考えてみよう．

　十分に理解できないときは教師に質問することである．教師はそのためにいるのであり，教師との会話は問題解答を教えてもらう以上に勉強になることもある．積極的に利用しよう．また，本書のウェブサイト "有機化学 plus on web"（https://www.maruzen-publishing.co.jp/contents/yukiplus/book_magazine/yuki/web/）も参考にしてほしい．補充問題も収載しているので，さらに学習を進めることができる．そして "質問箱" から著者に質問することもできるし，テキストや本書の疑問点，あるいは誤りを指摘することもできる．教科書や本書とても間違いがまったくないとはいえない．万全を期しているつもりではあるが，著者の気づかない誤りが忍び込んでいるかもしれないし，学問の進歩によって記述の訂正が必要になることもある．

　本書をまとめるにあたって，解答はテキストの共著者である石井昭彦先生と箕浦真生先生との共作であり，他の部分についても助言をいただいた．また，丸善出版(株)の小野栄美子氏と長見裕子氏には本書の作成について多大なお世話をかけた．ここにあわせて謝意を表する．

2023 年 9 月

著　者

目　次

化学結合と分子の成り立ち

1

まとめ
Summary

❏ **軌道**とは，一定のエネルギー状態の電子が存在できる空間領域のことであり，一つの軌道には スピン対になった 2 電子まで収容できる(➡ 1.1.2 項)．

❏ 原子の性質は，おもに最外殻にある**価電子**によって決まる(➡ 1.1.3 項)．

❏ 分子に含まれる原子の価電子は通常 s 軌道と p 軌道に入っており，**オクテット**(8 電子)で満たされた状態になる(➡ 1.2.1 項)．

❏ 原子は価電子の授受によって**イオン**を生成するか，電子を共有することによって**共有結合**をつくり，オクテットを達成する(**オクテット則**)(➡ 1.2 節)．

❏ 電子は 2 個が対になって存在する傾向が強く，分子やイオンでは**結合電子対**(共有結合)か**非共有電子対**になっている(➡ 1.2 節)．

❏ 原子の**電気陰性度**の違いによって結合が**分極**し，**極性結合**になる．極性分子は**双極子**をもち，その大きさは双極子モーメントで表す(➡ 1.2 節)．

❏ **Lewis 構造式**では，非共有電子対を二つの点で示し，結合電子対(結合)は線で表す(➡ 1.3 節)．

❏ **有機反応は価電子の動きによって起こる**ので，Lewis 構造式を正しく書けることは有機化学を学ぶうえで非常に重要である．

❏ 分子の構造を表すとき，炭素と水素を省略した**線形表記**を用いることが多い(➡ 1.4 節)．

問題解答

問題 1.1

(a) 陽子 5，中性子 6　　(b) 陽子 11，中性子 12　　(c) 陽子 7，中性子 7　　(d) 陽子 9，中性子 10

問題 1.2

炭素同位体の原子核はいずれも陽子を 6 個もっており，中性子の数は同位体によって ^{12}C，^{13}C，^{14}C それぞれ 6，7，8 となる．

問題 1.3

まず，周期表で元素の位置を確認しよう．第 4 周期の元素では，3d 軌道に電子が入る前に 4s 軌道が満たされることに注意しよう．第 5 周期元素も同様である．

(a) Ca : $[Ar]4s^2$　　(b) Br : $[Ar]3d^{10}4s^24p^5$　　(c) Sn : $[Kr]4d^{10}5s^25p^2$

問題 1.4

価電子数は元素の族番号からわかる．価電子が入っている原子軌道も確認しておこう．

(a) 4　　(b) 7　　(c) 3　　(d) 5　　(e) 2

問題 1.5

(a) $3s^2$ (b) $2s^2 2p^3$ (c) $3s^2 3p^3$ (d) $3s^2 3p^4$ (e) $4s^2 4p^5$

問題 1.6

それぞれ Na の電子配置から 1 電子とり，Cl の電子配置に 1 電子足す．いずれも貴ガス元素(Ne または Ar) の電子配置になっている．

Na^+：$[He]2s^2 2p^6$(または $1s^2 2s^2 2p^6$)　　　Cl^-：$[Ne]3s^2 3p^6$(または $1s^2 2s^2 2p^6 3s^2 3p^6$)

問題 1.7

電気陰性度の差を調べ，1.8 以上になるものがイオン結合になると考える．

(a) 共有結合　　(b) 共有結合　　(c) 共有結合　　(d) イオン結合

問題 1.8

(a) $\overset{\delta-}{O}-\overset{\delta+}{H}$ (←+)
(b) $\overset{\delta+}{C}-\overset{\delta-}{O}$ (+→)
(c) $\overset{\delta-}{C}-\overset{\delta+}{Mg}$ (←+)
(d) $\overset{\delta+}{B}-\overset{\delta-}{H}$ (+→)

問題 1.9

(a) ルイス構造式 H:C:O:H（上下にH、OにH）, H-C(H)(H)-O-H

(b) ルイス構造式 H₂C::CH₂, H₂C=CH₂（エチレン）

(c) BF₃ および F-B(F)-F 構造

(d) Li^+ $:\!\ddot{F}\!:^-$

問題 1.10

(a) H-C(H)(H)-O:⁻（メトキシド）

(b) H-C(H)(H)-O⁺(H)(H)

(c) 酢酸構造 CH₃-C(=O⁺H)-O:⁻H

(d) アミノ酸構造 H₂N⁺(H)-CH(H)-C(=O)-O⁻

問題 1.11

(a) $H-C\equiv N\!:$

(b) $H-\overset{+}{O}(H)(H)$（ヒドロニウム）

(c) $H-\ddot{O}\!:^-$

(d) ギ酸 H-C(=O⁻...)(-O-H) 構造

問題 1.12

(a) 酸素は 3 個すべて等価であり，三つの Lewis 構造式が同じ寄与をしている．

硝酸イオンの共鳴構造式（O=N⁺ と O⁻ の組合せ）：
$O=N^+(O^-)(O^-)$ ⟷ ⁻O-N⁺(=O)(O⁻) ⟷ ⁻O-N⁺(O⁻)(=O)

(b) 酸素の非共有電子対の一組が正電荷をもつ炭素と共有され，別の共鳴構造式ができる．

H-C(H)(H)-O-C⁺(H)(H) ⟷ H-C(H)(H)-O⁺=C(H)(H)

問題 1.13
(a) C_7H_{14} (b) $C_4H_{10}O$ (c) C_4H_9NO (d) $C_4H_{10}O$

章末問題解答

問題 1.14
(a) N (b) Na (c) Si (d) Cl

問題 1.15
(a) 1 (b) 6 (c) 7 (d) 6 (e) 3

問題 1.16
(a) ^{35}Cl：陽子数 17，中性子数 18． ^{37}Cl：陽子数 17，中性子数 20．
(b) 原子量（相対原子質量）は，各同位体の原子質量の天然存在度による加重平均であり，近似的には質量数の加重平均で計算できる．$35×0.758＋37×0.242＝35.5$ と計算できる（正確な原子量は 35.4527 である）．

問題 1.17
(d)は電気陰性度の差が 2.13 となるのでイオン結合である：$O^{(-)}$，$Mg^{(+)}$．
ほかは電気陰性度の差が ＜1.8 であり，共有結合をつくる．

問題 1.18

(a) H—F (b) N—H (c) C—N (d) C—Cl (e) Li—C

問題 1.19

(a) H—C—Cl (c) $C=C$ (b) $O=C=O$ (d) $C=C$

（分子(b)と(d)では結合モーメントが打ち消し合うので，分子全体としては双極子をもたない）

問題 1.20

(a) $O—O$ (b) $H—C—Cl$ (c) $H—C—N$ (d) $H—C—C≡N$ (e) $S=C=S$

問題 1.21

(a) $:N≡N:$ (b) $C=N$ (c) $C=N—O—H$ (d) $H—C—C—Cl$ (e) $H—O—C—O—H$

問題 1.22

(a) $H—C—N—H$ (b) N (c) $C=O$ （または $C—O:$） (d) $:O—O:$ (e) C

問題 1.23

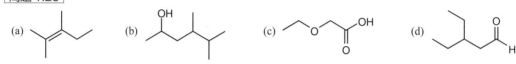

ニトロメタン　　　　　　　　亜硝酸メチル

問題 1.24

問題 1.25

1.01　次の原子の価電子数はいくつか.
(a) Na　　(b) P　　(c) He　　(d) Si　　(e) Br

1.02　次の元素またはイオンの基底状態電子配置を示せ.
(a) Mg　　(b) Na^+　　(c) Al　　(d) Ne　　(e) O^{2-}

1.03　次のイオンの原子価殻には電子が何個あるか.
(a) H^+　　(b) H^-　　(c) K^+　　(d) I^-　　(e) Ca^{2+}

1.04　臭素には二つの同位体があり,天然存在度は $^{79}_{35}Br : ^{81}_{35}Br = 50.7 : 49.3$ である.
(a) それぞれの同位体は,陽子と中性子をいくつずつもっているか.
(b) 質量数からおよその原子量を計算せよ.

1.05　次の二つの原子が結合すると,共有結合になるか,それともイオン結合になるか.
(a) C, Br　　(b) C, Al　　(c) B, C　　(d) O, Na　　(e) O, P

1.06　次の分子の双極子を矢印で示せ.
(a) CH_3F　　(b) NH_3　　(c) HCN　　(d) CH_2Cl_2　　(e) $H_2C=NH$

1.07　次の分子のうち極性をもつものを選び,その双極子を矢印で示せ.

1.08　問題 1.06 に与えられた分子の Lewis 構造式を書け.

1.09 次に示す構造式は，水素以外の原子がすべてオクテットになったイオンを表している．必要な非共有電子対を書き加え，さらに形式電荷を書け.

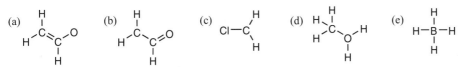

1.10 次の分子またはイオンの Lewis 構造式を書け.
(a) $CH_3CH_2^+$　　(b) $(CH_3)_2OH^+$　　(c) HNNH　　(d) H_2CNNH_2　　(e) $ClC(O)Cl$

1.11 次のイオンの Lewis 構造式を二つ以上書け.
(a) HCO_3^-（炭酸水素イオン）　　(b) H_2CCHO^-（エノラートイオン）

1.12 次に示すのは BF_3 とジエチルエーテル(Et_2O)の付加物である．非共有電子対と形式電荷を書き加えて Lewis 構造式を完成せよ.

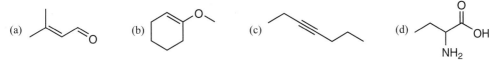

$(Et = C_2H_5)$

1.13 次の構造式を簡略化式で表し，分子式を示せ.

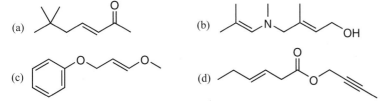

1.14 次の分子構造を線形表記で表せ.
(a) $(CH_3)_2C{=}CHCHCHC(CH_3)CH_2CH_3$ （with CH_3 above and CH_2CH_3 above, CH_3 below）
(b) $CH_3CH_2CH(CH_3)CH_2C{\equiv}CCH_3$
(c) $CH_3C(O)CH_2C(O)OH$
(d) $CH_2{=}CHCH_2CHCHCH_2CH_3$ （with CH_2CH_2OH above, Cl below）

1.15 次の分子構造を線形表記で表せ．炭素鎖は二重結合も含めてジグザグで示せばよい.
(a) $(CH_3)_3CCH_2CH{=}CHC(O)CH_3$
(b) $(CH_3)_2C{=}CHCH_2CH_2C(CH_3){=}CHCH_2OH$
(c) $C_6H_5OCH_2CH{=}CHCH_2C(CH_3){=}CH_2$
(d) $CH_3CH_2NHCH_2CH_2CO_2H$

1.16 次の構造式を簡略化式で表せ(立体化学は示さなくてよい).

(a) （structure）　　(b) （structure）

(c) （structure）　　(d) （structure）

有機化合物：官能基と分子間相互作用　2

まとめ
Summary

❏ 有機分子の特性を決め，化学反応を起こす部位を官能基という（➡ 2.1 節）.
❏ 有機分子は官能基によって多様な化合物群に分類される（➡ 2.2～2.7 節）.
❏ 有機化合物の名称は **IUPAC 規則**に基づいており，炭素数と主官能基によって基本名をつけ，その置換体として命名する（➡ 2.9 節）.
❏ **酸化数**は結合電子対が 2 個とも電気的に陰性な原子のほうに所属するものとして，計算した原子の電荷に相当する．官能基は酸化状態によっても分類できる（➡ 2.8 節）.
❏ 分子は分子間の弱い相互作用によって集合体として存在する．すべての**分子間相互作用**は究極的には静電力であり，van der Waals 力と水素結合がある（➡ 2.10.1～2.10.2 項）.
❏ 分子間相互作用によって化合物は液体や固体の状態をとり，沸点や溶解度も分子間相互作用に依存する（➡ 2.10.3～2.10.5 項）.

問題解答

問題 2.1

(a)　カルボニル基（C=O）

ヒドロキシ基（OH）

(b)

C(O)OH カルボキシ基（CO$_2$H）

アミノ基（NH$_2$）

ヒドロキシ基（OH）

(c)

カルボニル基（C=O）

二重結合（C=C）

二重結合（C=C）

(d)

ヒドロキシ基（OH）

ベンゼン環

アルコキシ基（エーテル基）（RO）

アミノ基（RNH）

アミド基（CONH$_2$）（アミノカルボニル基）

問題 2.2

ヘキサン
hexane

2-メチルペンタン
2-methylpentane

3-メチルペンタン
3-methylpentane

2,3-ジメチルブタン
2,3-dimethylbutane

2,2-ジメチルブタン
2,2-dimethylbutane

問題 2.3

シクロペンタン
cyclopentane

メチルシクロブタン
methylcyclobutane

1,2-ジメチルシクロプロパン
1,2-dimethylcyclopropane

1,1-ジメチルシクロプロパン
1,1-dimethylcyclopropane

エチルシクロプロパン
ethylcyclopropane

問題 2.4

1-ペンテン
pent-1-ene

(E)-2-ペンテン
(E)-pent-2-ene

3-メチル-1-ブテン
3-methylbut-1-ene

2-メチル-1-ブテン
2-methylbut-1-ene

2-メチル-2-ブテン
2-methylbut-2-ene

(Z)-2-ペンテン
(Z)-pent-2-ene

2-ペンテンには最後に示したような立体異性体がある．名称の接頭辞，(E) と (Z)，はこの異性体を区別している．このことについては 3 章で述べる．

問題 2.5

第一級アルコール

1-ブタノール
（ブチルアルコール）
butan-1-ol
(butyl alcohol)

2-メチル-1-プロパノール
（イソブチルアルコール）
2-methylpropan-1-ol
(isobutyl alcohol)

第二級アルコール

2-ブタノール
(s-ブチルアルコール)
butan-2-ol
(s-butyl alcohol)

第三級アルコール

2-メチル-2-プロパノール
(t-ブチルアルコール)
2-methylpropan-2-ol
(t-butyl alcohol)

問題 2.6

$(CH_3CH_2)_2NH$
ジエチルアミン
diethylamine

$CH_3CH_2CH_2NHCH_3$
N-メチルプロピルアミン
N-methylpropylamine

$(CH_3)_2CHNHCH_3$
N-メチルイソプロピルアミン
N-methylisopropylamine

問題 2.7

2-ペンタノン
pentan-2-one

3-ペンタノン
pentan-3-one

3-メチル-2-ブタノン
3-methylbutan-2-one

問題 2.8

ブタン酸（酪酸）
butanoic acid (butyric acid)

2-メチルプロパン酸（イソ酪酸）
2-methylpropanoic acid (isobutyric acid)

問題 2.9

(a) ＋1   (b) ＋2   (c) ＋3   (d) 0   (e) −1   (f) ＋3

問題 2.10

(a) 4-エチルヘプタン（4-ethylheptane）   (b) 3-プロピル-2-ヘキセン（3-propylhex-2-ene）
(c) 2-ブテニルシクロヘキサン（2-butenylcyclohexane）

(b)は二重結合を含む最長の炭素鎖を母体に選ぶ．(c)は側鎖のアルケニル基の名称に注意(このアルケニル基には立体異性も可能だが，それを区別することは3章で学ぶ).

<u>問題 2.11</u>

(a)

$CH_3CH_2CH_2CHCHCH_3$
H_3C OH

(b)

$CH_3CH_2CHClCHO$

(c)

$CH_3CH_2CH(NH_2)CO_2H$

(d)

(e)

$H_3CC{\equiv}C{-}CH{=}CHCCH_2CH_3$

線形表記と簡略化式を示した．(e)の二重結合には立体異性が可能である．

<u>問題 2.12</u>

(a) 1,4-ジクロロベンゼン (1,4-dichlorobenzene)
(b) 3-(または m-)ニトロアニリン (3-(または m-)nitroaniline)
(c) 1,2,4,5-テトラメチルベンゼン (1,2,4,5-tetramethylbenzene)
(d) 2,4,6-トリブロモフェノール (2,4,6-tribromophenol)

<u>問題 2.13</u>

沸点は分子間力の大きさから説明できる．アルカンは無極性分子の代表であり，おもな分子間相互作用は分散力である．その大きさを比較しよう．

分散力は接触面積が大きいほど大きくなる．直鎖状のアルカンのほうが分枝したものより表面積が大きいので，分子間の引力相互作用が大きくなり，その結果沸点も高くなる．

<u>問題 2.14</u>

プロパノンは極性の大きいC=O結合をもつ極性分子であり，溶媒の水と強い水素結合をつくるので水溶性が大きい．プロパノンどうしよりも水分子との相互作用のほうが大きいと考えられる．

<u>問題 2.15</u>

ホルムアミド(メタンアミド)は，非常に大きな誘電率(111で水の80よりも大きい)をもつ極性溶媒であり，下に示す構造のように，カルボニル酸素の非共有電子対がカチオンに配位でき，Nに結合したHはアニオンに水素結合できるので，水分子と同じようにカチオンとアニオンの両方を溶媒和できる．その結果，イオン性化合物をよく溶かす．

ホルムアミド (メタンアミド)

######### 章末問題解答

問題 2.16

(a) $C_3H_6O_3$ (b) $C_4H_9NO_3$ (c) $C_{10}H_{14}O$ (d) $C_{14}H_{22}N_2O_3$

問題 2.17

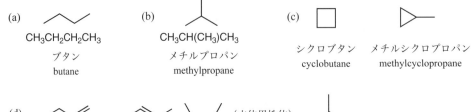

(a) $CH_3CH_2CH_2CH_3$
ブタン
butane

(b) $CH_3CH(CH_3)CH_3$
メチルプロパン
methylpropane

(c)   シクロブタン   メチルシクロプロパン
cyclobutane   methylcyclopropane

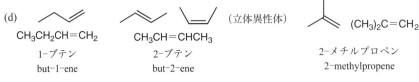

(d) $CH_3CH_2CH=CH_2$
1-ブテン
but-1-ene

$CH_3CH=CHCH_3$
2-ブテン
but-2-ene

（立体異性体）

$(CH_3)_2C=CH_2$
2-メチルプロペン
2-methylpropene

(b)の化合物名には位置番号をつけなくてもよい.

問題 2.18

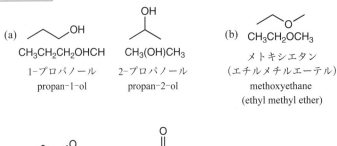

(a) $CH_3CH_2CH_2OHCH$
1-プロパノール
propan-1-ol

$CH_3(OH)CH_3$
2-プロパノール
propan-2-ol

(b) $CH_3CH_2OCH_3$
メトキシエタン
（エチルメチルエーテル）
methoxyethane
(ethyl methyl ether)

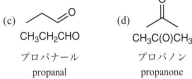

(c) CH_3CH_2CHO
プロパナール
propanal

(d) $CH_3C(O)CH_3$
プロパノン
propanone

問題 2.19

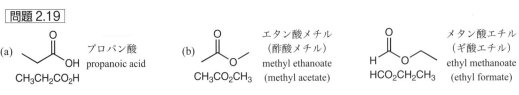

(a)   プロパン酸
propanoic acid
$CH_3CH_2CO_2H$

(b)   エタン酸メチル
（酢酸メチル）
methyl ethanoate
(methyl acetate)
$CH_3CO_2CH_3$

メタン酸エチル
（ギ酸エチル）
ethyl methanoate
(ethyl formate)
$HCO_2CH_2CH_3$

問題 2.20

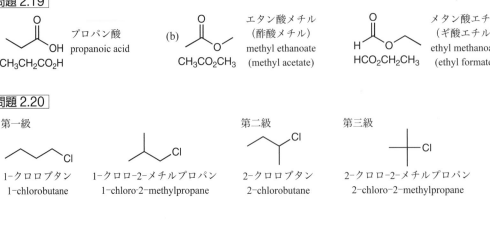

第一級

1-クロロブタン
1-chlorobutane

1-クロロ-2-メチルプロパン
1-chloro-2-methylpropane

第二級

2-クロロブタン
2-chlorobutane

第三級

2-クロロ-2-メチルプロパン
2-chloro-2-methylpropane

問題 2.21

アミンの第一級，第三級とアルキル基の第一級，第三級の違いに注意すること．

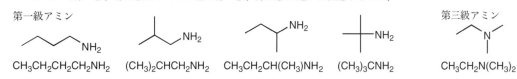

第一級アミン

CH₃CH₂CH₂CH₂NH₂　　(CH₃)₂CHCH₂NH₂　　CH₃CH₂CH(CH₃)NH₂　　(CH₃)₃CNH₂

第三級アミン

CH₃CH₂N(CH₃)₂

問題 2.22

（a）ジエン類にはアレン（1,2-ジエン）類もあることに注意すること．

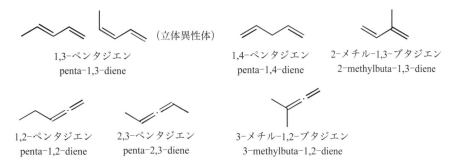

1,3-ペンタジエン
penta-1,3-diene

（立体異性体）

1,4-ペンタジエン
penta-1,4-diene

2-メチル-1,3-ブタジエン
2-methylbuta-1,3-diene

1,2-ペンタジエン
penta-1,2-diene

2,3-ペンタジエン
penta-2,3-diene

3-メチル-1,2-ブタジエン
3-methylbuta-1,2-diene

2,3-ペンタジエン（ペンタ-2,3-ジエン）の構造については，教科書 191 ページを参照すること．立体異性体が存在する．

（b）二重結合が環外にある異性体もあるが，環状アルケンからは除外してよい（参考までに最後に示した）．

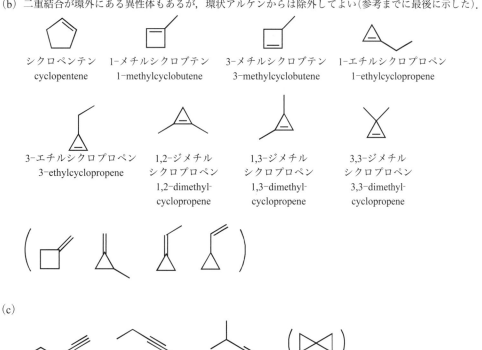

シクロペンテン
cyclopentene

1-メチルシクロブテン
1-methylcyclobutene

3-メチルシクロブテン
3-methylcyclobutene

1-エチルシクロプロペン
1-ethylcyclopropene

3-エチルシクロプロペン
3-ethylcyclopropene

1,2-ジメチル
シクロプロペン
1,2-dimethyl-
cyclopropene

1,3-ジメチル
シクロプロペン
1,3-dimethyl-
cyclopropene

3,3-ジメチル
シクロプロペン
3,3-dimethyl-
cyclopropene

（c）

1-ペンチン
pent-1-yne

2-ペンチン
pent-2-yne

3-メチル-1-ブチン
3-methylbut-1-yne

同じ分子式の構造異性体がもう一つあり，最後に（　）内に示した（スピロ化合物とよばれる）．

問題2.23

(a) 2,2-ジメチルプロパン（2,2-dimethylpropane）

(b) 2-メチルプロペン（2-methylpropene）

(c) 2,2,4-トリメチルペンタン（2,2,4-trimethylpentane）

(d) 2-メチル-1-プロパノール（2-methylpropan-1-ol）

(e) 2-ブタノン（butan-2-one）

この化合物は位置番号がなくても構造が決まるので，単に"ブタノン"でもよい．

(f) テトラクロロメタン（tetrachloromethane）

(g) 2-アミノエタノール（2-aminoethanol）

(h) ペンタン酸（pentanoic acid）

問題2.24

第一級と第三級の C_4 アルコール異性体（1-ブタノールと t-ブチルアルコール）を比べると，前者は長い炭素鎖のために分散力による相互作用が比較的に強く，水溶媒との水素結合相互作用による溶解を妨げるが，後者のコンパクトなアルキル基は分散力相互作用にあまり寄与せず，水溶媒とアルコール酸素の水素結合による溶解をあまり妨害しない．

問題2.25

エタン酸は強い水素結合で会合できるので沸点は高くなる．それに対して，メタン酸メチルは水素結合できる H をもっていないので，分子間相互作用は弱く，沸点は低い．

演習問題

2.01 次の化合物に含まれる官能基は何か．

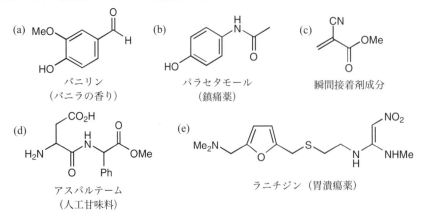

(a) バニリン
（バニラの香り）

(b) パラセタモール
（鎮痛薬）

(c) 瞬間接着剤成分

(d) アスパルテーム
（人工甘味料）

(e) ラニチジン（胃潰瘍薬）

2.02 分子式 C_5H_{12} をもつアルカンの構造を線形表記で表し，それぞれの IUPAC 名を書け．

2.03 ブテン C_4H_8 の構造異性体となるシクロアルカンの構造を示し，それぞれ IUPAC 名を書け．

2.04 分子式 C_6H_{12} のアルケンの構造をすべて示し，それぞれ IUPAC 名を書け．

2.05 分子式 $C_4H_{10}O$ の構造異性体すべての構造を簡略化式で表せ．

2.06　分子式 $C_5H_{12}O$ のアルコールの構造式をすべて書き，それぞれ第一級，第二級，第三級アルコールに分類し，IUPAC 名を示せ．

2.07　次の記述に一致する化合物の構造を線形表記で表し，それぞれの IUPAC 名を書け．
  (a) 分子式 $C_4H_{10}O$ のアルコール
  (b) 分子式 $C_4H_{10}O$ のエーテル
  (c) 分子式 $C_4H_8O_2$ のカルボン酸
  (d) 分子式 $C_4H_8O_2$ のエステル

2.08　次の記述に一致する化合物の構造式を書け．また，(a)〜(d)の化合物については IUPAC 名を示せ．
  (a) 分子式 C_4H_8O のアルデヒド
  (b) 分子式 C_4H_8O のケトン
  (c) 分子式 C_4H_8O のアルケニルエーテル
  (d) 分子式 C_4H_8O のシクロアルキルエーテル
  (e) 分子式 C_4H_8O の環状エーテル

2.09　次の分類に従って分子式 C_5H_8 の構造異性体の構造式を書け．
  (a) 非環状の異性体
  (b) 五員環をもつ異性体
  (c) 四員環をもつ異性体
  (d) 三員環を一つもつ異性体
  (e) 環を二つもつ異性体

2.10　分子式 C_9H_{12} でベンゼン環をもつ化合物の構造を次の分類に従って示せ．
  (a) 一置換ベンゼン　　　(b) 二置換ベンゼン　　　(c) 三置換ベンゼン

2.11　分子式 $C_4H_8Cl_2$ の構造異性体の構造式を書け．

2.12　次の化合物の IUPAC 名を書け．

2.13　次の化合物の IUPAC 名を書け．

2.14 次の名称で示される化合物の構造を示せ．ただし，これらの名称の中には IUPAC 規則に正しく従っていないものもある．それらについては間違っている点を指摘し，正しい IUPAC 名を書け．

(a) 2-エチル-4-メチルヘキサン   (b) 3-クロロ-4-メチルペンタン

(c) 2-プロピルアルコール   (d) 3-メトキシ-5-エチルヘプタナール

(e) 2-ペンテン-1-オール   (f) 4-メチル-2-ヘキセン-5-イン

(g) 4-メチルヘキサン酸   (h) ブテン二酸

2.15 1-プロパノールと 2-プロパノールの沸点は，それぞれ 97.4 ℃ と 87 ℃ である．この違いを説明せよ．

2.16 ブタナール(mw 72, bp 75 ℃)の沸点は，分子量の近いペンタン(mw 72, bp 36 ℃)よりも高く，1-ブタノール(mw 74, bp 117 ℃)よりも低い．その理由を説明せよ．

2.17 ジメチルエーテルは常温で気体である(bp −24.8 ℃)が，構造異性体のエタノールは沸点 78 ℃ の液体である．この違いを説明せよ．

2.18 *cis*-1, 2-ジクロロエテン(bp 60.3 ℃)の沸点がトランス異性体(bp 47.5 ℃)の沸点よりも高いのはなぜか．

2.19 次のよく似た構造をもつアミンは構造異性体である．各化合物の IUPAC 名を書き，沸点の違いを説明せよ．

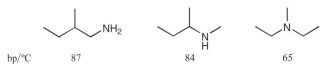

| bp/℃ | 87 | 84 | 65 |

2.20 過塩素酸テトラブチルアンモニウムは水溶性をもつと同時に，いくつかの有機溶媒にも溶ける．その理由を説明せよ．

分子のかたちと混成軌道

3

まとめ
Summary

❑ 分子のかたちは，**原子価殻電子対反発（VSEPR）モデル**によると，分子内の電子対が存在する領域（結合と非共有電子対）の静電的な反発によって決まる（➡ 3.1 節）.

❑ 原子軌道は混成して新しいかたちの原子軌道，**混成軌道**をつくる（➡ 3.3 節）.

❑ sp³ 混成軌道は四面体形（飽和）炭素，sp² 軌道は平面三方形（二重結合）炭素，sp 軌道は直線形（三重結合）炭素の結合角をつくる（➡ 3.3 節）.

❑ 混成軌道に対する s 軌道の割合を軌道の **s 性**（または s 軌道性）といい，s 性が大きいほど混成軌道のエネルギーは低く，軌道の広がりは小さい（➡ 3.3 節）.

❑ 二つの原子軌道が重なると，**結合性軌道**と反結合性軌道の二つの**分子軌道**ができる. 結合性軌道に 2 電子入って共有結合を形成する（➡ 3.2 節）.

❑ 共有結合には **σ 結合**（円筒対称）と **π 結合**（節面に対して対称）の 2 種類がある（➡ 3.2, 3.5 節）.

❑ メタン，エテン，エチンの結合（➡ 3.4〜3.6 節）.

❑ 異性体には構造異性体と立体異性体がある（➡ 3.7 節）.

❑ アルケンのシス・トランス異性体は立体異性体の一種であり，Cahn-Ingold-Prelog（CIP）順位則に基づいて *E*, *Z* 命名法で命名される（➡ 3.7.2 項）.

問題解答

問題 3.1

それぞれの分子の構造は次のように書けるので，中心炭素まわりの結合角は下のように予想される.

(a)   (b)   (c)   (d) H—C≡N

(a) 109.5°   (b) 109.5°   (c) 120°   (d) 180°

問題 3.2

混成軌道の s 性は，s 軌道の % で表せる.

sp³ 軌道，25%；   sp² 軌道，約 33%；   sp 軌道，50%.

問題 3.3

エタンでは C の sp³ 混成軌道と H の 1s 軌道で結合している.
CCl₄ では C の sp³ 混成軌道と Cl の 3p 軌道で結合している.

問題 3.4

　メタナールの C は平面三方形であり，sp^2 混成になっている．O が sp^2 混成になっているとすると，二組の非共有電子対はこの sp^2 混成軌道の二つを占め，一つが C の sp^2 軌道との重なりで C−O σ 軌道をつくり，混成していない 2p 軌道どうしの重なりで C=O π 軌道をつくっている．二つの C−H 結合は C の sp^2 軌道と H の 1s 軌道からなる σ 軌道でつくられる．

問題 3.5

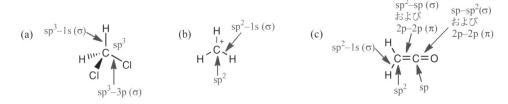

問題 3.6

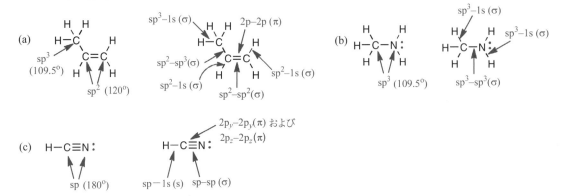

問題 3.7

　(a) $-CH(CH_3)_2 > -CH_2CH(CH_3)_2$　　(b) $-F < -Cl$　　(c) $-OCH_3 > -N(CH_3)_2$

　(d) $-Cl > -SCH_3$　　(e) $-CH=CH_2 < -C(CH_3)_3$

問題 3.8

　(a) Z（優先順が高いのは Cl と OCH_3 である）　　(b) E（優先順が高いのは CH_3 と CHO である）

████████ **章末問題解答**

問題 3.9

　(a) 109.5°　　(b) 109.5°（O は非共有電子対を二組もっている）　　(c) 109.5°（O は非共有電子対を一組もっている）　　(d) 二つの C のまわりの結合角はいずれも約 120°．

問題 3.10

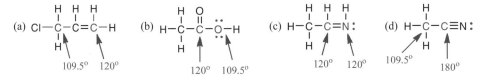

問題 3.11

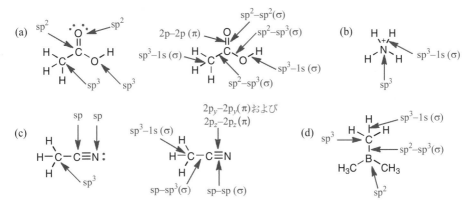

問題 3.12

(a) *Z*（優先順が高いのは CH₃ と OCH₃）　　(b) *E*（優先順が高いのは CH₂OH と CN）

(c) *E*（優先順が高いのは Ph と CO₂H）　　(d) *E*（優先順が高いのは CH₂N(CH₃)₂ と OCH₃）

問題 3.13

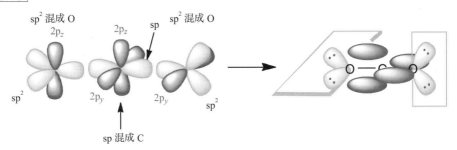

中央の炭素は sp 混成で二つの π 結合は互いに直交していることに注意すること．

問題 3.14

　問題の C−C 単結合は CH₃ がそれぞれ sp³, sp², sp 混成の炭素と結合をつくっている．すなわち，結合は C(sp³)−CH₃(154 pm) ＞ C(sp²)−CH₃(151 pm) ＞ C(sp)−CH₃(146 pm) の順，混成炭素の s 性が大きくなるに従って短くなっている．この順に混成軌道の広がりが小さくなるため，結合が短くなっているものと説明できる．

演 習 問 題

3.01　(a)〜(f) に示したそれぞれ二つの分子の関係は次のうちどれか．構造異性体，立体異性体，同一化合物，あるいはそのいずれでもない．

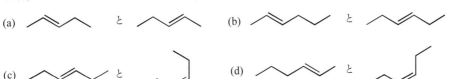

(e)   と   (f)   と

3.02 次の分子あるいはイオンのうち，平面構造をもつと考えられるものはどれか．
NH_3, NH_4^+, CH_3^+, CH_3^-, H_2O, H_3O^+, BF_3, BH_4^-, PH_3, $H_2C=O$

3.03 次の分子中の炭素まわりのおおよその結合角を予測せよ．
(a) CH_3Cl (b) CS_2 (c) H_2CO_3 (d) $H_2C=NOH$

3.04 次のイオンの炭素の混成状態を示し，おおよその結合角を予測せよ．
(a) CH_3^+ (b) CH_3^- (c) $[H_2C=OH]^+$ (d) $[H-C=O]^+$

3.05 エタンの $C-C$ 結合をつくっている結合性分子軌道は，なぜ σ 軌道であるといえるか．

3.06 次の分子の水素以外の原子の混成状態をすべて示せ．

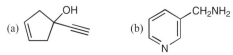

(a)   (b)

3.07 分子式 C_5H_{10} のアルケンの構造異性体をすべて線形表記で表し，立体異性関係にある構造異性体を指摘せよ．

3.08 ケテン $H_2C=C=O$ の炭素と酸素原子の混成を示し，結合に関与している原子軌道のローブを図示せよ．

3.09 次のそれぞれの組合せのうち CIP 規則で優先順の高いのはどちらか．

(a) $-CH_3$ と $-NH_2$ (b) $-CH_2OH$ と $-CH(CH_3)_2$ (c) $-\overset{O}{\overset{\|}{C}}OCH_3$ と $-\overset{O}{\overset{\|}{C}}N(CH_3)_2$

(d) ⬡– と $-C(CH_3)_3$ (e) $-C\equiv CH$ と $-C\equiv N$ (f) $-C\equiv N$ と $-CH=NCH_3$

3.10 次のアルケンの立体配置を E, Z 表示で示せ．

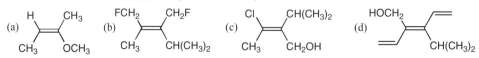

(a)   (b)   (c)   (d)

立体配座と分子のひずみ   4

ま と め
Summary

❏ 単結合まわりの回転によって生じる分子の立体的構造を**立体配座**といい, 安定な(エネルギー極小値にある)立体配座を**配座異性体**という(➡ 4.1 節).

❏ アルカンには**ねじれ形配座**と**重なり形配座**があり, Newman 投影式で表せる(➡ 4.1 節).

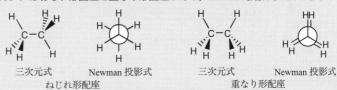

三次元式　　　　Newman 投影式　　　　三次元式　　　　Newman 投影式
ねじれ形配座　　　　　　　　　　　　　　重なり形配座

❏ 結合の重なりで生じる不安定化を, **ねじれひずみ**といい, 結合していない原子あるいはグループが接近しすぎて, その電子雲間の反発によって生じる不安定化を**立体ひずみ**という(➡ 4.1 節).

❏ 立体配座の安定性は隣接する結合やグループ間の反発で生じるねじれひずみや立体ひずみの大きさによって決まる(➡ 4.1 節).

❏ 理想的な結合角からのずれによるエネルギーの増大を**結合角ひずみ**という(➡ 4.2.1 項).

❏ 小員環のシクロアルカンには結合角ひずみとねじれひずみが生じる(➡ 4.2 節).

❏ 四員環以上のシクロアルカンは結合角ひずみとねじれひずみを緩和するために非平面になっている(➡ 4.2 節).

❏ **いす形立体配座**のシクロヘキサンはまったくひずみをもたない安定な構造である(➡ 4.2.4 項).

❏ いす形シクロヘキサンの各炭素は**アキシアル結合**と**エクアトリアル結合**をもっている(➡ 4.2.4 項).

いす形シクロヘキサン　　　アキシアル結合　　　エクアトリアル結合

❏ いす形シクロヘキサンの**環反転**によって, エクアトリアル結合はアキシアル結合になり, アキシアル結合はエクアトリアル結合になる(➡ 4.2.5 項).

❏ アキシアル置換基には**1,3-ジアキシアル相互作用**とよばれる立体ひずみが生じるので, かさ高い置換基はエクアトリアル位をとる傾向がある(➡ 4.2.5 項).

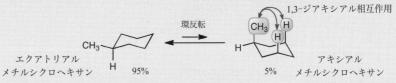

エクアトリアル
メチルシクロヘキサン　95%　　　　　5%　　アキシアル
　　　　　　　　　　　　　　　　　　　　　　メチルシクロヘキサン

❏ 二置換シクロアルカンには, **シス・トランス異性体**がある. このように結合を切らないと変換できない立体異性体を**配置異性体**という(➡ 4.3 節).

❏ **燃焼熱**からシクロアルカンのひずみエネルギーが評価できる(➡ 4.4 節).

問題解答

問題 4.1

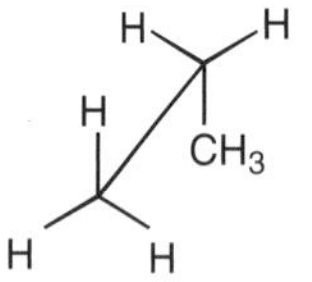

ねじれ形 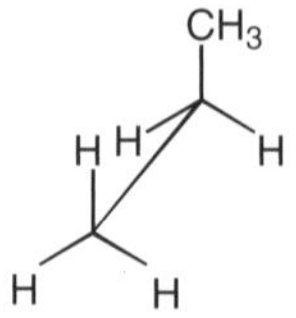　　　　　重なり形

問題 4.2

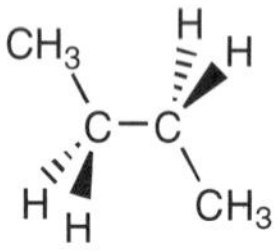

アンチ形 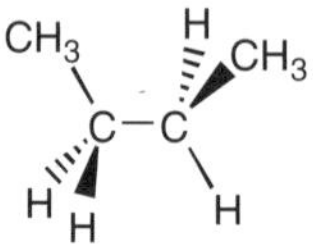　　　　　ゴーシュ形

問題 4.3

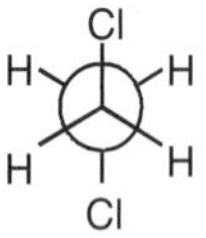

アンチ形 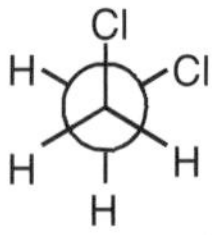　　　　ゴーシュ形

問題 4.4

ねじれ形

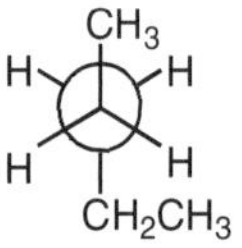

（アンチ形）　　　　（ゴーシュ形）
最も安定

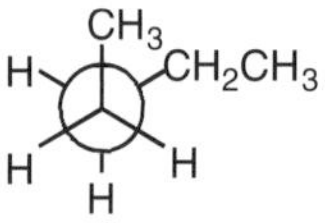

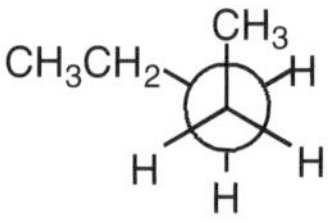

重なり形

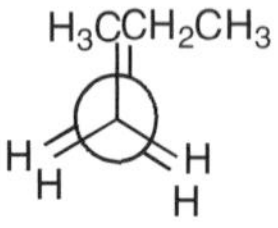

最も不安定

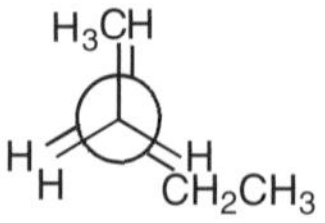

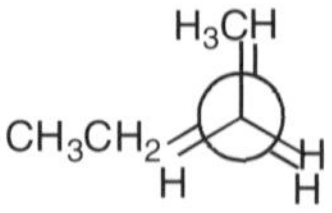

問題 4.5

(a) 120°　　(b) 約 128.6°　　(c) 135°

問題 4.6

　安定なのはエクアトリアル形である.

問題 4.7

二つの異性体が可能であり，そのうち全シス形のほうがメチル基どうしの重なり形のねじれひずみを大きく受けているので不安定である．

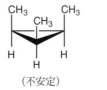

（不安定）

（安定）

問題 4.8

いす形配座は 1 種類しかない．メチル基はエクアトリアルとアキシアルになっているので，反転しても同じ配座になる．

問題 4.9

(a)と(b)はいずれも *cis*-1, 3-ジクロロシクロヘキサンを表しており同一化合物である．(c)は *cis*-1, 2-ジクロロシクロヘキサン，(d)は *trans*-1, 2-ジクロロシクロヘキサンを表している．

章末問題解答

問題 4.10

問題 4.11

問題 4.12

2-メチルブタン　　　　1　　　　2

二つのねじれ形のうち，**2** のほうが不安定である．C3 のメチル基が C2 の二つのメチル基の両方に対してゴーシュ形になっており立体ひずみがより大きいからである．

問題 4.13

(a)

3-メチルペンタン

(b)

2,3-ジメチルペンタン

(c)

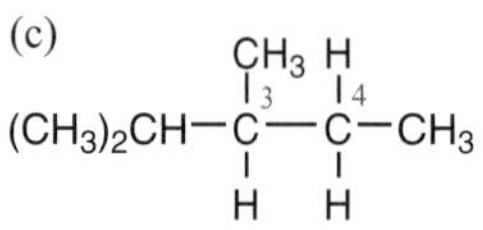

2,3−ジメチルペンタン

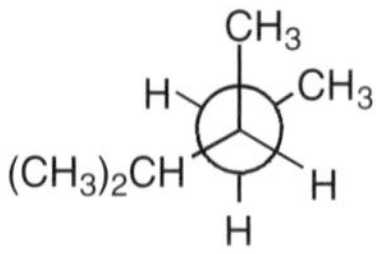

(d)

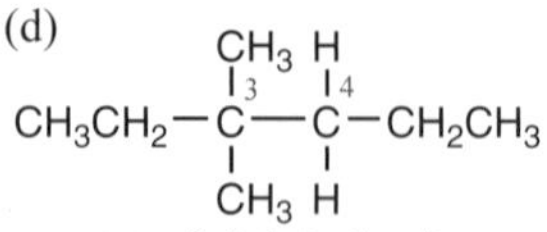

3,3−ジメチルペンタン

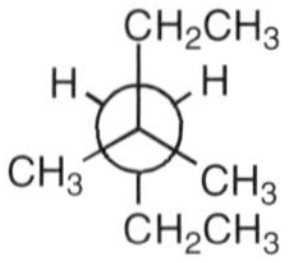

問題 4.14

(a) 左の Newman 投影式は 2−メチルペンタンを表しているのに対して，右側の構造は 3−メチルペンタンを表している．

(b) 同一分子

(c) 同一分子

(d) 左は *cis*−1, 3−ジメチルシクロヘキサンを表しているが，右はトランス体である．

問題 4.15

(a)

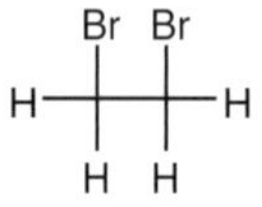

1,2−ジブロモエタン

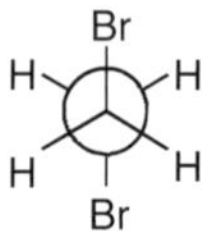

(b)

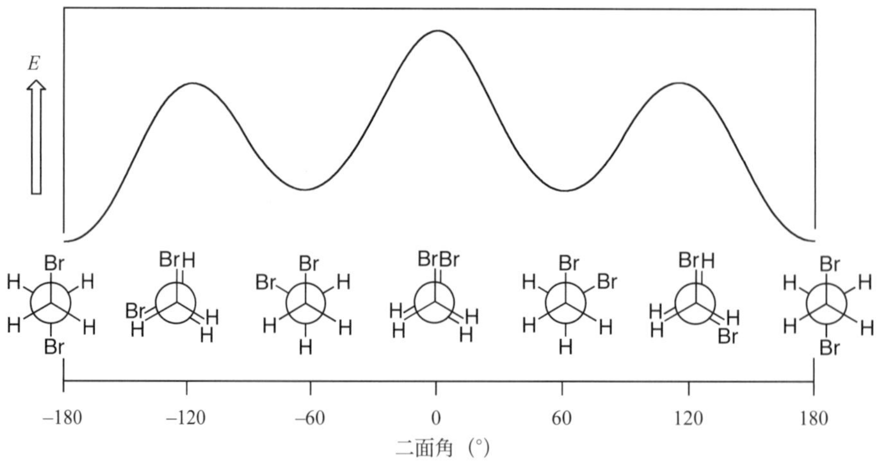
E
−180
−120
−60
0
60
120
180
二面角（°）

問題 4.16

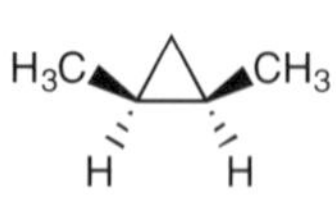

または

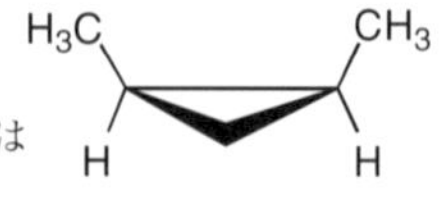

cis−1,2−ジメチルシクロプロパン

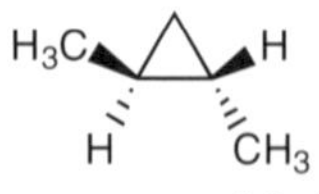

または

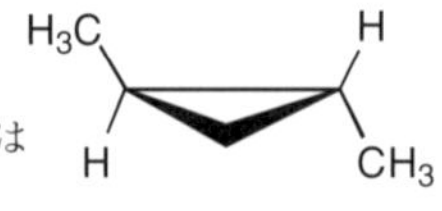

trans−1,2−ジメチルシクロプロパン

問題 4.17

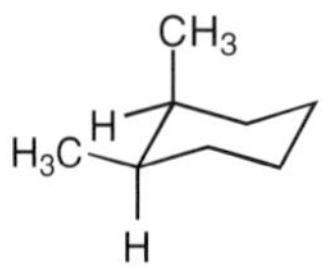

cis−1,2−ジメチルシクロヘキサン

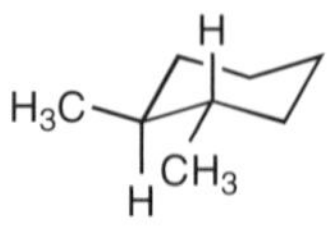

または

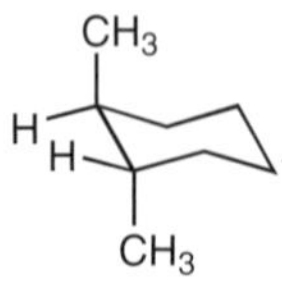

trans−1,2−ジメチルシクロヘキサン

トランス異性体は，エクアトリアル, エクアトリアル体とアキシアル, アキシアル体が可能であるが，前者のほうが安定である．

問題 4.18

問題 4.19

問題 4.20

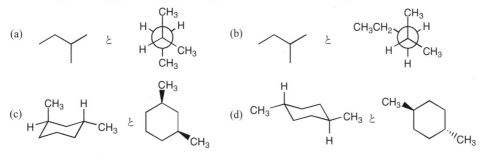

(a)　(b)　より安定

(c)　より安定　(d)　より安定

置換基はアキシアルよりエクアトリアルにあったほうが立体ひずみが小さい．(c)ではよりかさ高い *t*-ブチル基がエクアトリアルになったほうが安定である．

演習問題

4.01　次の組合せの構造式が同一分子を表しているかどうかを判定せよ．

(a)　と

(b)　と

(c)　と

(d)　と

4.02　クロロエタンのねじれ形と重なり形配座を，木びき台表示と Newman 投影式で示せ．

4.03　1-クロロプロパンの C1−C2 結合についてみたすべてのねじれ形と重なり形配座を Newman 投影式で示せ．

4.04 1,1,2-トリクロロエタンのエネルギーの異なるねじれ形配座 2 種と重なり形配座 2 種を Newman 投影式で示し，それらを安定な順に並べよ．

4.05 3-メチルペンタンの C2−C3 結合についてみたねじれ形配座 3 種を，安定性の高いものから順に Newman 投影式で書け．

4.06 次の化合物のシスとトランス異性体の構造を示せ．
 (a) 1,2-ジメチルシクロブタン   (b) 1,3-ジクロロシクロペンタン

4.07 t-ブチルシクロヘキサンのいす形配座を二つ書き，どちらが安定か説明せよ．

4.08 t-ブチルシクロヘキサンのエクアトリアル形とアキシアル形は 25 ℃で 23.0 kJ mol^{-1} の Gibbs エネルギー差がある．この温度における二つの立体配座の存在比を計算せよ．

4.09 25 ℃におけるメチルシクロヘキサンのエクアトリアル形とアキシアル形の平衡における存在比は 95：5 である．この温度における二つの立体配座の Gibbs エネルギー差 ΔG を計算せよ．

4.10 舟形シクロヘキサン(図 4.14)の C2−C3 結合についてみた Newman 投影式を書け．

4.11 1-t-ブチル-3-メチルシクロヘキサンのシス体とトランス体のそれぞれについて最も安定な立体配座を示し，どちらの異性体が安定か説明せよ．

4.12 1,4-ジメチルシクロヘキサンのシス体とトランス体を，それぞれいす形配座で示せ．配座が 2 種類ある場合には安定性を比較せよ．

4.13 cis-1,3-ジヒドロキシシクロヘキサンのジアキシアル形が，ジエクアトリアル形より安定なのはなぜか．

4.14 グルコースの最も安定な構造は，五つの置換基がすべてエクアトリアルになった六員環のいす形配座である．下の左に示したグルコースの平面構造には立体化学は示していない．
 (a) グルコースの立体化学をいす形の構造で示せ(真ん中の構造に置換基を書き加えればよい)．
 (b) 右の平面構造にくさび形結合を使って置換基を書き加えよ．

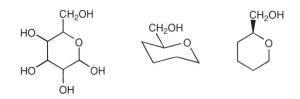

共役と電子の非局在化

5

ま と め / Summary

- 原子軌道を AO, 分子軌道を MO と略す.
- 隣接して複数の二重結合あるいは 2p AO をもつ原子があるとき, π MO の相互作用が起こり, 電子が**非局在化**する. この現象を**共役**といい, その系は**安定化される**(➡ 5.1 節).

  共役化合物の例:　

- 安定化エネルギーは**非局在化エネルギー**(または共鳴エネルギー)とよばれる(➡ 5.1 節).
- 共役は MO の重なりとして表され, 共鳴法によって表すこともできる(➡ 5.2, 5.4 節).
- AO から MO ができるとき, もとの AO の数とできてくる MO の数は等しい(➡ 5.2 節).
- MO は一般的にエネルギー準位の低いものほど節面の数が少ない(➡ 5.2 節).
- MO には結合性軌道, 非結合性軌道, 反結合性軌道があり, 反応にはエネルギーの高い被占軌道(HOMO)とエネルギーの低い空軌道(LUMO)が重要である(➡ 5.2 節, 7 章).
- アリル系の 3 種類の活性種(カチオン, アニオン, ラジカル)の反応には π_2 MO(非結合性軌道)が重要であり, いずれも末端炭素で反応する(➡ 5.3 節).
- **共鳴法**では, 電子が非局在化した実際の分子構造を, Lewis 構造式で表した共鳴構造式(仮想的な構造)の**共鳴混成体**として表現する(➡ 5.4 節).
- ベンゼンは環状に 6 π 電子が非局在化した構造をもつ. このように平面構造に $4n+2$ 個の π 電子が環状に非局在化して生じる特別な安定化と性質を**芳香族性**という(**Hückel $4n+2$ 則**)(➡ 5.6 節).
- ベンゼンの基底状態では, 結合性 π MO 三つが 6 電子で完全に満たされている(➡ 5.5 節).
- 光照射による励起状態を含む反応は光化学反応という(➡ 5.7 節).

問題解答

問題 5.1

共役系をもつもの: (a), (b), (d)　　((b)では C=O 結合が C=C 結合と共役している)

問題 5.2

アリルカチオン　　　　アリルアニオン

π_3 　　　　　　　　　　LUMO

π_2 　　LUMO　　　　　HOMO

π_1 　　HOMO

問題 5.3

(a)   (b)

問題 5.4

次に示すように三つの等価な共鳴構造式があるので三つの O は等価であり, 分子は平面三方形で三つの結合角は等しく 120°で, N−O 結合の長さも等しい.

問題 5.5

(a)

電荷分離していない(**1**)の寄与が最も大きい.

(b)

電荷分離していない(**1**)の寄与のほうが大きい.

(c)

(**2**)のほうが結合数が多く, C と N の両方がオクテットになっているので(**1**)よりも重要である.
(**1**)では C が価電子を 6 個しかもっていない.

(d)

負電荷が電気陰性度の大きい O 上にある(**2**)のほうが重要である.

問題 5.6

(a)と(b)はともに 4π 電子系であり, 芳香族ではない.
(c)は S の非共有電子対が 6π 電子系に含まれるので, 芳香族である.
(d)環状 6π 電子系をもち芳香族である(N の非共有電子対は π 電子系に直交している).
(e)環状共役系が中央の sp³ 混成炭素で切れているので非芳香族である.

問題 5.7

二つ目の共鳴構造式で明らかなように環状 6π 電子系をもっている.

章末問題解答

問題 5.8

共役系をもつもの：(a)，(b)，(d)，(e)，(g)，(h)，(j)，(k)

(a) は C＝C−C＝O 共役系をもつ．(d) は C＝C と O の非共有電子対が共役できる．(h) は CN が三重結合をもっている．(c) では二つの C＝C 結合が直交している．

問題 5.9

(a)，(b)，(e)はいずれも H が移動した構造異性体を示している．

(c)と(d)は共鳴構造式を表している．

(f)の二つ目の構造は，N のまわりに 10 個の価電子があり，不可能な構造である．

問題 5.10

(a)

(b)

(c)

(d)

問題 5.11

(a)

(b)

(c)

(d)

問題 5.12

(a)

(b)

(c)

(d)

(a) 構造(**1**)では正電荷が二つのメチル基で安定化されているが(**2**)では正電荷をもつ C にメチル基が一つしかない. したがって, (**1**)のほうが重要.

(b) 正電荷は電気陰性度のより低い N 上にあるほうが有利なので(**2**)のほうが重要.

(c) すべての原子の原子価殻が満たされているので(**2**)のほうが重要.

(d) 負電荷が電気陰性度のより高い N 上にあるので(**2**)のほうが重要.

問題 5.13

化合物 I では環の内側にくる 2 個の H が互いに反発するので, 立体ひずみの原因となり平面構造をとれないが, C1 と C6 を CH₂ でつなぐとこのひずみがなくなり II では平面に近い構造をとることができるので芳香族性をもつ.

問題 5.14

(a)と(c)は 4 π 電子系なので芳香族ではない.

(b) 炭素上の非共有電子対を含めて芳香族 6 π 電子系になっている.

(d) 環状 π 電子系になっていないので非芳香族.

(e) 環状 14 π 電子系で平面をとれるので芳香族.

問題 5.15

(a) NH の非共有電子対を含めて環状 6 π 電子系で芳香族性をもつ.

(b) プロトン化されても環状 6 π 電子系は保たれている.

(c) プロトン化された N が sp³ 混成になり環状 π 電子系になっていない.

(d) 芳香族 6 π 電子系.

(e) O の非共有電子対を含めると 8 π 電子系になるので芳香族ではない.

問題 5.16

(a)

(b)

5.01　次の化合物のうち共役系をもつものはどれか.

5.02　次の組合せの構造式は同じ分子を表す共鳴構造式の関係にあるか否か.　共鳴構造式の関係にない場合にはその理由を説明せよ.

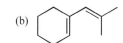

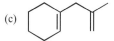

5.03　次のイオンを共鳴で表せ.

5.04　次の構造式と共鳴している共鳴構造式を書け.　巻矢印で電子対の変化を示しながら順に書くこと.

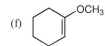

5.05　次の化合物の共鳴構造式の中で最も大きく電荷分離した構造式を書け.

5.06　次の化学種の芳香族性について説明せよ.

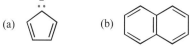

5.07 次の化学種の芳香族性について説明せよ.

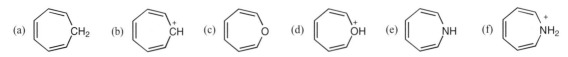

(a)   (b)   (c)   (d)   (e)   (f)

5.08 次の化合物の芳香族性について説明せよ.

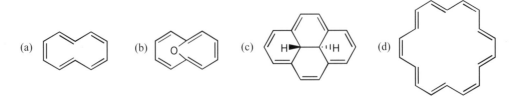

(a)   (b)   (c)   (d)

5.09 次のイオンの芳香族性について説明せよ.

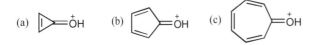

(a)   (b)   (c)

5.10 アズレンは芳香族炭化水素の一つであるが双極子モーメント(1.0 D)をもっている.この炭化水素が双極子をもっている理由を説明せよ.

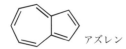

アズレン

酸 と 塩 基

6

まとめ
Summary

- ❑ **Brønsted 酸**(プロトン酸)はプロトン供与体であり, 塩基はプロトン受容体である(➡ 6.1.1 項).
- ❑ **Lewis 酸**は電子対受容体であり, 塩基は電子対供与体である(➡ 6.1.2 項).
- ❑ Lewis 酸は 6 電子しかもたないが, 塩基から電子対を受け入れて結合をつくり, オクテットになる(➡ 6.1.2 項).
- ❑ Brønsted 酸塩基反応は**プロトン移動**反応であり, プロトン移動により酸は共役塩基に, 塩基は**共役酸**になる(➡ 6.1.1 項).
- ❑ 酸性度は酸解離定数 K_a あるいは **pK_a** で表され, 塩基 B の塩基性度は共役酸 BH^+ の pK_{BH^+} で表される(➡ 6.2 節).

$$HA + H_2O \xrightleftharpoons{K_a} A^- + H_3O^+ \qquad 酸解離定数: \quad K_a = \frac{[A^-][H_3O^+]}{[HA]}$$

　　　酸　　　　　　　　　共役塩基

- ❑ pK_a は酸 HA と共役塩基 A^- の濃度が等しくなる pH に相当する(➡ 6.2.3 項).

$$pK_a = -\log K_a = pH + \log\left(\frac{[HA]}{[A^-]}\right)$$

- ❑ 酸の強さ(酸性度)は, 酸とその共役塩基の熱力学的安定性の差によって決まる(➡ 6.3 節).
- ❑ **酸性度**と**塩基性度**を決めるおもな因子として, H−A 結合力, 原子の電気陰性度, 置換基の電子求引性と電子供与性, イオンの非局在化がある(➡ 6.3 節).
- ❑ 共役塩基アニオンの電荷の非局在化が大きいほど酸は強くなる(➡ 6.3.2 項).
- ❑ **置換基効果**には誘起効果と共役効果があり, 電子求引基は酸性を強くする(➡ 6.3.3 項).
- ❑ **カルボアニオン**は炭素酸の共役塩基であり, 炭素酸の pK_a が安定性の尺度になる(➡ 6.4 節).

問題解答

問題 6.1
(a) Br^- 　　(b) HCO_2^- 　　(c) CH_3O^- 　　(d) HSO_4^- 　　(e) CH_3NH^-

問題 6.2
(a) $CH_3OH_2^+$ 　　(b) $CH_3NH_3^+$ 　　(c) CH_3NH_2 　　(d) CH_3OH 　　(e) $(CH_3)_2C{=}NH_2^+$

問題 6.3

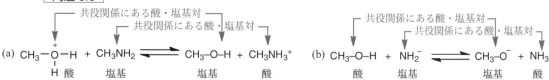

問題 6.4

(a) 塩基　　(b) 酸　　(c) 塩基　　(d) 酸　　(e) 酸

問題 6.5

問題 6.6

(a) $K_a = 1 \times 10^{-5}$　　(b) $K_a = 1 \times 10^{-10}$　　(a)のほうが(b)よりも強酸である．

問題 6.7

(a) $K = [HCO_2^-][CH_3NH_3^+]/[HCO_2H][CH_3NH_2]$

$\quad = ([HCO_2^-][H_3O^+]/[HCO_2H])([CH_3NH_3^+]/[CH_3NH_2][H_3O^+])$

$\quad = K_a(HCO_2H)/K_a(CH_3NH_3^+) = 10^{-3.75}/10^{-10.64} = 10^{6.89} \gg 1$

平衡はずっと右に偏っている．

(b) $K = [PhCO_2^-][PhNH_3^+]/[PhCO_2H][PhNH_2]$

$\quad = ([PhCO_2^-][H_3O^+]/[PhCO_2H])([PhNH_3^+]/[PhNH_2][H_3O^+])$

$\quad = K_a(PhCO_2H)/K_a(PhNH_3^+) = 10^{-4.20}/10^{-4.60} = 10^{0.4} \approx 2$

平衡はわずかに右に偏っている．

問題 6.8

$K = [A^-][BH^+]/[HA][B] = ([A^-][H_3O^+]/[HA])([BH^+]/[B][H_3O^+]) = K_a(HA)/K_a(BH^+)$

$pK = -\log K = -\log\{K_a(HA)/K_a(BH^+)\} = pK_a(HA) - pK_a(BH^+)$

問題 6.9

各 pH におけるおもなかたちを表にした．

	pH 2	pH 7	pH 12
(a)	HCO_2H	HCO_2^-	HCO_2^-
(b)	NH_4^+	NH_4^+	NH_3
(c)	$PhNH_3^+$	$PhNH_2$	$PhNH_2$
(d)	HCN	HCN	CN^-

問題 6.10

　H_2S は H_2O よりも酸性が強い．S と O は同族で S のほうが高周期(第 3 周期)の元素であるため，S−H 結合は O−H 結合よりも弱いからである．

問題 6.11

　$FCH_2CO_2H > HOCH_2CO_2H > CH_3CO_2H$

　電気陰性度が F ＞ O ＞ C であり，この順に電子求引性が強いからである．

問題 6.12

　9-フェニルフルオレンの二つのベンゼン環はもう一つの結合で固定され，共役塩基のカルボアニオンにおける共平面性を保持している．この共平面性がカルボアニオンの共役安定化を増し，9-フェニルフルオレンの酸性度をトリフェニルメタンよりも高くし，pK_a を小さくする原因になっている．

問題 6.13

問題 6.14

上に示すように，エタン酸エチルのエトキシ酸素の非共有電子対の供与による安定化が共役塩基における よりも強く作用しているため，共役塩基の相対的安定性がプロパノンの場合よりも小さくなり，pK_a が大きくなっている．

問題 6.15

章末問題解答

問題 6.16

	共役塩基	共役酸		共役塩基	共役酸
(a)	CO_3^{2-}	H_2CO_3	(b)	CH_3O^-	$CH_3\overset{+}{O}H_2$
(c)	$CH_3\overset{-}{N}H$	$CH_3\overset{+}{N}H_3$	(d)	$CH_3CO_2^-$	$CH_3\overset{\overset{+}{O}H}{\underset{}{C}}\text{-OH}$

(e)

問題 6.17

6.2.3 項で説明したように，酸は pH＞pK_a で解離してイオン性の共役塩基になるので水溶性を増す．フェノール（pK_a 10）は pH が 10 よりも十分高くなるとイオン化し水に溶ける．HCO_3^- の pK_a は約 10 であり，$NaHCO_3$ 水溶液（pK_a 10 の酸の溶液に相当する）の pH は 10 よりもかなり低いが，Na_2CO_3 水溶液（pK_a 10 の酸の共役塩基の溶液に相当する）の pH は 10 よりもかなり高い．

(a) 不溶   (b) 不溶   (c) 可溶   (d) 可溶

問題 6.18

　問題 6.17 と同じように考えると，アニリン(pK_{BH^+} 4.6)は pH 4.6 よりも低 pH でアニリニウムイオンになり水に溶けるようになる．

(a) 可溶   (b)～(d)の水溶液には溶けない．

問題 6.19

(a) $HCO_2H + C_6H_5NH_2 \xrightleftharpoons{K} HCO_2^- + C_6H_5NH_3^+$

　　$K = K_a/K_{BH^+} = 10^{-3.75}/10^{-4.60} = 10^{0.85} = 7.1$

(b) $HCN + HOCH_2CH_2NH_2 \xrightleftharpoons{K} CN^- + HOCH_2CH_2NH_3^+$

　　$K = K_a/K_{BH^+} = 10^{-9.1}/10^{-9.5} = 10^{0.4} = 2.5$

問題 6.20

(a) $F_3\bar{B}-\overset{+}{O}H_2$ (b) $(CH_3)_3C-\overset{+}{O}H_2$ (c) $Et-Mg-\overset{\overset{\displaystyle Et\diagdown \overset{+}{O} \diagup Et}{|}}{Br}$ (d) $Br-Br-\overset{+}{Fe}Br_3$

問題 6.21

　ハロゲンの電気陰性度は F ＞ Cl ＞ Br ＞ I の順に小さくなるので，電子求引性も弱くなり，ハロエタン酸の酸性度もこの順に低くなる．

問題 6.22

　F は強い電子求引基としてはたらくので，その数が多くなるほど酸は強くなる．

問題 6.23

　(a) F は電子求引性の誘起効果を示すので 3 位置換安息香酸の酸性を強めるが，4 位の F は下に示す共鳴のように電子供与的な共役効果を示す．この効果が誘起的な電子求引効果をほぼ打ち消すので，3 位置換体よりも 4 位置換体の酸性度は低くなる．

　(b) アセチル基は，電子求引性の誘起効果に加えて，下の共鳴で示すように，共役によりベンゼン環から電子を引きつけている．その効果は 3 位よりも 4 位に大きく作用するので，4 位置換体のほうが 3 位置換体よりも酸性が強い．

　（ちなみに置換安息香酸の pK_a は，無置換体の 4.20 に比べて，3-F 3.86，4-F 4.14，3-MeC(O) 3.83，4-MeC(O) 3.70 である．）

問題 6.24

　メチル基は電子供与性であるのに対して，3-Cl は電子求引基として作用する．したがって，酸性度は 4-メチルフェノール＜フェノール＜3-クロロフェノールの順に増大する．

問題 6.25

　(a) 3-ヒドロキシ基は O の大きな電気陰性度のために電子求引基として作用するので，3-ヒドロキシ安息香酸の酸性度は無置換体よりも高い(pK_a が小さい)．

　(b) 4-ヒドロキシ基は，下の共鳴で示すように，共役により電子供与性を示す．したがって，4-ヒドロキシ安息香酸の酸性度は無置換体よりも低い．

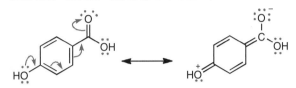

　(c) 2-ヒドロキシ安息香酸の共役塩基は分子内水素結合によって安定化されるので，とくに酸性が強くなる．

演 習 問 題

6.01　次の化合物の共役塩基の構造を示せ．

(a) H_2O　　　(b) NH_3　　　(c) CH_3CO_2H　　　(d) $HC\equiv CH$　　　(e) HCN

6.02　次の化合物の共役酸の構造を示せ．

(a) H_2O　　　(b) NH_3　　　(c) $HONH_2$　　　(d) $(CH_3)_2O$　　　(e) $(CH_3)_2C=O$

6.03　次の化合物を Lewis 酸と塩基に分類せよ．

(a) $ZnBr_2$　　　(b) CH_3Cl　　　(c) $H_2C=CH_2$　　　(d) $AlEt_3$　　　(e) $B(OCH_3)_3$

6.04　次の Lewis 酸塩基反応を完成せよ．反応にかかわる原子の非共有電子対をすべて示し，反応における電子対の流れを巻矢印で示せ．

(a) $Cl_2 + AlCl_3$　　　(b) $BF_3 + F^-$　　　(c) $Br_2 + Br_2$　　　(d) $CH_3CH_2Br + FeBr_3$　　　(e) $\overset{CH_3}{\underset{H}{C}}=\overset{+}{O}H + CH_3OH$

6.05　エタン酸(pK_a 4.76)とアンモニア(共役酸の pK_a 9.24)の酸塩基反応の平衡定数 K を計算せよ．

6.06　次の二つの溶液をまぜて得られる水溶液の pH を計算せよ．ただし，AcOH の pK_a は 4.76 であり，$\log 2=0.30$ としてよい．

(a) $0.2\ dm^3$ の $0.1\ mol\ dm^{-3}$ AcONa 水溶液と $0.1\ dm^3$ の $0.1\ mol\ dm^{-3}$ 塩酸．

(b) $0.2\ dm^3$ の $0.1\ mol\ dm^{-3}$ AcONa 水溶液と $0.1\ dm^3$ の $0.1\ mol\ dm^{-3}$ AcOH 水溶液.

(c) $0.3\ dm^3$ の $0.1\ mol\ dm^{-3}$ AcOH 水溶液と $0.2\ dm^3$ の $0.1\ mol\ dm^{-3}$ NaOH 水溶液.

(d) $0.3\ dm^3$ の $0.1\ mol\ dm^{-3}$ AcOH 水溶液と $0.1\ dm^3$ の $0.1\ mol\ dm^{-3}$ NaOH 水溶液.

6.07 安息香酸(pK_a 4.2)は次の水溶液に溶けるか,ほとんど溶けないか説明せよ.

(a) HCl　　(b) NaHCO$_3$　　(c) Na$_2$CO$_3$　　(d) H$_2$SO$_4$　　(e) NaOH

6.08 グルタミン酸は,次の溶液中でおもにどのようなかたちで存在するか.

(a) $1\ mol\ dm^{-3}$ の HCl 水溶液

(b) pH 4 の水溶液

(c) pH 7 の水溶液

(d) pH 12 の水溶液

グルタミン酸
(pK_a 2.19, 4.25, 9.67)

6.09 次の化学種を塩基性の減少する順に並べよ.

CH$_3$OH　　CH$_3$O$^-$　　CH$_3$C(O)O$^-$　　CH$_3$NH$_2$　　CH$_3$NH$^-$

6.10 エタノール(EtOH)とエタンチオール(EtSH)ではどちらの酸性が強いか説明せよ.

6.11 次のアルコールの酸性度の序列を説明せよ.

pK_a　　　16.1　　　　　　　15.5　　　　　　　13.6

6.12 次のアルコールの酸性の強さの違いを説明せよ.

pK_a　　　15.5　　　　　　約 11

6.13 硫酸水素イオン(HSO$_4^-$)と硫酸イオン(SO$_4^{2-}$)はいずれも共鳴安定化している.それぞれの共鳴構造式を書け.

6.14 炭素酸として 4-ニトロトルエンはトルエンよりも強酸である.共役塩基の構造を示し,その理由を説明せよ.

6.15 次の置換アニリンの塩基性度の違いを説明せよ.

(a) pK_{BH^+} 2.80　　　pK_{BH^+} 1.75　　　(b) pK_{BH^+} 4.23　　　pK_{BH^+} 5.34

6.16 次のアミンの塩基性度の違いを説明せよ.

pK_{BH^+} 7.8　　　pK_{BH^+} 5.2

6.17　4-アミノピリジンの塩基性(pK_{BH^+} 9.11)はピリジンやアニリンよりもずっと強い．共役酸の構造を示し，塩基性の強さについて考察せよ．

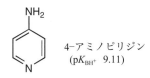

4-アミノピリジン
(pK_{BH^+} 9.11)

6.18　次の化合物の共役酸と共役塩基の構造を示せ．
(a) H_2O　　(b) NH_2CN　　(c) 4-アミノ安息香酸
(d) 2-ヒドロキシピリジン　　(e) 2-アミノフェノール

6.19　アミンのほうがアルデヒドやケトンよりも塩基性が強いにもかかわらず，アミドのプロトン化がカルボニル酸素に起こる理由を説明せよ．

6.20　アセト酢酸エチルの pK_a は 13.3 である．酸性を示すのはどの水素か．pK_a が酢酸エチルの pK_a と比べて非常に小さいのはなぜか説明せよ．

酢酸エチル
(pK_a 25.6)

アセト酢酸エチル
(pK_a 13.3)

6.21　フタル酸(ベンゼン-1,2-ジカルボン酸)の pK_{a1} はテレフタル酸(ベンゼン-1,4-ジカルボン酸)の pK_{a1} よりも小さいのに，pK_{a2} は前者のほうが大きい．これらの理由を説明せよ．

フタル酸
pK_{a1} 2.95
pK_{a2} 5.41

テレフタル酸
pK_{a1} 3.54
pK_{a2} 4.46

6.22　2-ヒドロキシ安息香酸の第二解離の pK_{a2}(12.62)は 4-ヒドロキシ異性体(9.09)よりかなり大きい．その理由を説明せよ．

有機化学反応

7

まとめ
Summary

❑ 最も基本的な有機反応として，置換，付加，脱離，転位の4種類があり，その組合せで反応が組み立てられている．さらに酸塩基反応が，しばしば有機反応の推進に大きな役割を演じる（➡ 7.1 節）.

❑ 結合開裂には**ホモリシスとヘテロリシス**がある（➡ 7.2.1 項）.

❑ 極性反応の基本は求核種（Lewis 塩基）と求電子種（Lewis 酸）の反応であり，**求核種から求電子種**に電子対を出して結合する（➡ 7.2.2 項）.

❑ 反応における電子対の動きを巻矢印で示すことにより，反応を表し，理解し，予測することができる（➡ 7.2.3〜7.2.6 項）.

❑ ホモリシスで生成したラジカルは不対電子をもつ．ラジカル反応における1電子ずつの動きは片羽の巻矢印で表す（➡ 7.2.1 項）.

❑ 極性反応の推進力は，電子対の**プッシュかプル**である（➡ 7.2.7 項）.

❑ 極性反応は，まず静電引力によって二つの反応種が近づくことから始まり，2分子間の**軌道相互作用**で結合ができる（➡ 7.3 節）.

❑ 軌道相互作用は，二つの軌道エネルギーの差が小さいほど大きく，HOMO-LUMO 相互作用が重要である（➡ 7.3 節）.

❑ 反応が進むためにはエネルギーが必要であり，反応のエネルギー関係はエネルギー図（エネルギー断面図）で表される（➡ 7.4 節）.

❑ 反応エネルギー図でエネルギーの最も高い状態を**遷移状態**（TS）といい，その状態における分子構造を遷移構造という（➡ 7.4 節）.

❑ 生成系と反応原系のエンタルピー差 ΔH は**反応熱**（または反応のエンタルピー）といわれ，$\Delta H < 0$ の反応を**発熱反応**，$\Delta H > 0$ の反応を**吸熱反応**という（➡ 7.4.2 項）.

❑ $\Delta G < 0$ の反応は**発エルゴン反応**とよばれ，$\Delta G > 0$ の反応は**吸エルゴン反応**とよばれる（➡ 7.4.2 項）.

❑ **平衡定数**は反応の Gibbs エネルギー ΔG に依存する（➡ 7.4.4 項）.

❑ 多段階反応は TS を二つ以上もち，エネルギーの最も高い TS をもつ段階を**律速段階**という（➡ 7.4.3 項）.

❑ 遷移構造は反応中間体に似ている（Hammond の仮説）（➡ 7.4.3 項）.

❑ 反応原系と遷移状態のエネルギー差を活性化エネルギーといい，**反応速度**は活性化 Gibbs エネルギー $\Delta G^{\ddagger}$ に依存する（➡ 7.4.4 項）.

問題解答

問題 7.1
(a) 置換 (b) 付加 (c) 置換 (d) 脱離 (e) 置換 (f) 転位

問題 7.2
(a) 求核種，EtO^-；求電子種，CH_3Cl (b) 求核種，$CH_3CH=CH_2$；求電子種，H_3O^+

(c) 求核種, NH₃；求電子種, MeCO₂Et   (d) 求核種, C₆H₆；求電子種, NO₂⁺

問題 7.3

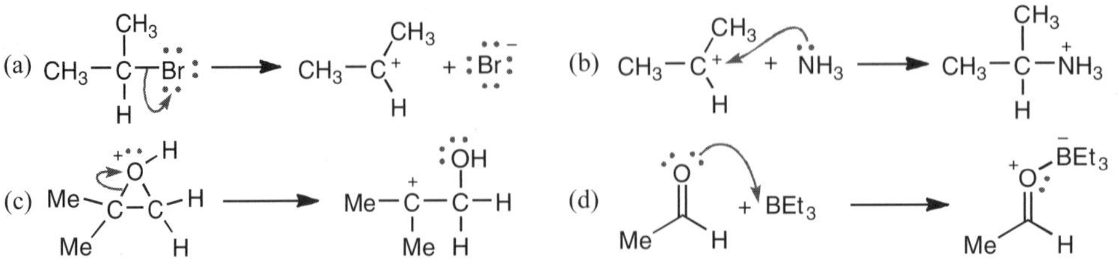

(a)

(b)

(c)

(d)

問題 7.4

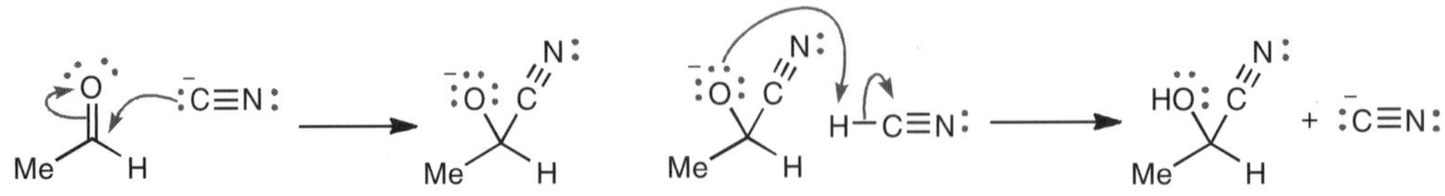

問題 7.5

（この反応はプロトン化の逆反応にすぎない）

問題 7.6

二つの反応とは，C への求核的な攻撃と H への塩基としての反応である．

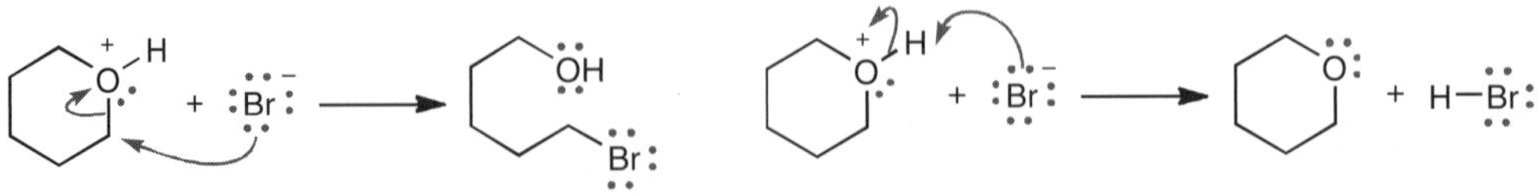

問題 7.7

問題 7.8

（a）B 上の形式電荷は非共有電子対を表していないので，B−H 結合から巻矢印を出すべきである（B のまわりの価電子は四つの結合に使われている）．

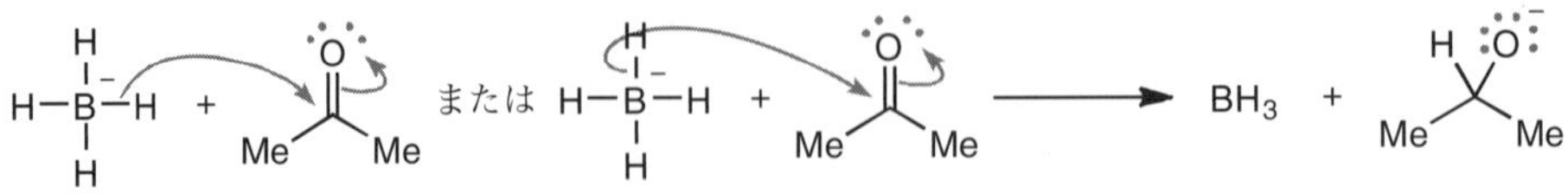

（b）電子の流れが逆になっている．

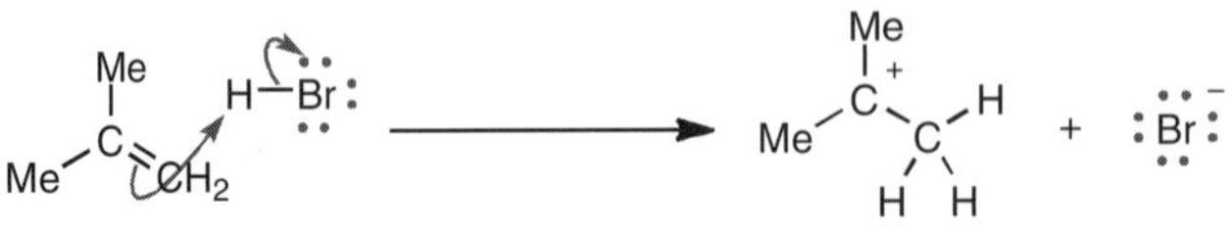

（c）この反応は正しく表されている．

問題 7.9

吸エルゴン反応では，生成系のエネルギーが反応原系のエネルギーよりも高い．

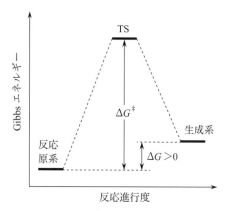

問題 7.10

一つ目の遷移状態のエネルギーが二つ目よりも高く，生成系のエネルギーは反応原系のエネルギーよりも低い．

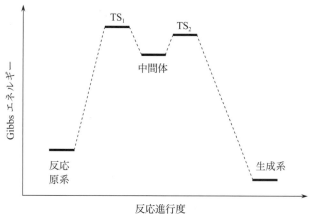

章末問題解答

問題 7.11

(a) 置換：求電子種，CH_3CH_2I；求核種，$(CH_3CH_2)_3N$.

(b) 置換：求電子種，$MeCOCl$；求核種，$MeOH$.

(c) 酸塩基反応：酸，H_3O^+；塩基，Me_3COH.

(d) 脱離：単分子的なヘテロリシスであり，反応種として分類できない．

(e) 脱離(酸塩基反応でもある)：酸，Me_3C^+；塩基，H_2O.

(f) 置換(転位を含む)：求電子種，$H_2C{=}CHCH(CH_3)Br$；求核種，Et_2NH.

問題 7.12

求電子種：(a) (e) (f)　　　求核種：(b) (c) (d) (g)

問題 7.13

反応中間体は反応の分子エネルギー図で二つの遷移状態(TS)の間の極小点に相当し，TS は極大点に相当する．反応座標上で中間体からずれるとエネルギーが高くなるので元に戻ろうとするが，TS から少

しでもずれるとエネルギーは減少し構造は変化していく．すなわち，反応中間体は寿命をもっているが，TS は事実上寿命をもたない．

　　（ただし，反応中間体も不安定でありその寿命は短い．中間体が不安定であればあるほど，構造的には TS に近いといえる．）

[問題 7.14]

　（a）極性反応は求核種の HOMO と求電子種の LUMO の相互作用によって起こる．その相互作用が大きいほど反応は起こりやすい．軌道相互作用は HOMO と LUMO のエネルギー差が小さいほど大きくなる．エネルギーは HOMO より LUMO のほうが高いので，求核種の HOMO が高いほど軌道のエネルギー差は小さくなるため，求核種の反応性は高い．

　（b）（a）と同じ理由で求電子種の LUMO が低くなると，求核種の HOMO とのエネルギー差が小さくなり軌道相互作用が大きくなるので，求電子種の反応性は高い．

　（c）N は O よりも電気陰性度が低いので，非共有電子対を収容している軌道（sp³ 軌道）のエネルギーが高い．すなわち，メチルアミンのほうがメタノールよりも HOMO のエネルギーが高いので求核種として反応性が高い．アミンの非共有電子対はアルコールの非共有電子対ほど原子核に強く引きつけられていないので，反応しやすいといってもよい．

[問題 7.15]

　　二つ目の遷移状態のエネルギーが一つ目より高く，生成系が反応原系よりも不安定である．

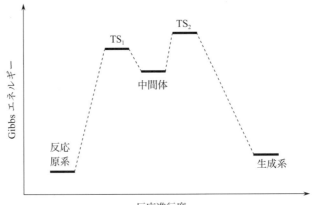

[問題 7.16]

　　二つの反応はカルボカチオンに対する付加と脱離であるが，生成物は塩化 t–ブチルからみると置換生成物と脱離生成物である．

[問題 7.17]

　（a）

(b)

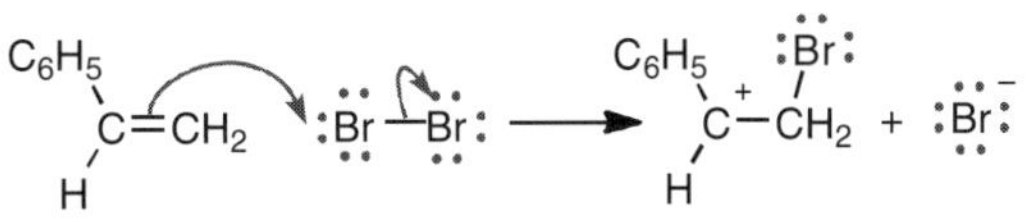

(c)

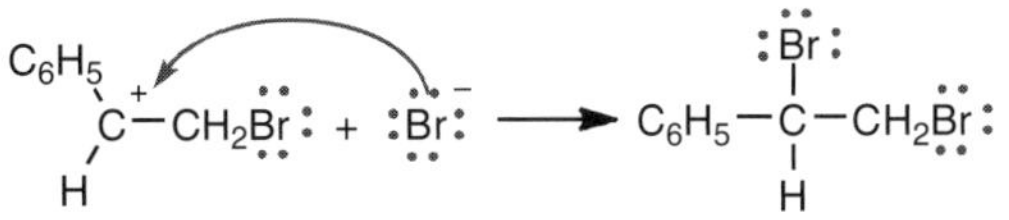

(d)

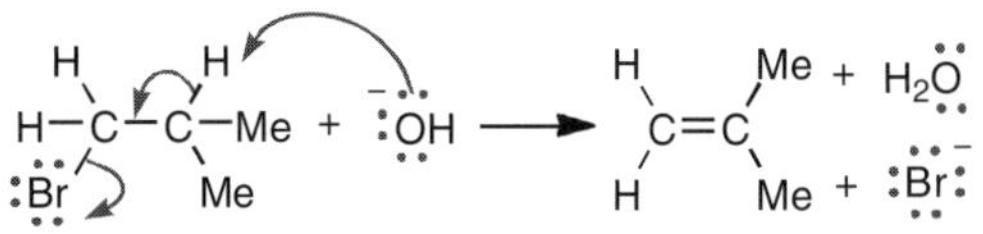

問題 7.18

(a)

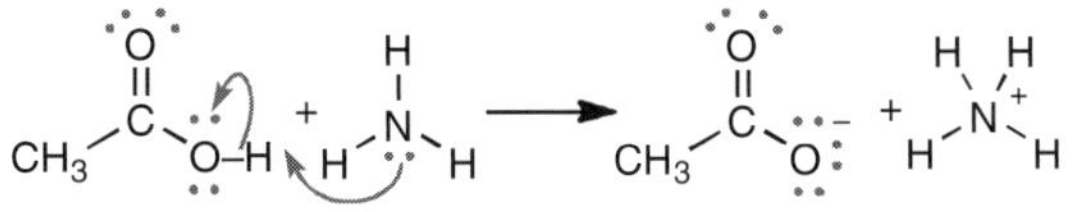

(b)  $CH_3CH_2O^- + H-C\equiv N \longrightarrow CH_3CH_2OH + {}^-C\equiv N$

(c)

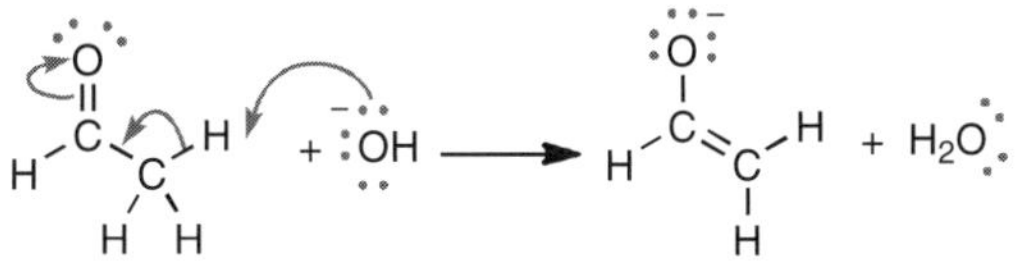

(d)

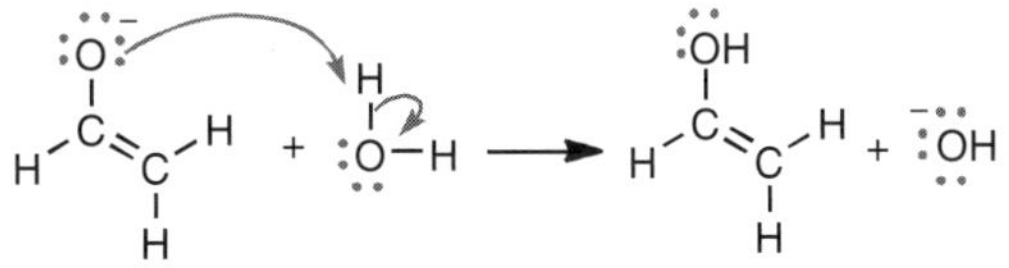

問題 7.19

$Ph-OH + (CH_3)_3C^+ + \;{}^-I \longrightarrow Ph-OH + (CH_3)_3C-I$

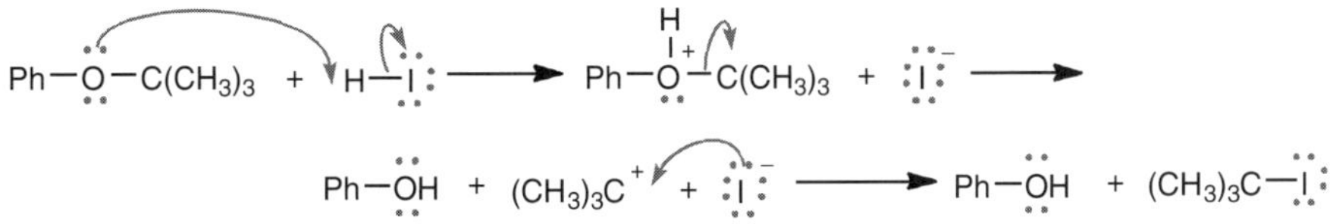

問題 7.20

(a)

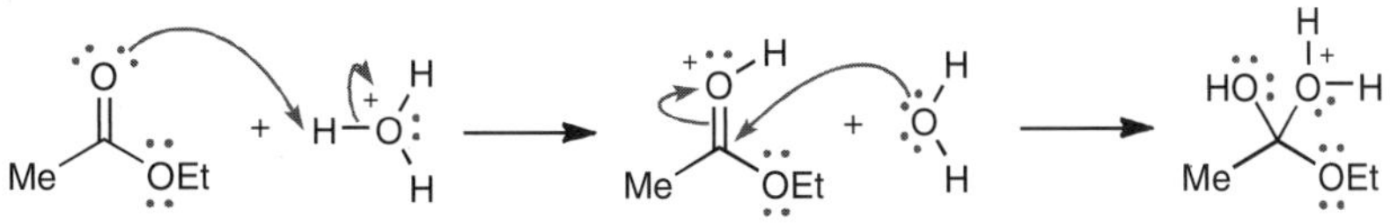

(b)

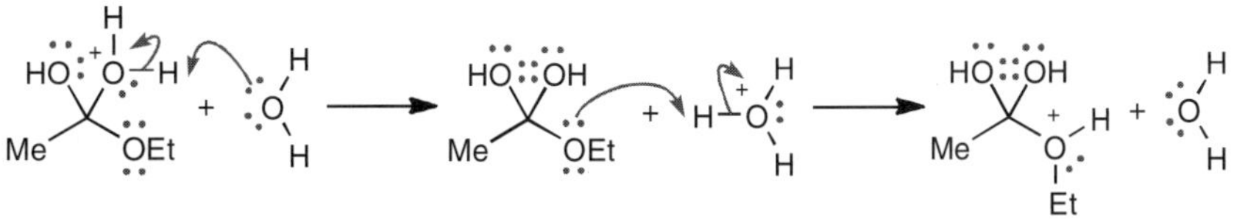

(c)

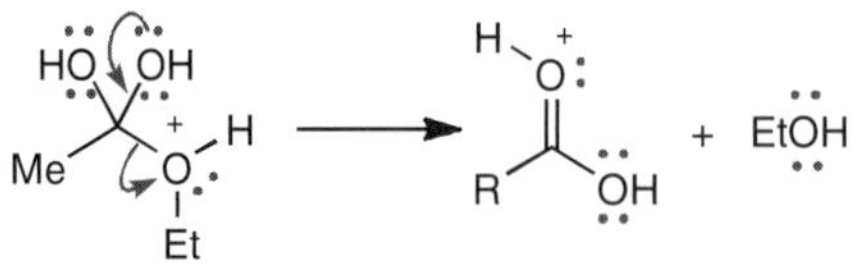

(d)

演習問題

7.01 次の反応は，それぞれ置換，付加，脱離，転位反応のいずれに分類されるか．

(a) $2\ CH_3CH_2OH \longrightarrow (CH_3CH_2)_2O + H_2O$

(b) $CH_3CH_2OH \longrightarrow H_2C{=}CH_2 + H_2O$

(c)

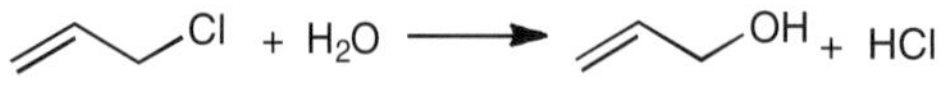

(d)

(e)

(f)

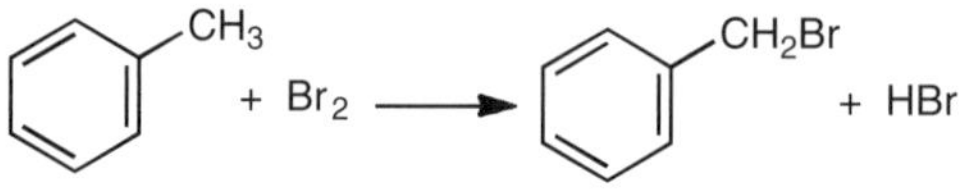

7.02 次の反応を置換と付加に分類し，反応物を求電子種と求核種に分類せよ．

(a) 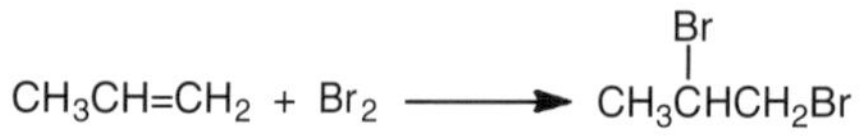 $CH_3CH{=}CH_2 + Br_2 \longrightarrow CH_3\overset{\overset{\displaystyle Br}{|}}{C}HCH_2Br$

(b)

(c)

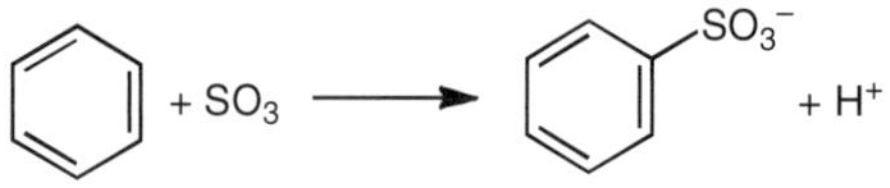

(d)

(e)

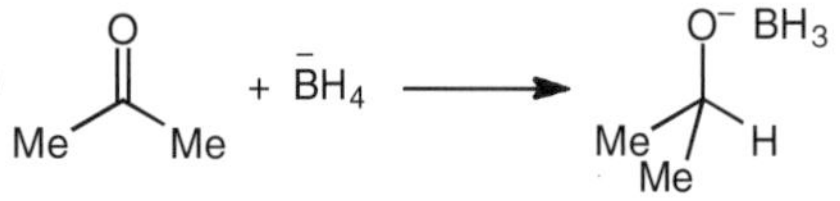

7.03 Lewis 酸と塩基の反応では新しい共有結合が生成する．BF_3 とジエチルエーテル (Et_2O) の反応を巻矢印で示せ．

7.04 7 章のはじめに脱離反応の例として出てきた次の反応は，1 分子だけで 1 段階で進む反応である．環状 6 電子の再配置となる電子の動きを巻矢印で示し，遷移構造を表せ．

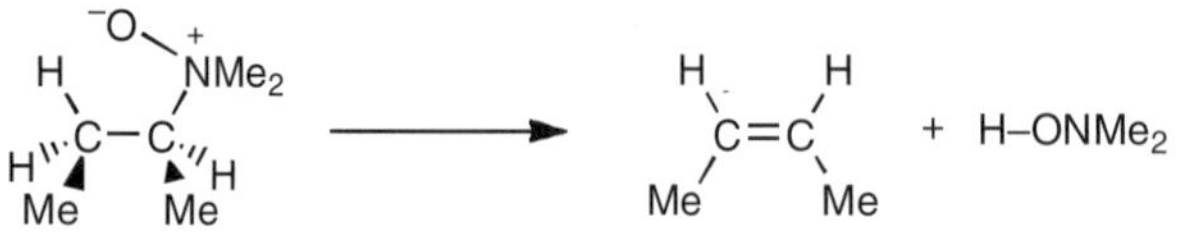

7.05 エステルのアルカリ加水分解は次のように進む．各反応における電子対の流れを巻矢印で示せ．非共有電子対をすべて示すこと．

化学反応式（スキーム省略）

7.06　ピリジン存在下に塩化エタノイル（塩化アセチル）をメタノール中で反応すると，次のように反応してエタン酸メチルが生成する．非共有電子対と必要な形式電荷を書き，各段階における電子の動きを巻矢印で示せ．

化学反応式（スキーム省略）

7.07　7章のはじめに脱離反応の例として出てきた次の反応は，水溶液中で二段階反応として進む．最初にヘテロリシスが起こり，カルボカチオンを中間体として進む．この反応の機構を巻矢印で表せ．

$$(CH_3)_2C-CH_2 \longrightarrow (CH_3)_2C=CH_2 + H-Cl$$

（Cl, H を置換）

7.08　次の記述は正しいか否か．正しくないときには，その理由を説明せよ．
　(a)　求電子種は，その空軌道を使って反応する．
　(b)　求核種は，非共有電子対をもっている．
　(c)　求電子種は正電荷をもち，求核種は負電荷をもっている．

7.09　第一段階が律速で全体として発熱反応となる二段階反応のエネルギー図を書け．

7.10　二つの反応中間体をもつ三段階反応で次の条件にあう反応のエネルギー図を書け．
　一つ目の中間体が二つ目より不安定で，第二段階が律速であり，全体として吸エルゴン的な反応．

カルボニル基への求核付加反応

8

まとめ
Summary

❏ カルボニル（C=O）結合は**極性二重結合**であり，部分正電荷をもつ炭素に求核種が付加する（➡ 8.1 節）．

❏ C=O 結合に付加するおもな求核種は HO⁻，RO⁻，RS⁻，CN⁻，RNH₂ である（反応例参照）．

❏ 弱い求核種の H₂O，ROH，RSH の付加には酸触媒が必要で，C=O 基がプロトン化により活性化される（RNH₂ は一般に求核性が高いので，中性であるにもかかわらず酸触媒を必要としない）．塩基性条件における求核種は HO⁻，RO⁻，RS⁻ である（➡ 8.3，8.4 節）．

❏ 反応は立体障害によって阻害され，求核付加は電子求引基によって促進される．

❏ カルボニル付加反応は通常可逆であり，平衡定数は次の因子で決まる（➡ 8.2 節，8.3.1 項）．
  ・R,R の立体反発（sp² → sp³ 混成変化による立体ひずみの増大）
  ・電子求引性と共役

❏ アセタール生成と加水分解は酸触媒による正反応と逆反応に相当する（➡ 8.4.2 項）．

❏ アミンの付加は通常水の脱離を伴い，第一級アミンからは**イミン**，第二級アミンからは**エナミン**が生成する（➡ 8.5 節）．

❏ Wittig 反応はアルケン合成反応として重要である（➡ 8.6 節）．

反応例

シアノヒドリン生成：
（➡ 8.2 節）

シアノヒドリン
収率 78%

［応用反応］（カルボン酸の合成）

収率 52%

反 応 例

（アミノ酸の合成：Strecker 反応）

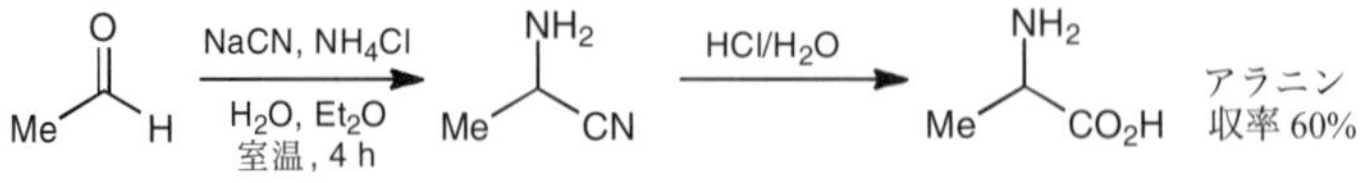

NaCN, NH₄Cl
H₂O, Et₂O
室温, 4 h

HCl/H₂O

アラニン
収率 60%

水和反応の機構（➡ 8.3.2 項）：

［酸触媒機構］

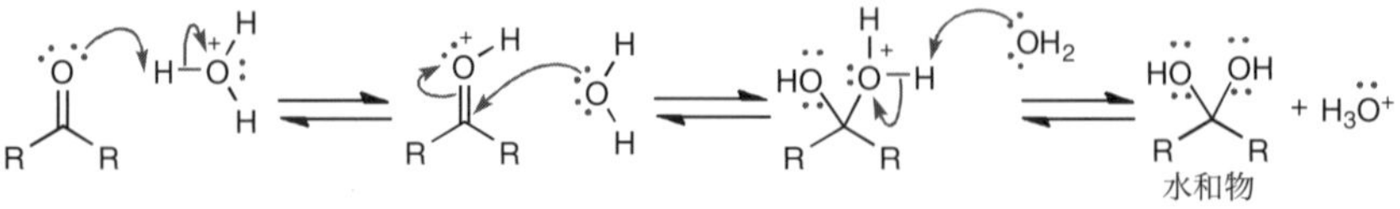

水和物　＋ H₃O⁺

［塩基触媒機構］

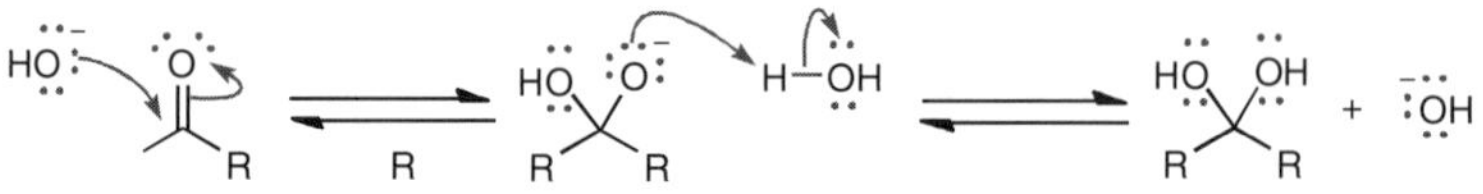

ヘミアセタール生成：
（➡ 8.4.1 項）

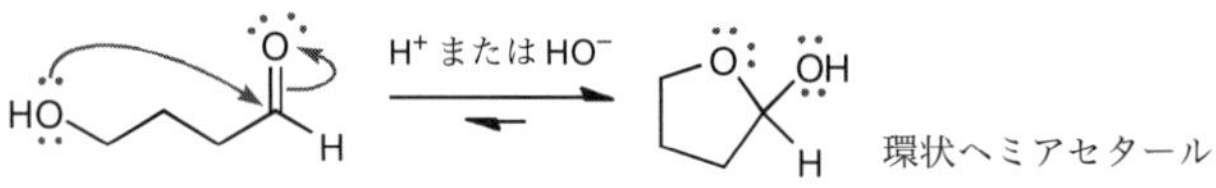

H⁺ または HO⁻

環状ヘミアセタール

アセタール化：
（➡ 8.4.2 項）

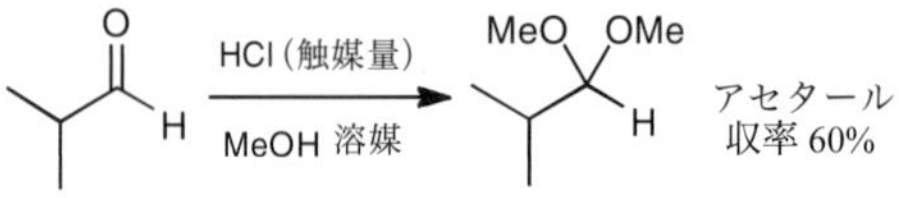

HCl（触媒量）
MeOH 溶媒

アセタール
収率 60%

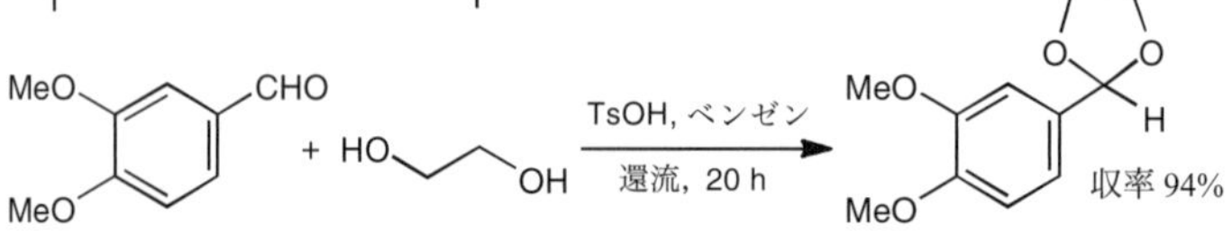

TsOH, ベンゼン
還流, 20 h

収率 94%

［酸触媒加水分解］

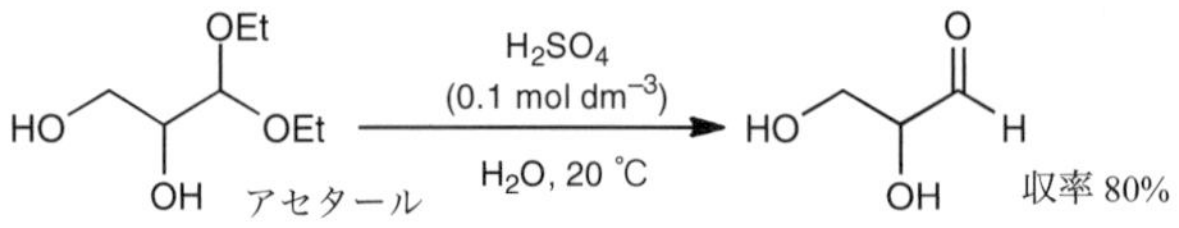

アセタール

H₂SO₄
(0.1 mol dm⁻³)
H₂O, 20 ℃

収率 80%

［チオアセタール化］

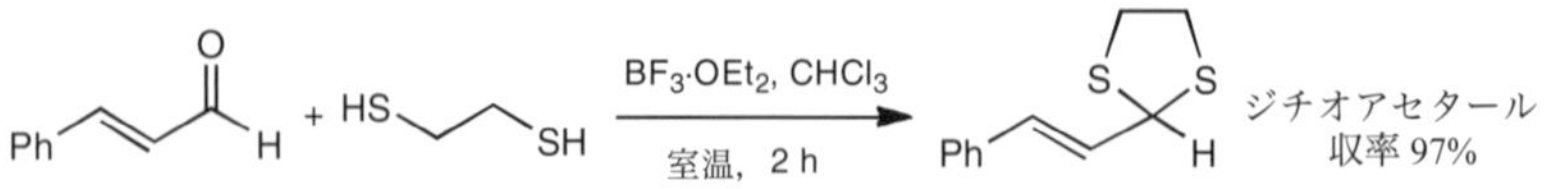

BF₃·OEt₂, CHCl₃
室温, 2 h

ジチオアセタール
収率 97%

イミン生成：
（➡ 8.5.1 項）

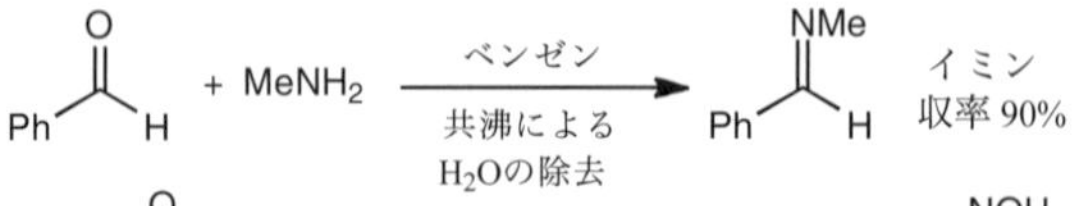

＋ MeNH₂

ベンゼン
共沸による
H₂O の除去

イミン
収率 90%

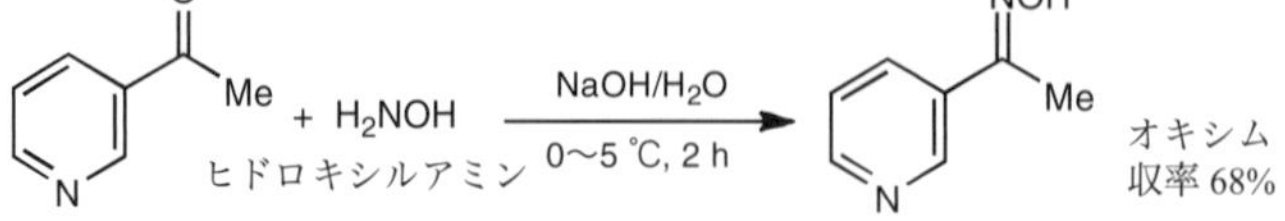

＋ H₂NOH
ヒドロキシルアミン

NaOH/H₂O
0～5 ℃, 2 h

オキシム
収率 68%

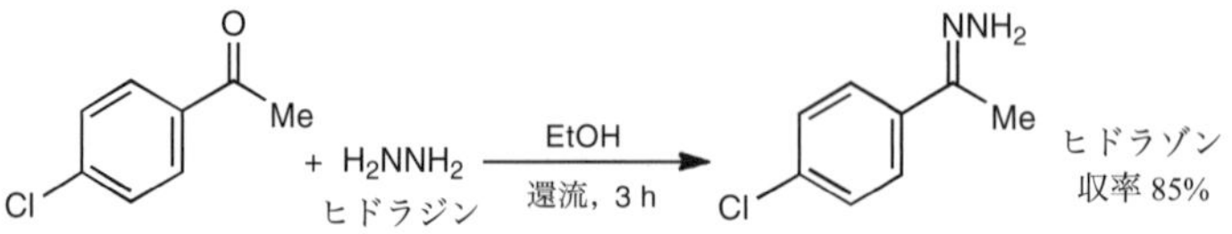

＋ H₂NNH₂
ヒドラジン

EtOH
還流, 3 h

ヒドラゾン
収率 85%

反 応 例

エナミン生成：
（→ 8.5.2 項）

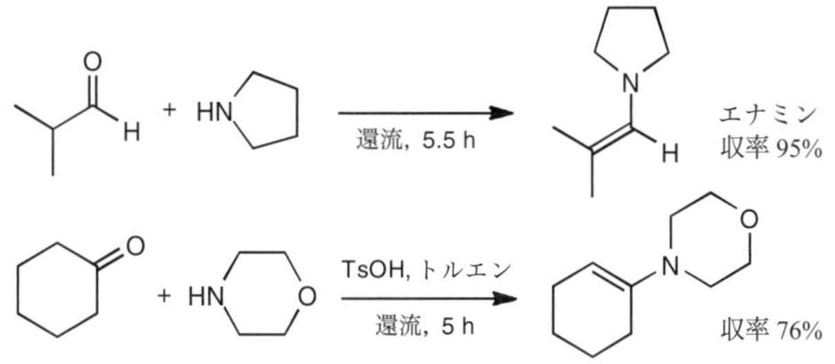

TsOH, トルエン
還流, 5 h

収率 76%

Wittig 反応：
（→ 8.6 節）

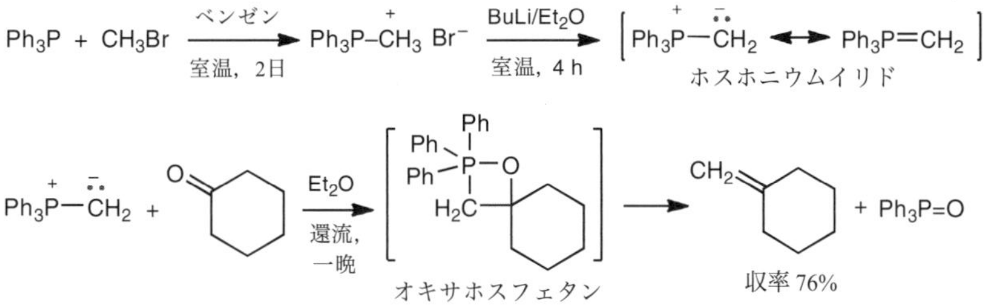

$Ph_3P + CH_3Br$ ——ベンゼン/室温, 2日——→ $Ph_3\overset{+}{P}–CH_3\ Br^-$ ——BuLi/Et₂O/室温, 4 h——→ $[Ph_3\overset{+}{P}–\overset{..}{C}H_2 \longleftrightarrow Ph_3P=CH_2]$
ホスホニウムイリド

オキサホスフェタン　　　　　収率 76%

問題解答

__問題 8.1__

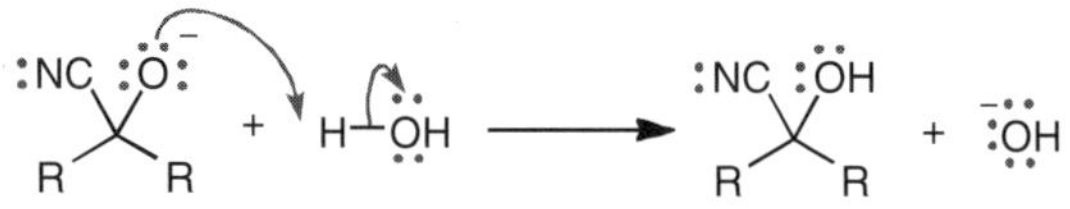

__問題 8.2__

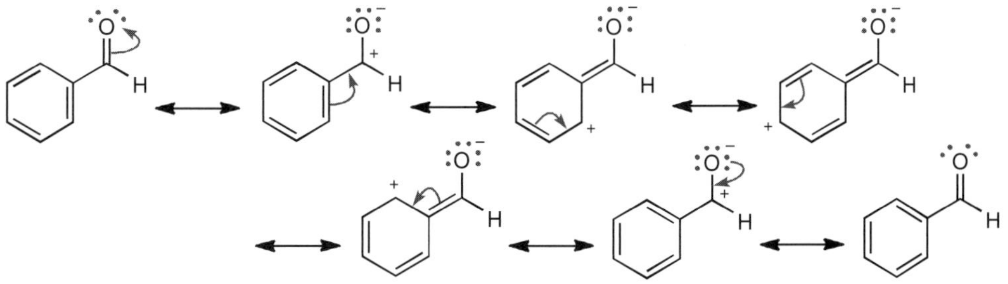

__問題 8.3__

　アルデヒドやケトンがシアノヒドリンになると立体ひずみが増大する傾向をもつが，アルキル基がかさ高いほどその傾向は強い．フェニルケトンは共役によって安定化されているが，シアノヒドリンになるとその共役は解消される．これら二つの効果から示された順に平衡定数が小さくなる．

__問題 8.4__

　水和反応においてもシアノヒドリン生成と同じように立体ひずみによって平衡定数が小さくなる．
　（a）t–ブチル基はメチル基よりもかさ高いのでt–ブチル置換アルデヒドの水和平衡定数は小さい．
　（b）4–ニトロ基は強い電子求引基であり，カルボニル化合物を不安定化しているので水和平衡定数は大きくなる．

問題 8.5

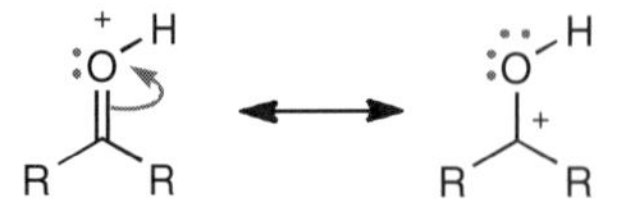

問題 8.6

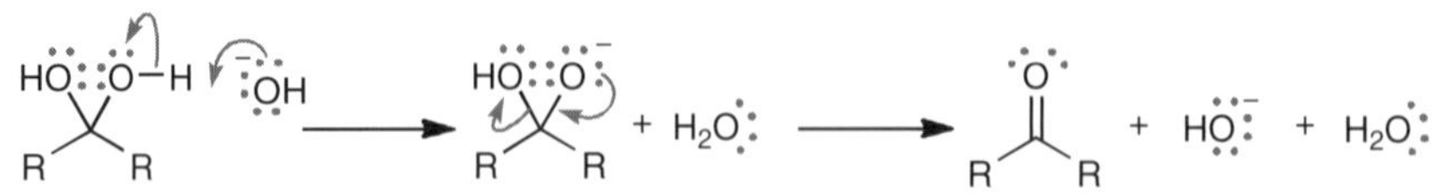

問題 8.7

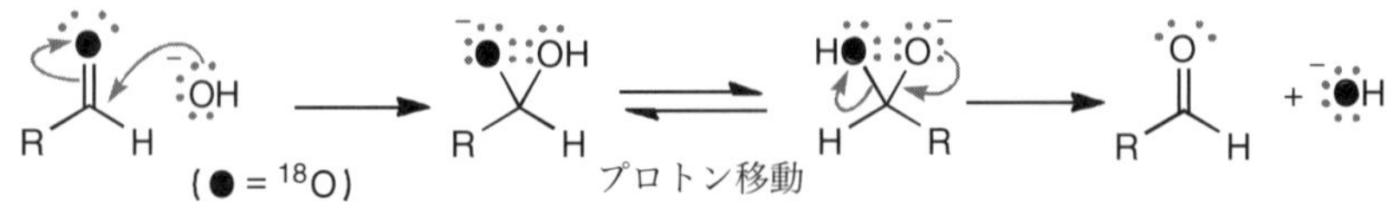

$(\bullet = {}^{18}O)$　　プロトン移動

問題 8.8

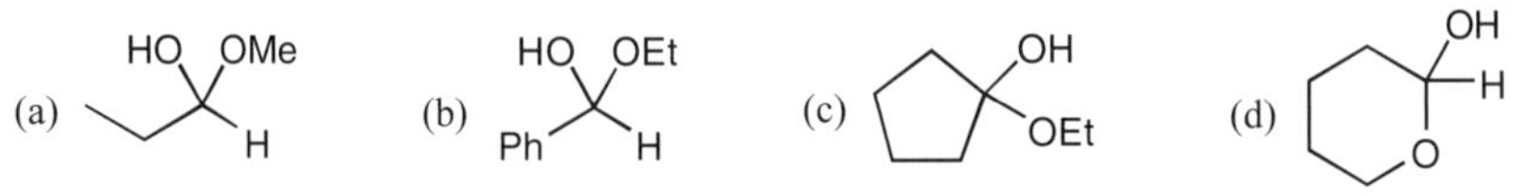

(a)　HO　OMe　（エチル基鎖）H

(b)　HO　OEt　Ph　H

(c)　OH　OEt（シクロペンタン環）

(d)　OH　H（テトラヒドロピラン環）

問題 8.9

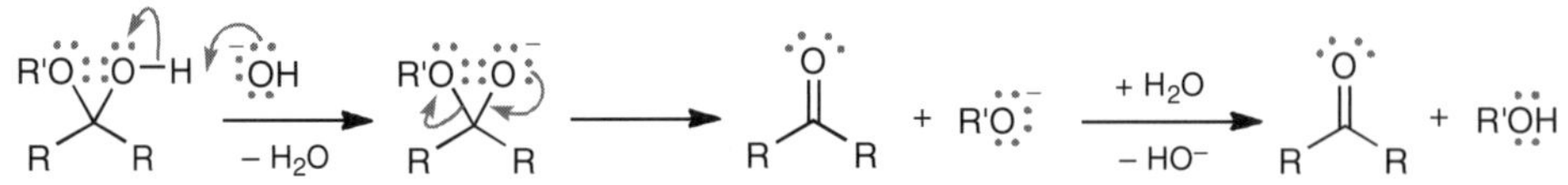

問題 8.10

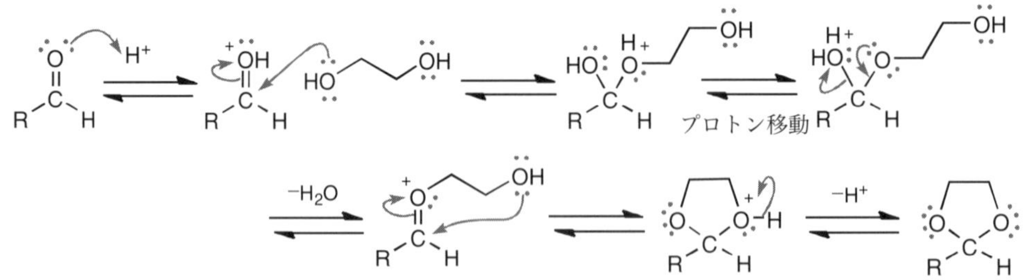

プロトン移動

問題 8.11

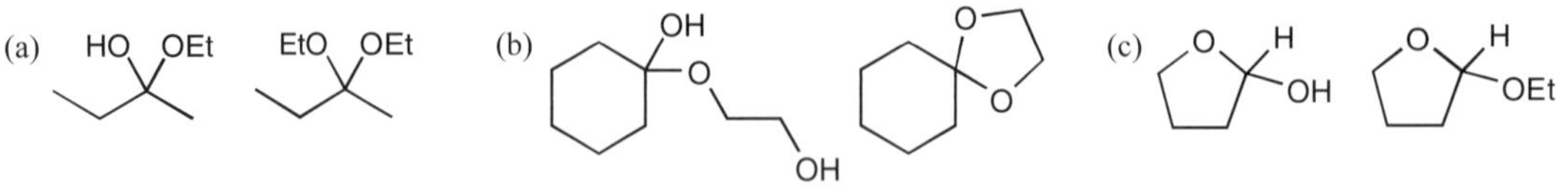

(a)　HO　OEt　／　EtO　OEt

(b)

(c)

問題 8.12

(a)　＋ 2 MeOH

(b)　＋　HO　　OH

(c)　＋ MeOH

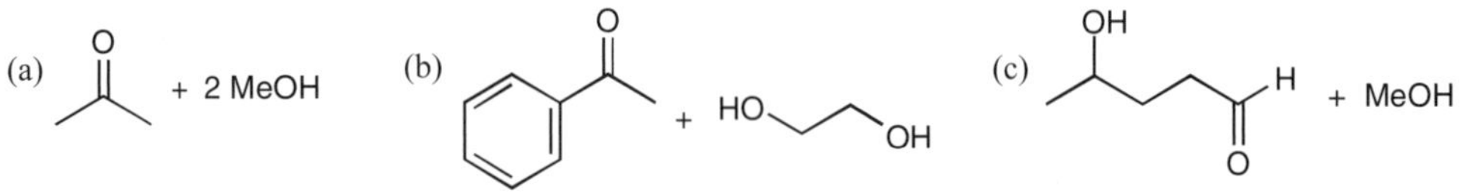

問題 8.13

　下に共鳴で示すように，カルボニル基の隣の N（アミド N）は，共鳴によって非共有電子対の電子密度が低くなっているので求核性が低い．カルボニル基と反応できるのはアミン N だけである．

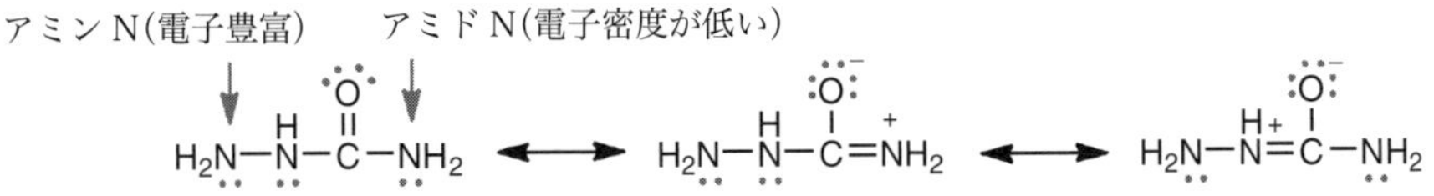

アミン N（電子豊富）　　アミド N（電子密度が低い）

問題 8.14

(a)　(b) 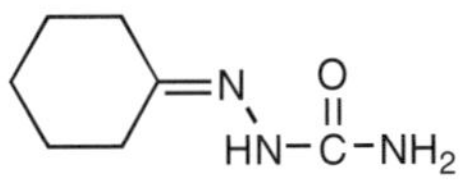　(c)

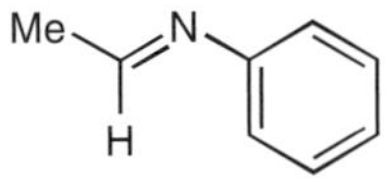

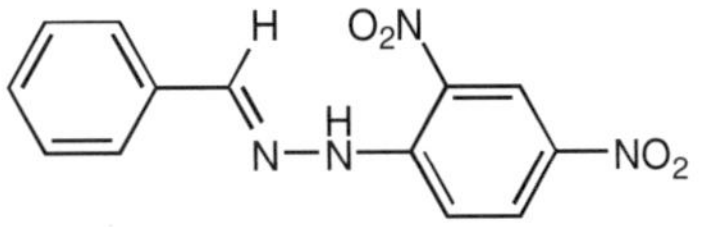

問題 8.15

エナミンの共鳴

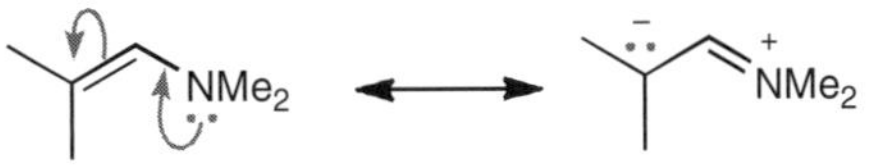

加水分解機構

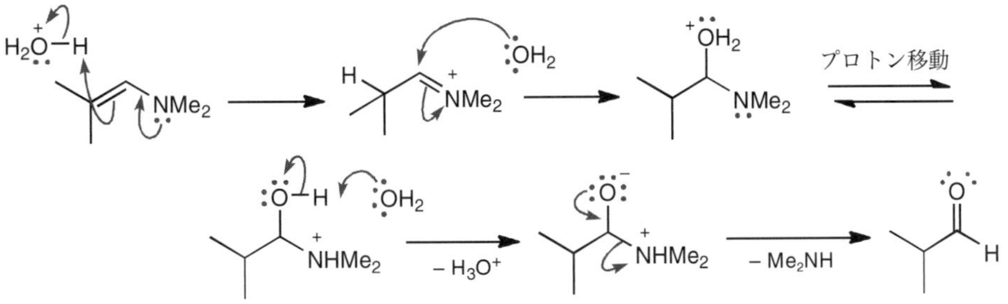

プロトン移動

章末問題解答

問題 8.16

　(a) HCN の炭素は非共有電子対をもっていないので，求核種としてカルボニル炭素を攻撃することはできない．

　(b) CN⁻ がアルデヒドを求核攻撃して最初にできるのはシアノヒドリンの共役塩基のアニオンであり，ついでプロトン化されてシアノヒドリンを生成するが，この全過程は可逆反応である．シアノヒドリンよりも酸性の強い酸がないと，シアノヒドリンアニオンはほとんどプロトン化されないので，平衡はシアノヒドリンのほうに偏らない．

問題 8.17

　隣接するカルボニル基はカルボニル基の双極子の正電荷末端が隣り合わせになるために不安定であり（双極子-双極子反発），トリケトンの真ん中のカルボニル基が水和されることによってのみ，それが解消され安定になる．したがって，ニンヒドリンの構造は下に示すようなものである．

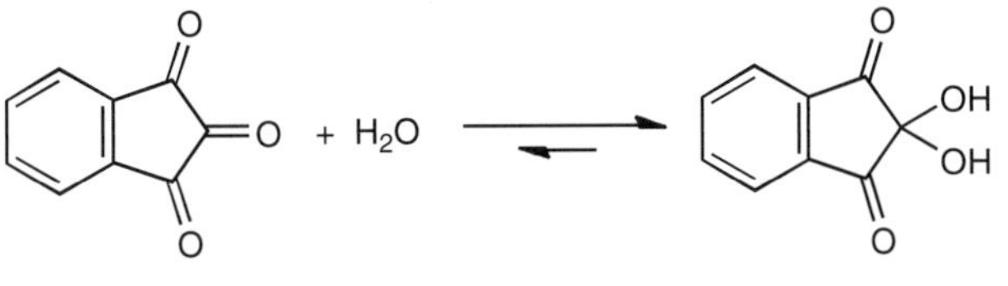

ニンヒドリン

問題 8.18

　アルデヒドの水和反応の平衡定数は，水和物がアルデヒドと比べて相対的に安定になれば大きくなる．ベンズアルデヒドの 4-メトキシ置換基は次の共鳴でわかるようにアルデヒドを共役安定化する（しかし，この共鳴は水和物の安定性にはあまり関係ない）ので，水和平衡定数を小さくする．

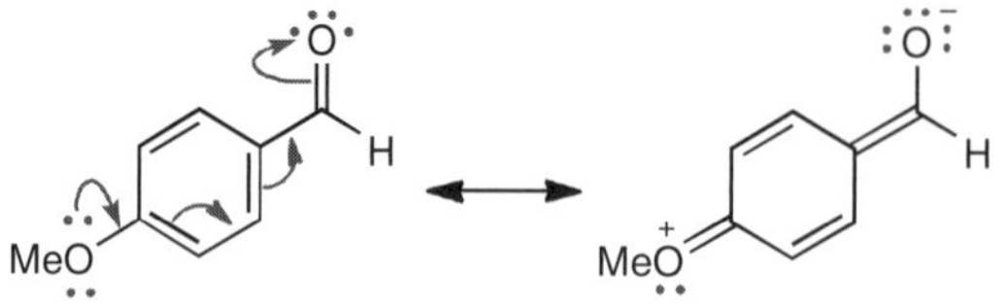

　それに対して 4-シアノ基は強い電子求引基であり，水和物よりもアルデヒドを不安定化する（次の共鳴のように正電荷が反発する）．したがって，水和平衡定数は大きくなる．結果として，問題に示されたようになる．

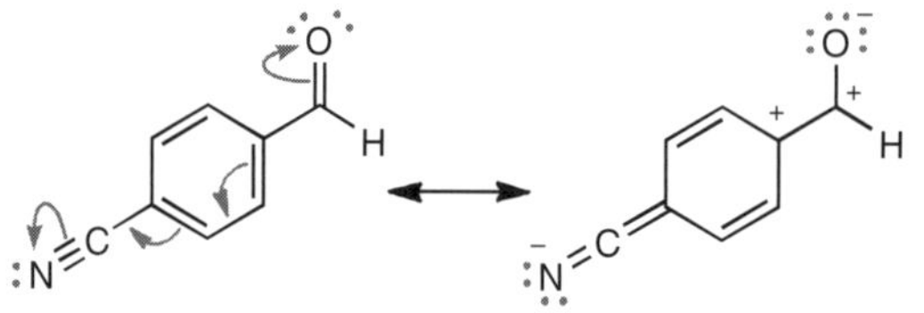

問題 8.19

(a)

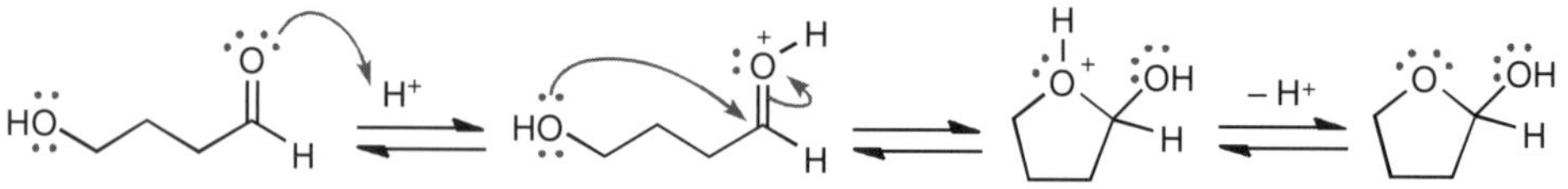

4-ヒドロキシブタナール

(b)

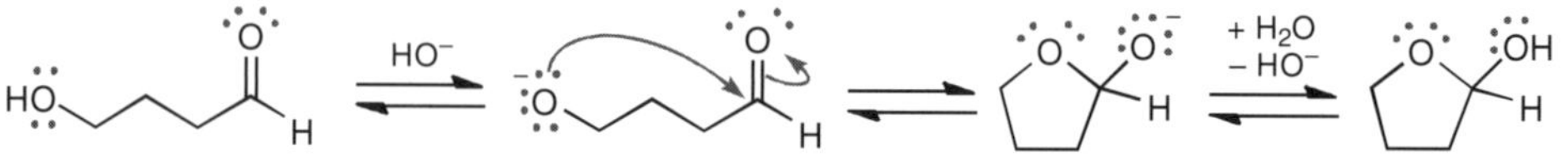

問題 8.20

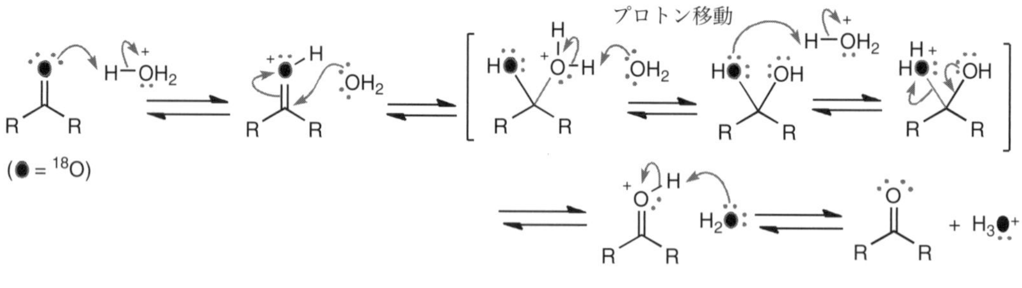

($\bullet = {}^{18}O$)

問題 8.21

　酸性条件ではアセタールが生成する．

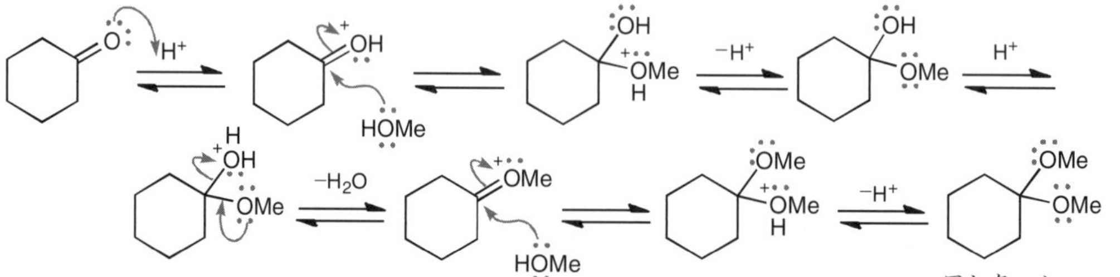

アセタール

塩基性条件ではヘミアセタールが生成する.

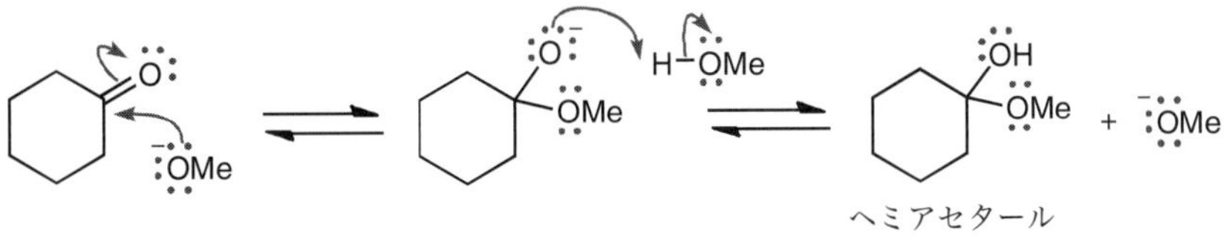

ヘミアセタール

問題 8.22

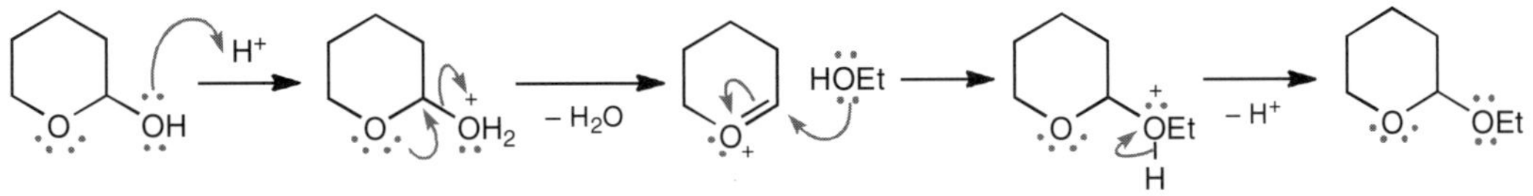

問題 8.23

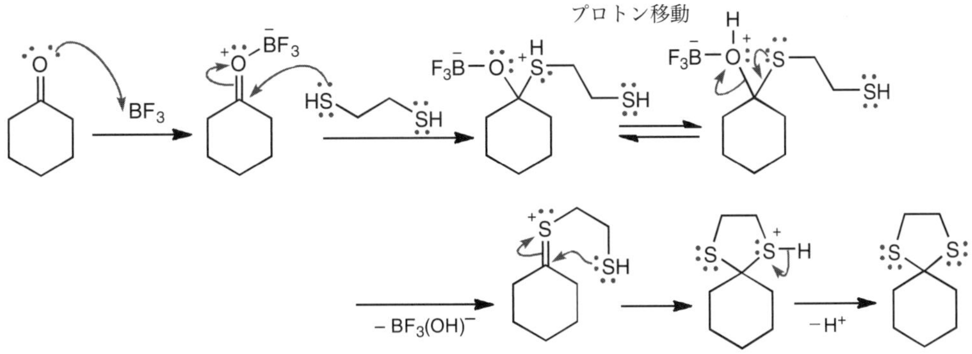

プロトン移動

問題 8.24

(a) 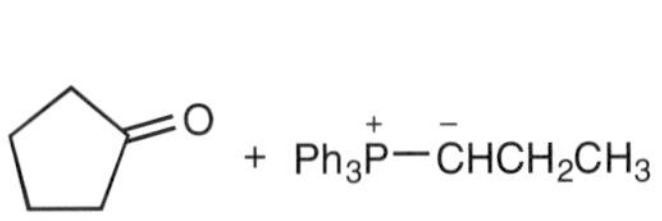 + Ph₃P⁺—⁻CHCH₂CH₃

(b) 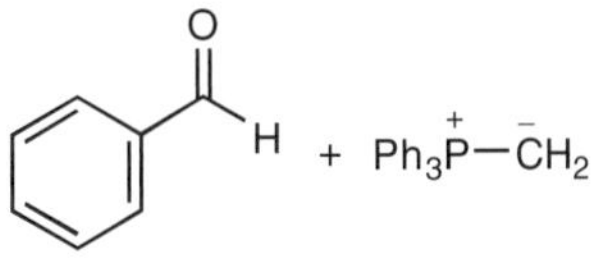 + Ph₃P⁺—⁻CH₂

演 習 問 題

8.01 次のカルボニル化合物とアルコールから生成するヘミアセタールとアセタールの構造を示せ.
(a) 3-ペンタノン＋メタノール　(b) シクロヘキサノン＋1-プロパノール
(c) ブタナール＋2-ブタノール　(d) ベンズアルデヒド＋5-クロロ-1-ペンタノール

8.02 次のアセタールまたはヘミアセタールを加水分解したときに得られるカルボニル化合物とアルコールの構造を示し，その IUPAC 名を書け.

(a) 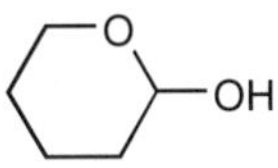 　(b) 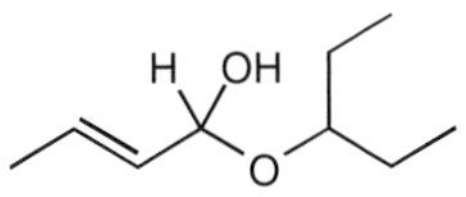 　(c)

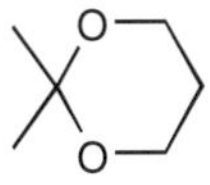

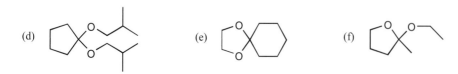

(d)   (e)   (f)

8.03 シクロヘキサノンと NaCN の水–アルコール溶液に適量の HCl を加えるとシアノヒドリンが収率よく得られる．このシアノヒドリン生成反応の機構を書け．

8.04 シクロヘキサノンは収率よくシアノヒドリンを生成するが，2,2,6–トリメチルシクロヘキサノンはほとんどシアノヒドリンを生成しない．この違いを説明せよ．

8.05 (a)〜(c)はカルボニル化合物の水和反応における平衡定数の違いを示している．それぞれの平衡定数の違いを説明せよ．

(a) H_3C-CHO $>$ $(H_3C)_3C$-CHO   (b) H_3C-CO-CH_3 $<$ H_3C-CO-CF_3 (c) C_6H_5-CHO $<$ シクロヘキシル-CHO

8.06 ベンズアルデヒドと 4–ジメチルアミノベンズアルデヒドとでは，水和反応の平衡定数はどちらが大きいと予想されるか，説明せよ．

8.07 シクロプロパノンは水溶液中では主として水和されたかたちで存在する．その理由を説明せよ．

8.08 次の反応の主生成物は何か．

(a) (CH_3)_2CH-CHO + Na⁺ CN⁻ $\xrightarrow[H_2O]{HCl}$ (b) CH_3-CO-CH_2-CO-OH + Na⁺ CN⁻ $\xrightarrow{H_2O}$

(c) シクロヘキサン-1,2-ジオール + アセトン $\xrightarrow{H^+}$ (d) 3,5-ジヒドロキシ...アルデヒド $\xrightarrow{H^+}$

8.09 エタナールのメタノール溶液にナトリウムメトキシドを加えたときに起こる反応の機構を書け．酸性メタノール中における反応と生成物に違いがあればその理由を説明せよ．

8.10 5–ヒドロキシペンタナールのメタノール溶液に，(a) 酸あるいは (b) ナトリウムメトキシドを加えたときに得られる反応生成物は何か．それぞれの反応の機構を書け．

8.11 ^{18}O 標識したブタナールと 1–ブタノールから酸触媒反応で生成したアセタールは ^{18}O 標識をまったく含んでいなかった．この結果はアセタール生成反応の機構にどういう意味をもっているか説明せよ．

8.12 エタナールのジエチルアセタールを酸性メタノールに溶かすとどうなるか．反応機構を書いて説明せよ．

8.13　次の反応の機構を書け．

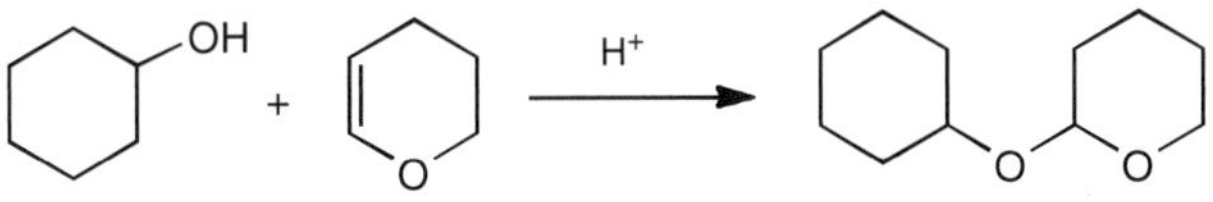

8.14　エタナールは，触媒量の酸と微量の水があれば，環状三量体(パラアルデヒド)を生成する．この反応の機構を書け．

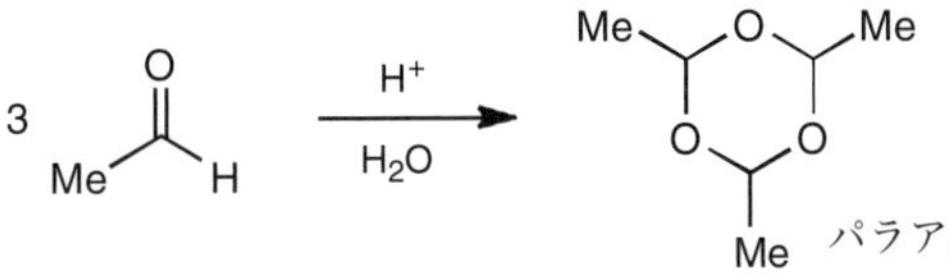

8.15　2–ブタノンとエタンチオールから $ZnCl_2$ 触媒によってジチオアセタールが生成する反応の機構を書け．

8.16　ベンズアルデヒドとアニリンから酸触媒存在下にイミンが生成する反応の機構を書け．

8.17　亜硫酸水素塩は，硫黄原子を求核中心としてアルデヒドに付加し，付加物を生成する．アルデヒド RCHO への亜硫酸水素イオン HSO_3^- の付加の反応機構を書け．

8.18　アルデヒドの亜硫酸水素塩付加物をシアン化ナトリウムと反応させると，効率よく対応するシアノヒドリンが得られる．この反応の機構を書け．

8.19　次の反応の機構を書け．

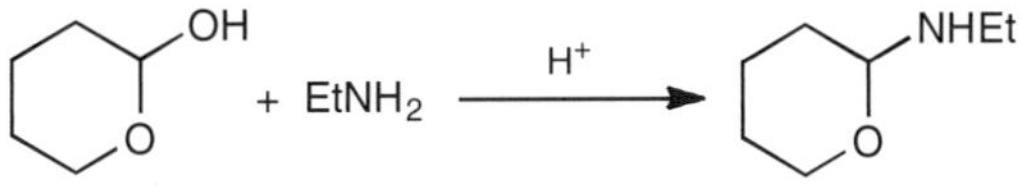

8.20　次の反応式の中間体と生成物(A)，(B)，(C)の構造を示せ．

$$(C_6H_5)_3P + CH_3CH_2CH_2Br \longrightarrow (A) \xrightarrow{NaH} (B) \xrightarrow{C_6H_5COCH_3} (C)$$

カルボン酸誘導体の求核置換反応 **9**

ま と め
Summary

❏ カルボン酸誘導体 RC(O)Y の種類と相対的反応性：

塩化アシル　酸無水物　チオエステル　エステル　アミド

❏ RC(O)Y の Y は脱離基となり，加水分解によってカルボン酸になる（➡ 9.1 節）．

❏ カルボン酸誘導体は，求核置換により相互変換される（➡ 9.1, 9.5 節）．

❏ カルボン酸誘導体の**求核置換反応**は，**求核付加-脱離**により**四面体中間体**を経て 2 段階で進み，酸塩基触媒作用を受ける場合もある（➡ 9.4 節）．

カルボン酸誘導体　　　　　四面体中間体

❏ HO⁻，RO⁻，RNH₂ のように求核性の強い求核種は触媒の作用なしにカルボニル基に付加できる．H₂O や ROH のように弱い求核種の反応には酸触媒を必要とする（➡ 9.4 節）．

❏ 通常全反応は可逆であり，加水分解では酸素の**同位体交換**を起こす（➡ 9.2.4 項, 9.4節）．

❏ **エステル加水分解**における結合切断は，アルキル C−O ではなく，アシル C−O 結合で起こる（➡ 9.2 節）．

❏ エステルのアルカリ加水分解は不可逆であるが，酸触媒加水分解は可逆で，逆反応はFischer エステル化に相当する（➡ 9.2 節）．

❏ 付加と脱離段階における RC(O)Y の反応性は，Y⁻ の塩基性が弱いほど大きい（➡ 9.4.2項）．

❏ ポリエステル(PET など)やポリアミド(ナイロンなど)が**縮合重合**により工業的に生産されている（➡ 9.6 節）．

反 応 例

エステル生成（➡ 9.2 節）：

反 応 例

[加水分解]

Ph（CHCl）CO₂Et —[濃HCl, AcOH / 還流, 1.5 h]→ Ph（CHCl）CO₂H　収率82%

塩化アシルと酸無水物（➡ 9.5 節）：

Ph₂CHCO₂H ＋ SOCl₂ —[ベンゼン / 還流, 7.5 h]→ Ph₂CHCOCl　収率90%

MeCOCl ＋ H-CO-O⁻Na⁺ —[Et₂O / 25 ℃, 5.5 h]→ MeCO-O-COH　収率64%

アミドの生成：
（➡ 9.5 節）

MeCO₂H ＋ （4-Me-C₆H₄）NH₂ —[還流, 2 h]→ （4-Me-C₆H₄）NHCOMe

Ac₂O ＋ H₂NCH₂CO₂H —[H₂O / 20 min]→ AcNHCH₂CO₂H　収率90%
（反応熱による温度上昇）

EtCOCl ＋ HN（モルホリン） —[CH₂Cl₂ / −8 ℃→室温, 5.5 h]→ EtCO-N（モルホリン）　収率86%

EtO₂C-CH=CH-CO₂Et —[NH₄OH–NH₄Cl/H₂O / 25〜30 ℃, 7 h]→ H₂NCO-CH=CH-CONH₂　収率85%

縮合重合（➡ 9.6 節）：

n ROC(C₆H₄)COR ＋ n HOCH₂CH₂OH —[酸, 加熱 / − 2n ROH]→ [-CO(C₆H₄)CO-OCH₂CH₂O-]$_n$

テレフタル酸（R ＝ H）　　1,2-エタンジオール　　　ポリエチレンテレフタラート(PET)
またはエステル　　　　　　　　　　　　　　　　　　（ポリエステル）

n HOC(CH₂)₄COH ＋ n H₂N(CH₂)₆NH₂ —[加熱 / −2n H₂O]→ [-NH(CH₂)₆NHCO(CH₂)₄C-]$_n$
　　　　　　　　　　　　　　　　　　　　　　　　　　　　　　O

ヘキサン二酸　　　　1,6-ヘキサンジアミン　　　　　ナイロン 66
（アジピン酸）　　　　　　　　　　　　　　　　　　（ポリアミド）

▨▨▨▨ 問題解答

問題 9.1

(a) 3-メチルブタン酸プロピル ＋ H₂O ⟶ 3-メチルブタン酸 ＋ 1-プロパノール

(b) エタン酸 1-メチルプロピル ＋ H₂O ⟶ エタン酸 ＋ 2-ブタノール

問題 9.2

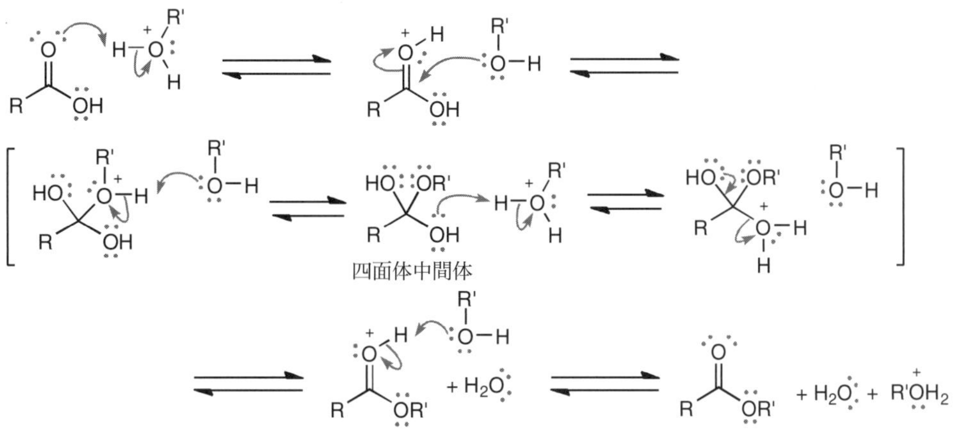

四面体中間体

問題 9.3

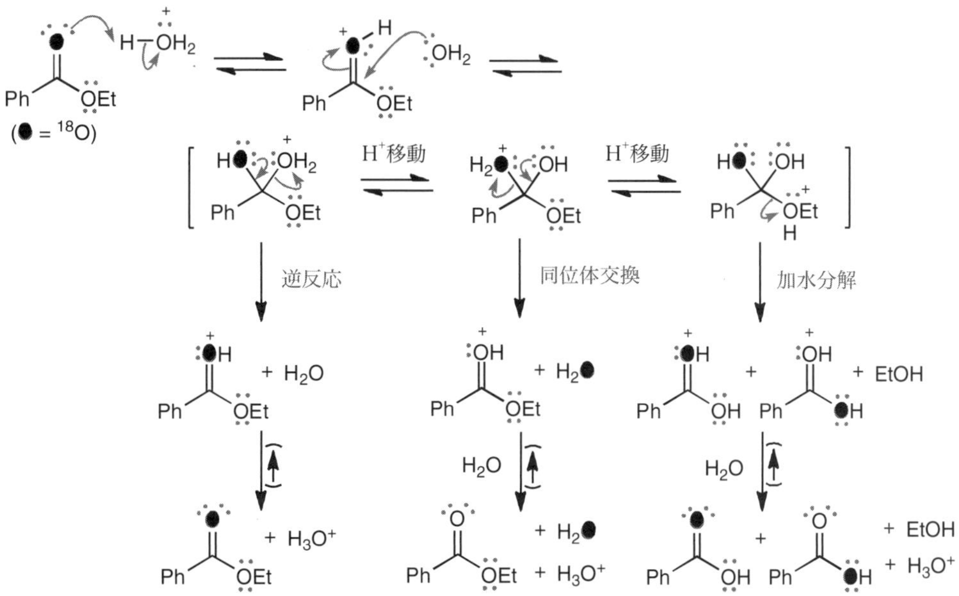

（● = ¹⁸O）

H⁺移動　　　H⁺移動

逆反応　　　同位体交換　　　加水分解

問題 9.4

　エステルのアルカリ加水分解が不可逆になるのは，反応条件で生成物のカルボン酸が解離してアニオンになり求電子性を失い求核攻撃を受けなくなるからである．塩基はカルボン酸を中和するために消費されるのでアルカリ加水分解は触媒反応でなくなる．エステル交換の生成物は同じくエステルであり，解離できないので求電子性を保っているし，塩基も消費されないので，逆エステル交換も正方向の反応と同じように起こる．

問題 9.5

　生成エステルの収率を上げるためにはアルコールを大過剰に使って反応する．また，脱離した EtOH や MeOH（加えたアルコールより低沸点である）を蒸留で除いて，平衡をずらす．

(a) 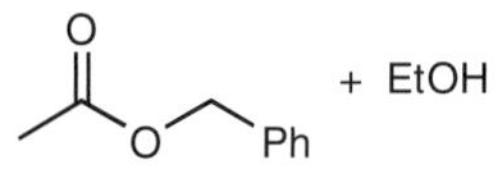 + EtOH
エタン酸ベンジル

(b) 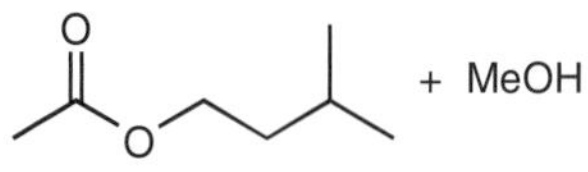 + MeOH
エタン酸 3-メチルブチル

問題 9.6

(a) PhCH₂COMe + NH₃ ⟶ PhCH₂CNH₂ + MeOH

(b) + PhCH₂NH₂ ⟶

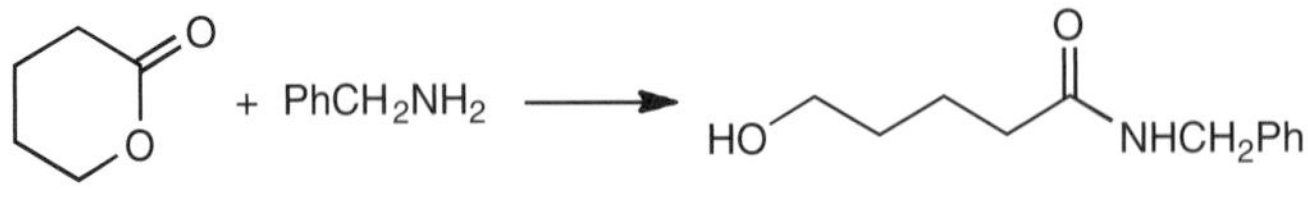

問題 9.7

酸性条件ではカルボン酸は中性のかたちをとり，OH は OR と似ているのでエステルと類似の反応性を示す．塩基性条件では（あるいは塩基性の求核種を用いると），カルボン酸はイオン化してアニオンになるので求電子性をほとんど示さず，通常は求核種とは反応できない．

問題 9.8

(a) + 2 SOCl₂ ⟶ + 2 SO₂ + 2 HCl

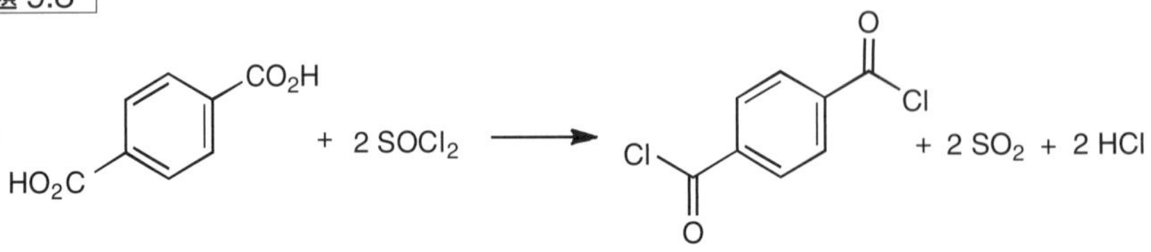

(b) + 2 NH₃ ⟶ +

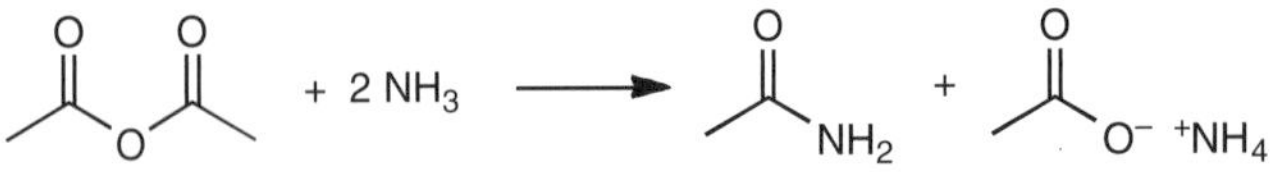

(c) 2 + HO⌒OH ⟶ + 2 H₂O

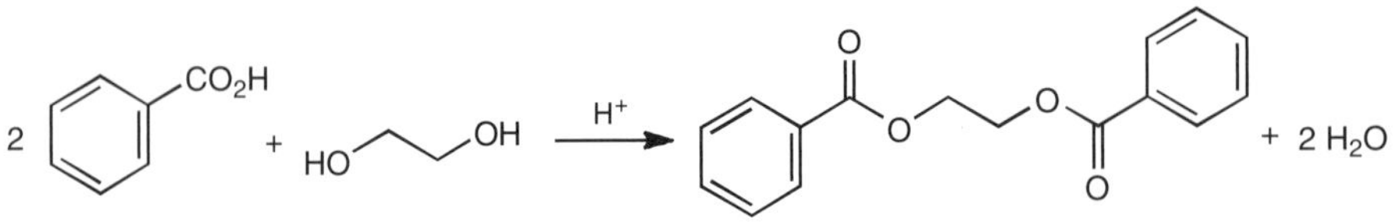

(d) + EtOH ⟶ +

問題 9.9

濃塩酸や濃 NaOH 水溶液中で反応にかかわる酸や塩基は，H₃O⁺ や HO⁻ である．

(a)

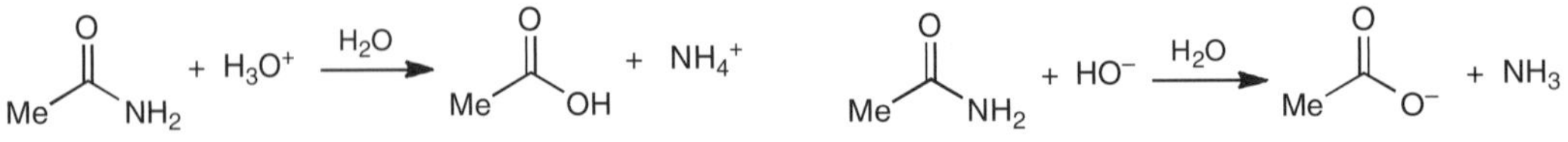

(b)

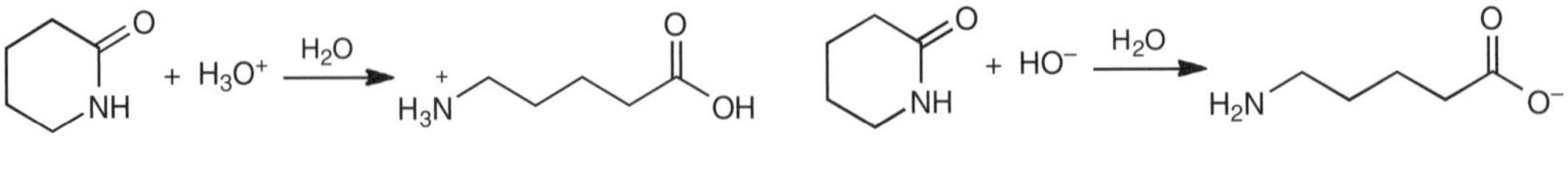

問題 9.10

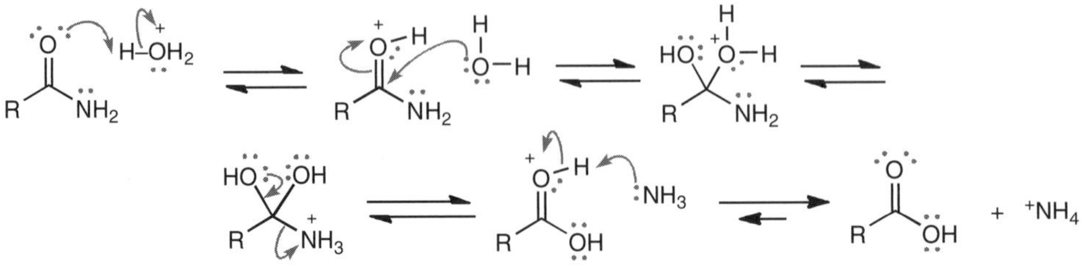

問題 9.11

(a) CH₃COCCH₃ (O, O) ＋ NaCl　　(c) CH₃CN(CH₃)₂ (O) ＋ C₂H₅OH

$$\text{(a) } CH_3\overset{O}{\overset{\|}{C}}O\overset{O}{\overset{\|}{C}}CH_3 + NaCl \qquad \text{(c) } CH_3\overset{O}{\overset{\|}{C}}N(CH_3)_2 + C_2H_5OH$$

(b) Cl⁻ はカルボニル基に対する求核性が小さく脱離しやすいので，酸無水物とは反応しない．

(d) アミドは求電子性が低く，メタノールは求核性が低いので反応しない．

問題 9.12

章末問題解答

問題 9.13

(a) MeCO₂H＋EtOH　　(b) MeCO₂⁻＋EtOH　　(c) MeCONHMe＋EtOH

(d) 反応しない　　(e) 反応しない　　(f) MeCO₂Me＋EtOH

問題 9.14

(a) MeCO₂H＋HCl　　(b) MeCO₂⁻＋Cl⁻　　(c) MeCONHMe＋MeNH₃⁺Cl⁻

(d) (MeCO)₂O＋NaCl　　(e) MeCO₂Ph＋HCl　　(f) MeCO₂Me＋HCl

問題 9.15

(a) MeCO₂H＋NH₄⁺　　(b) MeCO₂⁻＋NH₃　　(c) 反応しない

(d) 反応しない　　(e) 反応しない　　(f) MeCO₂Me＋NH₄⁺Cl⁻

(a)，(b)，(f)でも加熱しなければ反応は非常に遅い．

問題 9.16

問題 9.17

(a) AcCl ＞ AcOAc ＞ AcOEt ＞ AcNHMe　　Y の脱離能の大きいほうが反応性大．

(b) HCO₂Et ＞ MeCO₂Et ＞ Me₂CHCO₂Et　　R の立体障害が大きくなると反応性が減少．

(c) Cl₂CHCH₂CO₂Et ＞ ClCH₂CH₂CO₂Et ＞ CH₃CH₂CO₂Et　　Cl の電子求引効果により反応性が増大．

問題 9.18

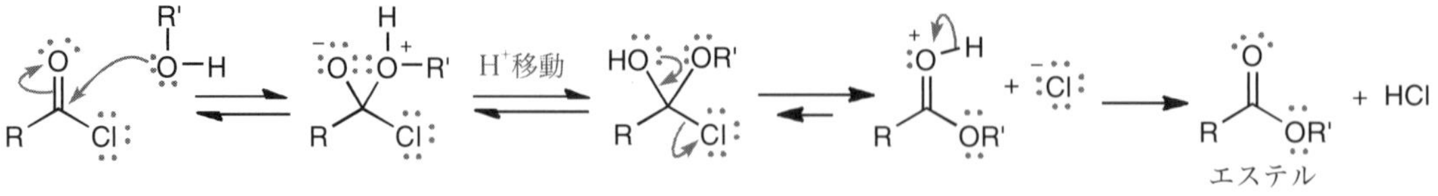

問題 9.19

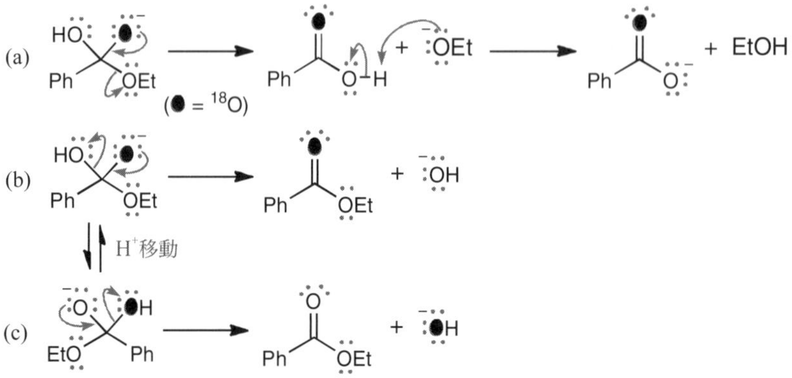

問題 9.20

(a) 酸はカルボン酸のカルボニル酸素をプロトン化してその求電子性を増大させるので，アルコールとの反応が進みエステルを生成する．しかし，塩基性条件ではカルボン酸は解離し求電子性を失うので，アルコールと反応できない．

(b) 第三級アミンは塩化アシルや酸無水物のような求電子性の高い基質と反応し，正電荷をもつアンモニオ基を有するカルボン酸誘導体を生じる(問題 9.21 の解答参照)．この誘導体は十分求電子性が高くアルコールと反応する．同時に過剰のアミンは副生物の酸(HCl またはカルボン酸)を中和する．

問題 9.21

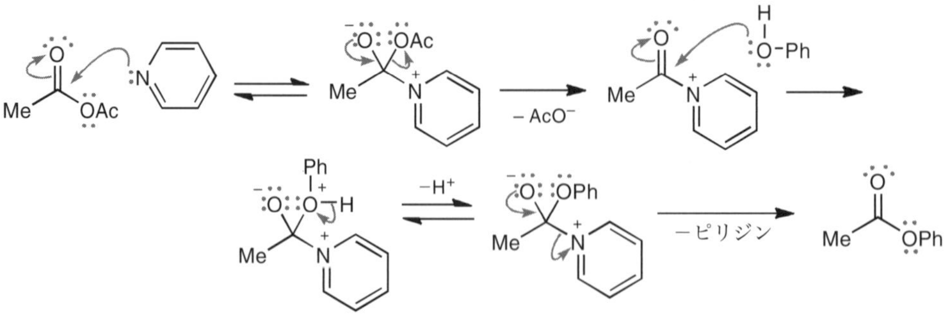

問題 9.22

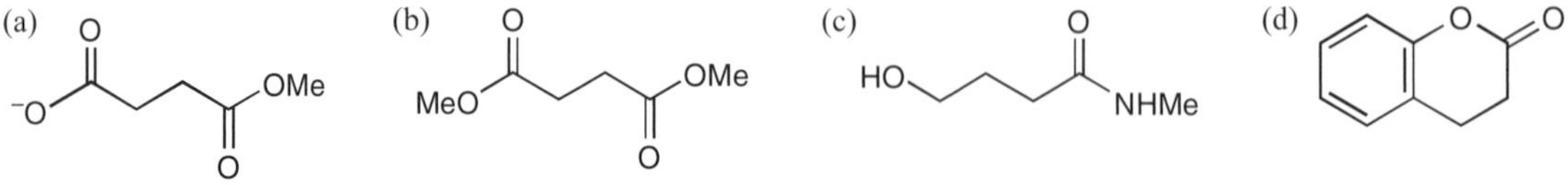

(a) の塩基性条件では最初の生成物のモノエステルのカルボン酸部分が解離しているのでこれ以上反応が進まないが，(b) では 2 段階目のエステル化が酸触媒反応として進行しジエステルになる．

9.01　次のエステルを酸触媒により加水分解したときに得られる生成物の構造式と IUPAC 名を書け.

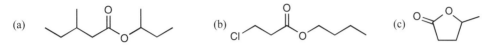

(a)　　　　(b)　　　　(c)

9.02　安息香酸エチルのメタノール溶液中に次の化合物を加えたときに得られる主生成物は何か. 反応が起こらないと考えられる場合は "反応しない" と書け.
(a) HCl　　(b) NaOMe　　(c) EtNH₂　　(d) CH₃CO₂Na　　(e) フェノール

9.03　塩化ベンゾイルを次の化合物と反応させたときに得られる主生成物は何か. 反応が起こらないと考えられる場合は "反応しない" と書け.
(a) CH₃OH　　(b) NH₃(過剰)　　(c) HCl　　(d) CH₃CO₂Na　　(e) H₂O

9.04　次の反応が起こる場合にはその生成物の構造を示せ. 反応が起こりにくいと考えられる場合にはその理由を書け.

(a) CH₃—C(=O)—Cl + CH₃OH ⟶　　　(b) CH₃—C(=O)—NH₂ + CH₃OH ⟶

(c) CH₃—C(=O)—OCH₃ + CH₃NH₂ ⟶　　　(d) CH₃—C(=O)—OCH₃ + CH₃CO₂H ⟶

(e) (CH₃C(=O))₂O + NH₄⁺Cl⁻ ⟶　　　(f) CH₃—C(=O)—OCH₃ + CH₃CH₂ONa ⟶

9.05　塩基性条件で, 安息香酸エチルはエタン酸エチルに比べて加水分解されやすいか否か, 説明せよ.

9.06　次の組合せの化合物について, 求核置換反応における反応性を比較して説明せよ.

(a) Me—C(=O)—O—CH₂CH₃　　　Me—C(=O)—O—C₆H₅

(b) CH₃—C(=O)—OEt　　　(CH₃)₂CH—C(=O)—OEt

(c) Me—C(=O)—O—C₆H₄—CH₃　　　Me—C(=O)—O—C₆H₄—C(=O)CH₃

(d) CH₃—C(=O)—OEt　　　ClCH₂—C(=O)—OEt

9.07　カルボン酸誘導体の求核置換反応は, 四面体中間体を経て進行する. 次に示すのはメタノール溶液中でメトキシドイオンが付加して生成した中間体である. これらの中間体を生成するカルボン酸誘導体の構造を示し, この付加反応に対する反応性を比較せよ. また, これらの中間体から生じる主生成物の構造を示せ. ただし, 出発物に戻ることもあるので注意すること.

(a) Me－C(O$^-$)(OMe)－Cl　(b) Me－C(O$^-$)(OMe)－NHMe　(c) Me－C(O$^-$)(OMe)－OPh　(d) Me－C(O$^-$)(OMe)－OAc

9.08　無水酢酸と水との反応(加水分解)の機構を示せ.

9.09　塩化アシルを, 第三級アミン(たとえば, Et$_3$N)を含む水溶液に溶かすと, まずアミンが反応して中間体を生成し, ついで加水分解の最終生成物を与える. この一連の反応の機構を書け.

9.10　エステル交換反応は酸あるいは塩基触媒によって進行する. 塩基存在下にアミドはアミンと交換反応を起こすだろうか. 酸触媒を用いるとどうなるか.

9.11　酸素同位体を含む水 H$_2^{18}$O にエタン酸を溶かすと, ^{18}O が徐々にエタン酸の二つの酸素原子と置き換わる. この同位体交換がどのように起こるか反応機構を示せ.

Me-C(O)-OH + H$_2^{18}$O ⇌ Me-C(^{18}O)-^{18}OH + H$_2$O

9.12　次の反応の主生成物は何か. どのように反応が進むか示して答えよ.

(a) [γ-ブチロラクトン] + [ピロリジン NH] →

(b) [サリチル酸 CO$_2$H, OH] + [フェノール OH] $\xrightarrow{SOCl_2}$

(c) [4-アミノシクロヘキサンカルボン酸 CO$_2$H, H$_2$N] $\xrightarrow{加熱}$

(d) [シクロヘキサノール誘導体 OH] + CH$_3$C(O)Cl $\xrightarrow{ピリジン}$

9.13　次の反応の機構を書け.

[イソクロマノン] $\xrightarrow[H_2O]{H_3O^+}$ [2-(2-ヒドロキシエチル)安息香酸]

9.14　次に示すのはアセチルサリチル酸(アスピリン)の生成反応である. 酸無水物はカルボキシ基ではなくヒドロキシ基に選択的に反応するのはなぜか, 説明せよ.

[サリチル酸 OH, CO$_2$H] + (CH$_3$CO)$_2$O → [アスピリン O-C(O)-CH$_3$, CO$_2$H] + CH$_3$CO$_2$H

アスピリン

9.15　次の反応機構を書け.

[γ-ブチロラクトン] $\xrightarrow[0\,℃]{HBr,\ EtOH}$ Br〜CO$_2$Et

9.16　2,4,6-トリメチル安息香酸のメチルエステルのアルカリ加水分解は，通常の付加–脱離機構よりもメチル基における S_N2 機構によって進行する．

　(a)　付加–脱離機構が起こりにくい理由を説明せよ．

　(b)　アルカリ加水分解の S_N2 機構を，巻矢印を使って示せ．

　(c)　付加–脱離機構と S_N2 機構を区別するためには，どのような実験を行えばよいか．

カルボニル化合物のヒドリド還元と Grignard 反応　**10**

ま と め
Summary

❏ 金属水素化物と有機金属化合物は，H^- あるいは C^- 求核種としてカルボニル基に付加し，ヒドリド還元あるいは $C-C$ 結合生成によりアルコールを生成する.

❏ 代表的な金属水素化物は $NaBH_4$ と $LiAlH_4$ であり，反応性が大きく異なる（➡ 10.1 節）.

アルデヒド, ケトン　→（$NaBH_4$ / MeOH）　エステル　→（1) $LiAlH_4/Et_2O$　2) H_3O^+）→ RCH_2OH ＋ $R'OH$

❏ アミド（ニトリル）のヒドリド還元でアミンまたはアルデヒドが得られる（➡ 10.1.2 項）.

アミド　→（$LiAlH_4$ / Et_2O）→ イミニウムイオン　→（$LiAlH_4$）→ アミン

→（H_3O^+ / H_2O 加水分解）→ アルデヒド　（0 ℃で反応後加水分解）

❏ アルデヒドまたはケトンの**還元的アミノ化**はアミンの合成法になる（➡ 10.2.1 項）.

＋ $R'NH_2$　→（$NaBH_3CN$, pH 6 または H_2 / Ni）→ アミン

❏ Cannizzaro 反応により α 水素のないアルデヒドからカルボン酸とアルコールが生成する（➡ 10.3 節）.

❏ $C=O \rightarrow CH_2$ の変換は，ヒドラジン/NaOH，Zn(Hg)/HCl，あるいはジチオアセタールの脱硫によって達成できる（➡ 10.2.2 項）.

❏ Grignard 反応は重要な $C-C$ 結合生成反応として有機合成に用いられる（反応例参照）.

❏ 標的化合物の合成は，結合切断と官能基変換を含む**逆合成解析**によって計画される（➡ 10.5 節，22 章）.

反 応 例

ヒドリド還元（➡ 10.1 節）:

アルデヒド　→（1) $NaBH_4$, MeOH　−20 ℃, 1 h　2) HCl/H_2O, MeOH）→ O_2N〜OH　収率 74%

ケトン　→（1) $NaBH_4$, $NaOH/H_2O$（0.2 mol dm^{-3}）25 ℃　2) H_3O^+）→ 収率 76% ＋ 収率 20%

反応例

1) LiAlH$_4$, Et$_2$O
還流, 0.5 h
2) H$_2$O

ケトン

OH

OEt

（ 10% H$_2$SO$_4$/H$_2$O
加水分解
収率 65% ）

---

1) LiAlH$_4$, Et$_2$O, 還流, 0.5 h
2) EtOAc (LiAlH$_4$ を取除く)
3) HCl/H$_2$O

エステル

収率 85%

Cl$_2$CHCOCl
塩化アシル

1) LiAlH$_4$, Et$_2$O
2) H$_2$SO$_4$, H$_2$O

収率 65%

C$_{10}$H$_{21}$—アミド

LiAlH$_4$, Et$_2$O
還流, 3 h

C$_{10}$H$_{21}$ アミン
収率 90%

Cannizzaro 反応：
（➡ 10.3 節）

2

1) 33% NaOH/H$_2$O
20 ℃, 2 h
2) H$_2$SO$_4$/H$_2$O

CO$_2$H
収率 80%

+

CH$_2$OH
収率 65%

+ H$_2$C=O

KOH, MeOH
60〜70 ℃, 3 h

Me

OH

収率 90%

CH$_2$ への還元（➡ 10.2.2 項）：

［Clemmensen 還元］

Zn(Hg)
濃 HCl, EtOH
還流

OH

収率 84%

［Wolff–Kishner 還元］

HO$_2$C

CO$_2$H

H$_2$NNH$_2$,
KOH, H$_2$O
ジエチレン
グリコール
還流, 1 h

HO$_2$C

CO$_2$H

収率 90%

［ジチオアセタールの脱硫］

HS   SH

BF$_3$

Raney Ni

収率 58%

還元的アミノ化：
（➡ 10.2.1 項）

+ Me$_2$NH

NaBH$_3$CN, MeOH
室温, 1 h

NMe$_2$

収率 53%

反 応 例

Grignard 反応(➡ 10.4 節)：

[アルデヒド，ケトン]

CH₃CHO, Et₂O / −5 ℃, 1 h
収率 54%

CH₃CHO, Et₂O / 還流, 3 h
収率 85%

1) MeMgCl, Et₂O
2) NH₄Cl/H₂O
収率 84%

HC≡CH + EtMgBr → HC≡C–MgBr
THF / 30 ℃, 3 h
1) THF, 0 ℃→室温
2) NH₄Cl, H₂O
収率 65%

[エステル]

2 PhMgBr + Ph–CO–OEt
1) Et₂O/ベンゼン 還流, 1 h
2) H₂SO₄/H₂O
Ph₃C–OH　収率 91%

3 EtMgBr + EtO–CO–OEt
1) Et₂O, 還流, 3 h
2) NH₄Cl/H₂O
Et₃C–OH　収率 85%

[二酸化炭素]

R–X → R–MgX
Mg / Et₂O
1) CO₂, < 0 ℃
2) H₂SO₄/H₂O
R–CO₂H

RX：
収率 72%　80%　85%　70%　85%　70%

1) CO₂
2) HCl/H₂O
収率 85%

[アミド，ニトリル]

Ph–CH₂CH₂–Cl
Mg, THF / I₂(触媒) / 還流, 8 h
Ph–CH₂CH₂–MgCl
THF, 23 ℃, 15 min
2) HCl/H₂O
Ph–CH₂CH₂–CHO　収率 70%

PhMgBr + MeO–CH₂–CN
Et₂O / 0 ℃→室温, 2 h
[MeO–CH₂–C(=NMgBr)–Ph]
H₂SO₄/H₂O / <室温
MeO–CH₂–CO–Ph　収率 75%

反 応 例

［エポキシド］(➡ 14.5 節参照)

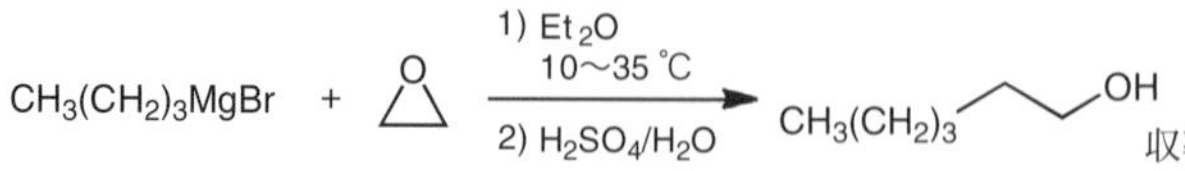

$CH_3(CH_2)_3MgBr$
+
1) Et_2O
10〜35 ℃
2) H_2SO_4/H_2O
$CH_3(CH_2)_3$
OH

収率 62%

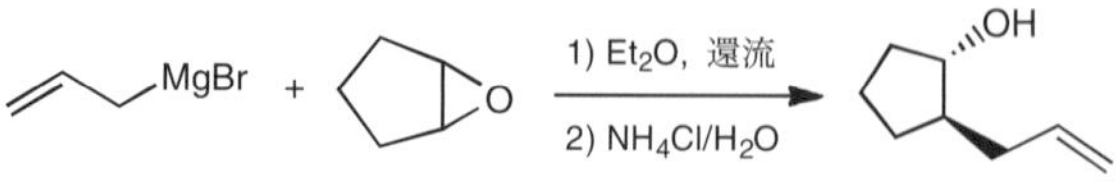

MgBr
+
O
1) Et_2O, 還流
2) NH_4Cl/H_2O
OH

収率 85%

問題解答

問題 10.1

(a)
OH

1-プロパノール

(b)
OH
Me

1-フェニルエタノール

(c)
HO
O
OEt

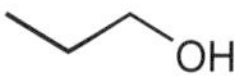

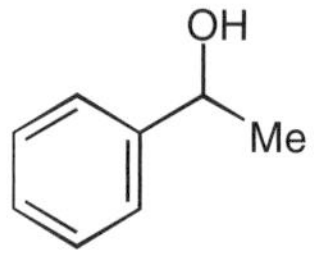

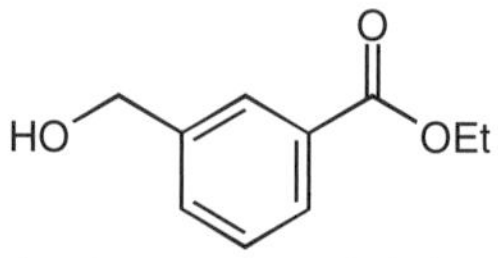

3-(ヒドロキシメチル)安息香酸エチル

問題 10.2

(a)と(b)は問題 10.1 と同じ生成物.

(c)
HO
OH

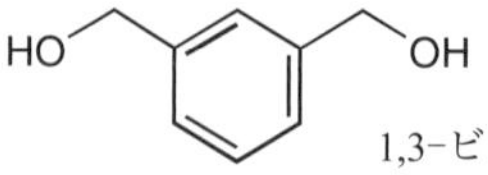

1,3-ビス(ヒドロキシメチル)ベンゼン

問題 10.3

次の化合物を(1) pH 約 6 で $NaBH_3CN$ あるいは (2) H_2/Ni と反応させる.

(a)
CHO
+ NH_3

(b)
O
+ NH_3

(c)
$H_2C{=}O$ +
NH_2

(d)
O
+ $PhNH_2$

問題 10.4

O
H
H
$^-$OH
O$^-$
OH
Ph
O
H
+
O$^-$
H
Ph
H
H^+移動
HCO_2^- + $PhCH_2OH$

問題 10.5

(a) $PhCH_2OH$

(b)
OH
PhCHMe

(c)
Me
Et—C—OH
Me

(d)
Me
D

問題 10.6

(a)
Me
Ph—C—OH
Me

(b)
OH

(c)
O
Ph—C

(d) $PhCO_2H$

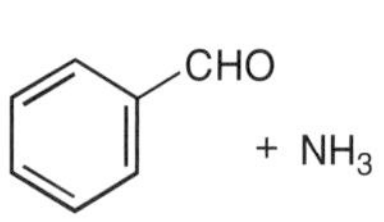

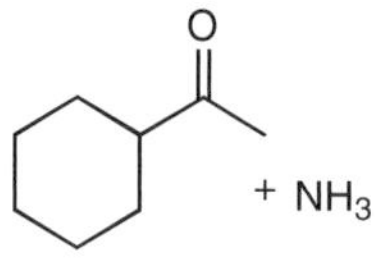

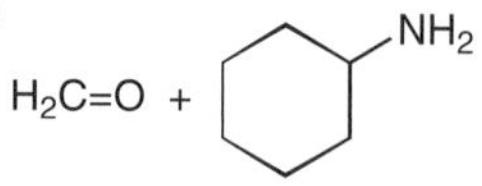

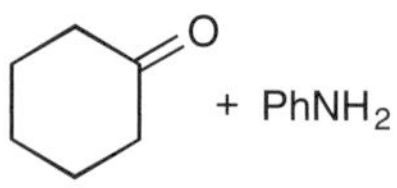

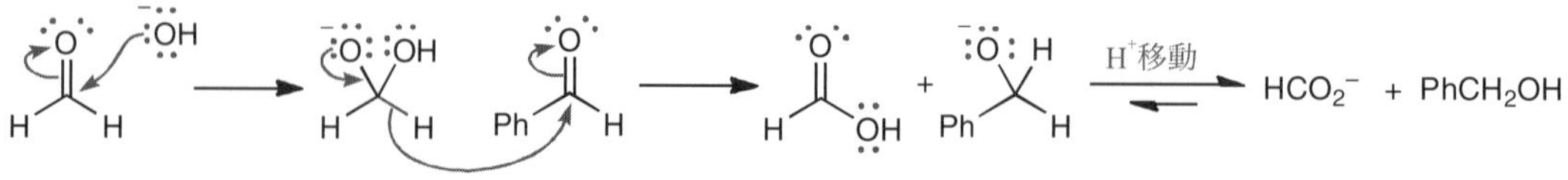

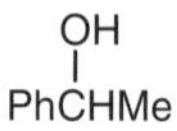

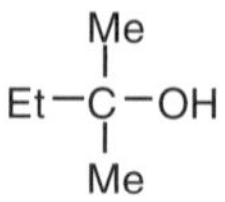

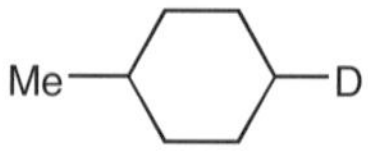

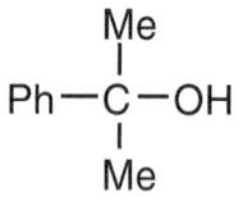

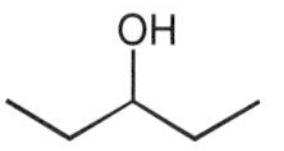

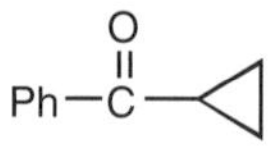

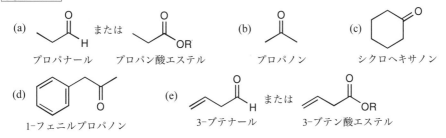

問題 10.7

Ph_2CO →（1) $LiAlH_4$, Et_2O　2) H_3O^+）→ Ph_2CHOH

PhBr →（1) Mg, Et_2O　2) PhCHO　3) H_3O^+）→ Ph_2CHOH

PhBr →（1) Mg, Et_2O　2) HCO_2Et　3) H_3O^+）→ Ph_2CHOH

問題 10.8

アルコールに含まれる共通のアルキル基はエチル基なので，EtMgBr を Grignard 反応剤として用いる.

(a) 〔構造式〕 ⟹ ＼MgBr ＋ O=CH_2

　　＼MgBr ＋ O=CH_2 →（1) Et_2O　2) H_3O^+）→ 〔構造式〕OH

(b) 〔構造式〕 ⟹ ＼MgBr ＋ PhCHO

　　＼MgBr ＋ PhCHO →（1) Et_2O　2) H_3O^+）→ 〔構造式〕

(c) 〔構造式〕 ⟹ ＼MgBr ＋ 〔構造式〕

　　＼MgBr ＋ 〔構造式〕 →（1) Et_2O　2) H_3O^+）→ 〔構造式〕

章末問題解答

問題 10.9

(a) プロパナール　または　プロパン酸エステル

(b) プロパノン

(c) シクロヘキサノン

(d) 1-フェニルプロパノン

(e) 3-ブテナール　または　3-ブテン酸エステル

問題 10.10

(a) Ph_2CHOH

(b) 〔構造式 MeO…OH〕

(c) 〔構造式 MeO…OH〕

(d) 〔構造式 OH…NH_2〕

(e) 〔構造式 …OH〕

問題 10.11

(c)と(d)以外は問題 10.10 と同じ.

(c)

(d)

問題 10.12

次の化合物を (1) pH 約 6 で NaBH₃CN あるいは (2) H₂/Ni と反応させる.

(a) + NH₃

(b) PhCHO + EtNH₂ または MeCHO + PhCH₂NH₂

(c) PhCHO + Me₂NH または HCHO + PhCH₂NHMe

問題 10.13

(a) +

(b) +

(c)

(d)

(e)

問題 10.14

(a)

(b)

(c) Ph₃COH

(d)

問題 10.15

(a) PhCHO →[NaBH₄][MeOH]

PhCO₂Et →[1) LiAlH₄, Et₂O][2) H₃O⁺]

PhMgBr + H₂C=O →[1) Et₂O][2) H₃O⁺]

(b) PhMgBr + CH₃CCH₃ (O) →[1) Et₂O][2) H₃O⁺]

PhCOMe + CH₃MgI →[1) Et₂O][2) H₃O⁺]

PhCO₂Et + 2 CH₃MgI →[1) Et₂O][2) H₃O⁺]

(c) PhCO₂Et + 2 PhMgBr →[1) Et₂O][2) H₃O⁺]

Ph₂C=O + PhMgBr →[1) Et₂O][2) H₃O⁺]

(d) →[NaBH₄][MeOH]

+ CH₃MgI →[1) Et₂O][2) H₃O⁺]

+ →[1) Et₂O][2) H₃O⁺]

(e) + CH₃MgI →[1) Et₂O][2) H₃O⁺]

問題 10.16

(a)

$$\xleftarrow[\text{2) H}_3\text{O}^+]{\text{1) Et}_2\text{O}}$$

CHO + MgBr

CHO + MgBr

(b)

$$\xleftarrow[\text{2) H}_3\text{O}^+]{\text{1) Et}_2\text{O}}$$

Me_2CO + MgBr

CO_2Et + 2 MeMgI

O + MeMgI

(c) Ph OH

$$\xleftarrow[\text{2) H}_3\text{O}^+]{\text{1) Et}_2\text{O}}$$

PhMgBr + (epoxide)

PhCH$_2$MgBr + H$_2$C=O

(d)

$$\xleftarrow[\text{2) H}_3\text{O}^+]{\text{1) Et}_2\text{O}}$$

$\equiv$—MgBr + CHO

$\equiv$—CHO + MgBr

(e)

$$\xleftarrow[\text{2) H}_3\text{O}^+]{\text{1) Et}_2\text{O}}$$

(cyclobutyl)—MgBr + (ketone)

MgBr + (acyl cyclobutane)

MeMgI + (acyl cyclobutane)

問題 10.17

問題 10.18

演習問題

10.01　還元によって次のアルコールを生成するカルボニル化合物の構造を示し，その IUPAC 名を書け．
(a) 1-ブタノール　　(b) 2-ブタノール　　(c) シクロペンタノール
(d) 1-フェニルエタノール　　(e) ジフェニルメタノール

10.02　次のカルボニル化合物をメタノール中 NaBH₄ で還元したとき得られる主生成物は何か．反応しない場合には "反応しない" と書け．

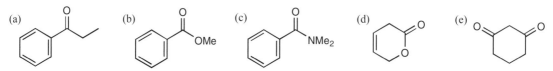

10.03　問題 10.02 に与えられたカルボニル化合物をエーテル中 LiAlH₄で還元し，酸で処理して得られる主生成物は何か．

10.04　次の反応の主生成物は何か．

(a) $\xrightarrow[\text{MeOH}]{\text{NaBH}_4}$

(b) $\xrightarrow[\text{2) H}_2\text{O}]{\text{1) LiAlH}_4,\ \text{Et}_2\text{O, 室温}}$

(c) $\xrightarrow[\text{MeOH}]{\text{NaBH}_4}$

(d) $\xrightarrow[\text{2) H}_3\text{O}^+]{\text{1) LiAlH}_4,\ \text{Et}_2\text{O, 室温}}$

(e) $\xrightarrow[\text{加熱}]{\text{H}_2\text{NNH}_2,\ \text{NaOH}}$

(f) $\xrightarrow[\text{2) H}_3\text{O}^+]{\text{1) LiAlH}_4,\ \text{THF, 0 ℃}}$

10.05　問題 10.04 の (a) と (b) で取り上げた化合物を，次に示すような化合物に変換するための反応を書け．

10.06　次の反応の主生成物は何か．

(a) $\xrightarrow{\text{濃 NaOH}}$

(b) $\xrightarrow[\text{Me}_2\text{CHOH}]{\text{Al(OCHMe}_2)_3}$

(c) + PhNH₂ $\xrightarrow[\text{pH 6}]{\text{NaBH}_3\text{CN}}$

(d) + Me₂NH $\xrightarrow{\text{H}_2\,/\,\text{Ni}}$

10.07 次のアミンを還元的アミノ化で合成するために必要な化合物の組合せを二通りずつ示せ．

(a)

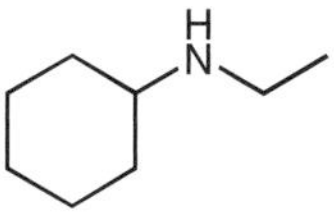

(b)

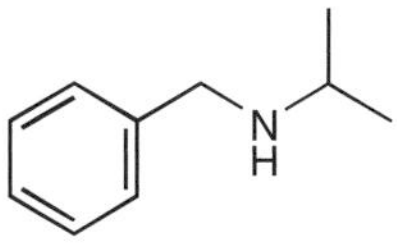

10.08 アルデヒドから第二級アルコールを生成する次の Grignard 反応がどのように進むか段階的に示せ．

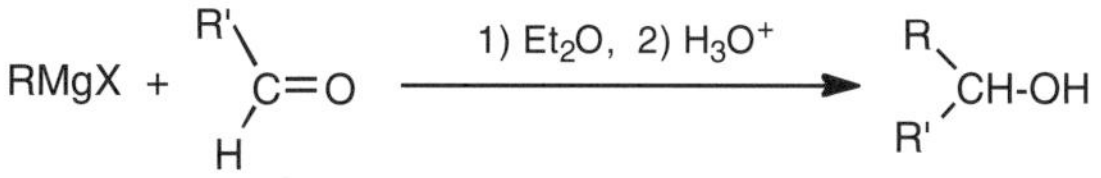

10.09 次の反応の主生成物は何か．

(a)

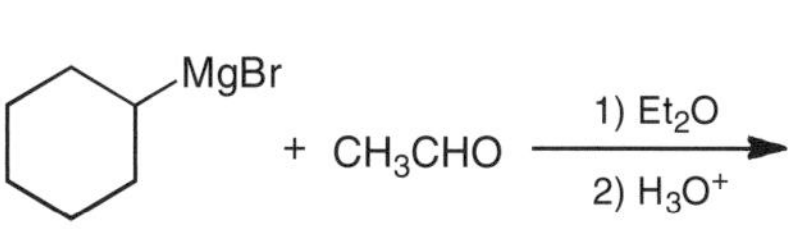

(b)

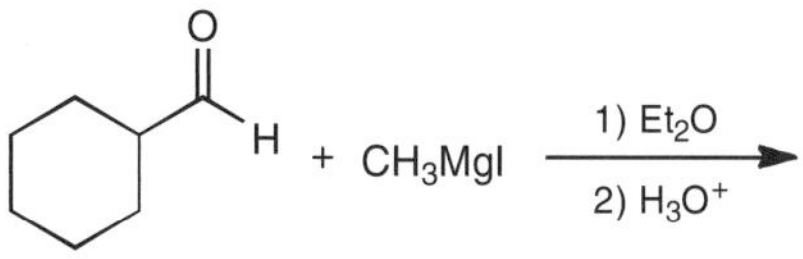

(c)

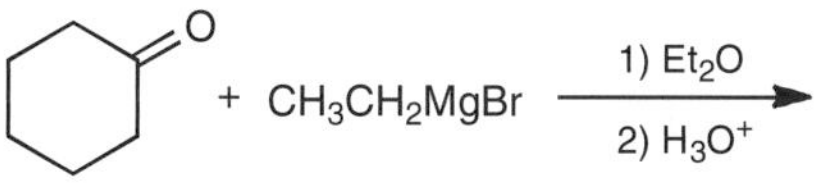

(d)

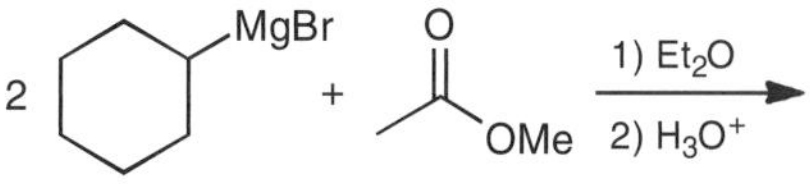

(e)

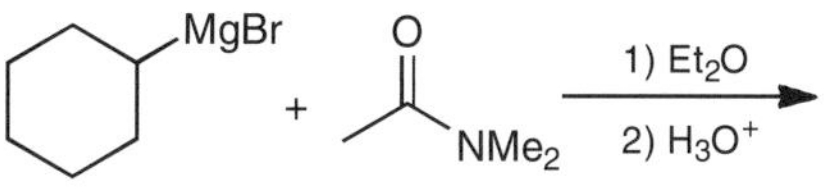

(f)

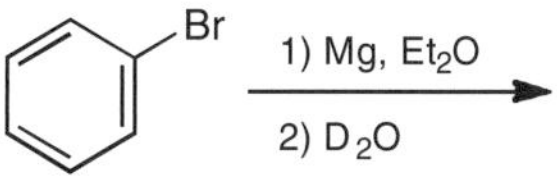

10.10 炭酸ジメチルを 3 当量の臭化エチルマグネシウムと反応させ，弱酸性水溶液で注意深く処理すると 3–エチル–3–ペンタノールが得られる．この変換を段階的な反応式で示せ．

$$\mathrm{MeO\overset{\overset{\displaystyle O}{\|}}{C}OMe} + 3\ \mathrm{EtMgBr} \xrightarrow[\text{2) } H_3O^+]{\text{1) } Et_2O} \mathrm{Et_3COH}$$

10.11 炭素数 3 以下の有機化合物を使って，次のアルコールを合成するための反応式を書け．

（a）1–ブタノール　（b）2–メチル–3–ペンタノール　（c）3–ヘキサノール
（d）4–ヘプタノール　（e）2–メチル–4–ペンテン–2–オール　（f）1–エチルシクロプロパノール
（g）3–メチル–3–ペンタノール　（h）3–メチル–3–ヘキサノール

10.12 次の反応の主生成物は何か．

(a)

(b)

(c) $\mathrm{(CH_3)_3CCHO + CH_2{=}O \xrightarrow{\text{濃 NaOH}}}$

(d) $\mathrm{CH_3C{\equiv}CH + CH_3CH_2MgBr \xrightarrow[\text{3) } H_3O^+]{\text{1) } Et_2O \text{, 2) } CO_2}}$

(e)

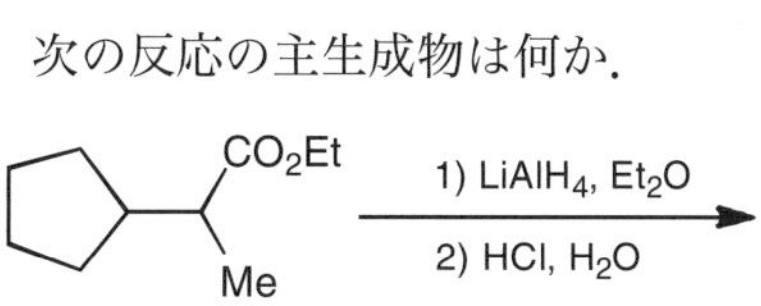

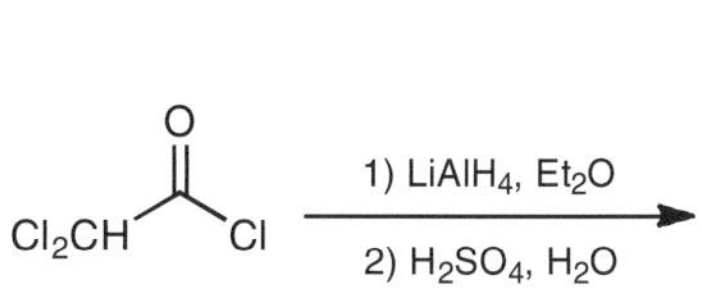

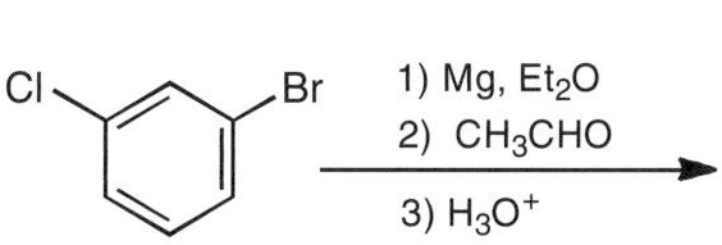

(f)

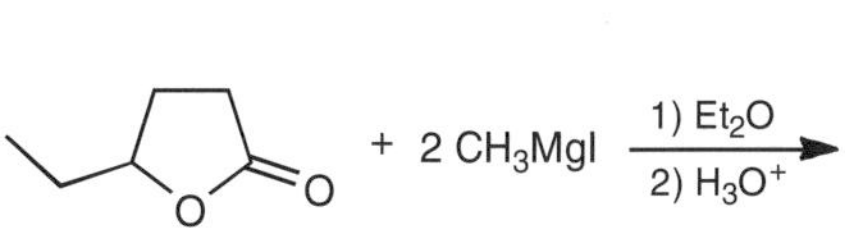

10.13 5-オキソヘキサン酸エチルを選択的に変換し，次の 3 種類のアルコールを得るためにはどのように反応したらよいか．

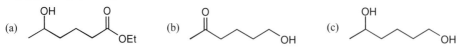

(a)   (b)   (c)

10.14 次の変換反応の段階(**1**)と(**2**)に必要な反応剤と反応条件を書き，段階(**2**)の反応機構を示せ．

10.15 1-フェニル-1-ペンタノールの逆合成に可能な結合切断を示し，対応する合成反応を書け．

立体化学：分子の左右性　11

まとめ

Summary

❏ 鏡像と重なり合わない分子は**キラル**であり，重なり合う分子は**アキラル**である．キラルな性質を**キラリティー**という（➡ 11.1 節）．
❏ 対称面をもつ分子はアキラルであり，キラルな分子は対称面をもたない（➡ 11.1.2 項）．
❏ 鏡像関係にあるキラルな分子の立体異性体を**エナンチオマー**といい，鏡像関係にない立体異性体を**ジアステレオマー**という（➡ 11.1 節）．
❏ キラル中心を 1 個もつ分子は，必ず 1 対（二つ）のエナンチオマーになる（➡ 11.1.2 項）．
❏ 四つの異なるグループをもつ四面体形炭素は**キラル中心**である（➡ 11.1.2 項）．
❏ キラル中心は Cahn-Ingold-Prelog 順位則に従って，**R, S** で表示する（➡ 11.2 節）．

（優先順：L > M > S > ss）

❏ 複数のキラル中心をもちながらアキルな異性体は**メソ化合物**とよばれる（➡ 11.3 節）．
❏ エナンチオマーは，アキラルな環境では同じ物理的・化学的性質を示すが，平面偏光を逆向きに回転させるという**光学活性**な性質をもっている（➡ 11.4 節）．
❏ エナンチオマーの等量混合物を**ラセミ体**といい，その分離を光学分割という（➡ 11.4.3 項）．
❏ キラル軸をもつ化合物も知られている（➡ 11.5 節）．
❏ アキラルな化合物の反応生成物は，エナンチオマーでもラセミ体になる（➡ 11.6 節）．

問題解答

問題 11.1

キラルな物体：(a)，(c)，(d)，(f)，(h)

問題 11.2

(b) と (d) はアキラル．

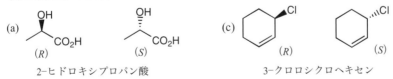

(a) 2-ヒドロキシプロパン酸　(R)　(S)

(c) 3-クロロシクロヘキセン　(R)　(S)

問題 11.3

(a) R　(b) S　(c) R

問題 11.4

(a) *R*　　(b) *R*　　(c) *R*

問題 11.5

(2*R*,3*S*)異性体

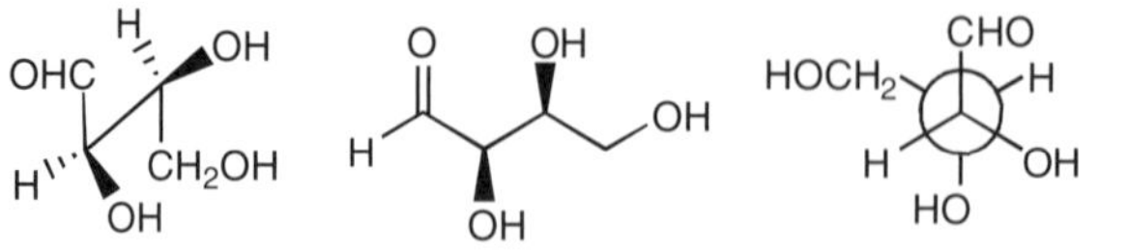

(2*S*,3*R*)異性体

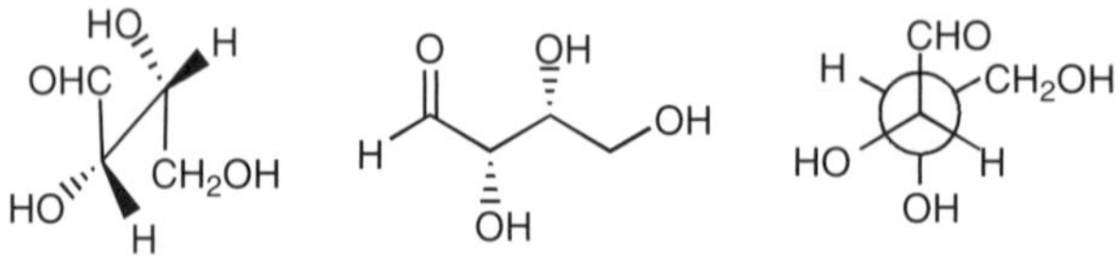

問題 11.6

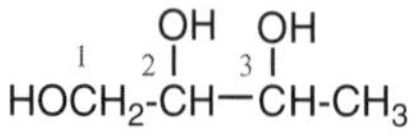

1,2,3-ブタントリオール

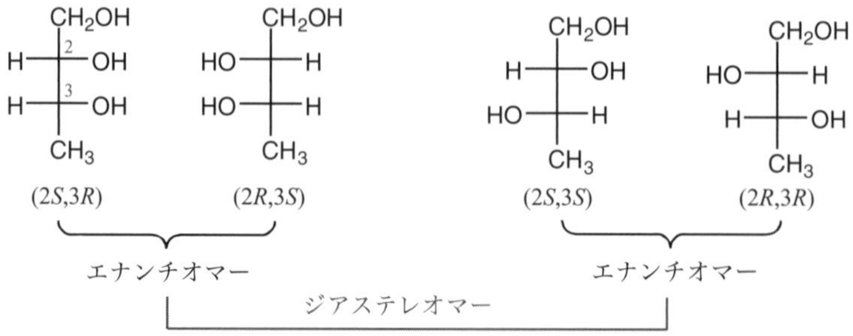

(2*S*,3*R*)　　(2*R*,3*S*)　　(2*S*,3*S*)　　(2*R*,3*R*)

エナンチオマー　　エナンチオマー

ジアステレオマー

問題 11.7

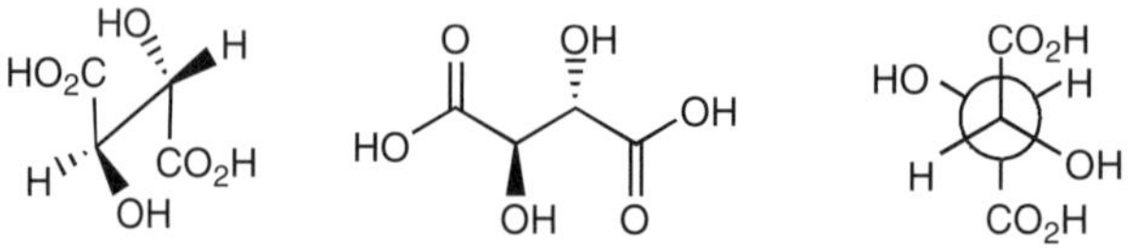

問題 11.8

(a) (1) 2*S*,3*R*　　(2) 2*R*,3*S*　　(3) 2*S*,3*S*　　(4) 2*R*,3*R*

(b) (1)と(2)は同一化合物でメソ化合物である.

(c) (3)と(4)は互いにエナンチオマーであり, (1)または(2)とジアステレオマーの関係にある.

問題 11.9

キラルな化合物：(b), (d), (e)

問題 11.10

(b), (c), (e)

▉▉▉▉ 章末問題解答

問題 11.11

(d), (g), (h)

問題 11.12

キラルな化合物：(a), (c), (d), (g)　　アキラルな化合物：(b), (e), (f), (h)

問題 11.13

最初の化合物は R 形である.

(a)と(b)はエナンチオマーの S 形である.　(c)と(d)は R 形で同一化合物である.

問題 11.14

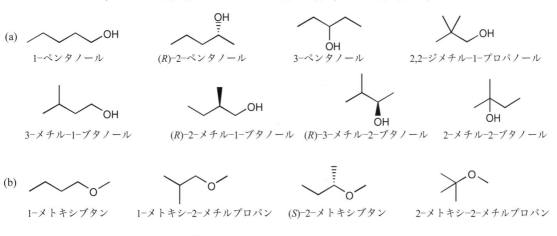

問題 11.15

(a)〜(e) の構造式

問題 11.16

構造異性体を網羅的に調べるためには，系統的に構造を調べることが重要である．(a)はペンタノール，メチルブタノール，ジメチルプロパノールに分けて調べている．(b)は C_4 アルコール異性体のメチルエーテルと C_3 アルコール異性体のエチルエーテルに分けて調べ，IUPAC 名を付した．

(a)

1-ペンタノール　　　(R)-2-ペンタノール　　　3-ペンタノール　　　2,2-ジメチル-1-プロパノール

3-メチル-1-ブタノール　　(R)-2-メチル-1-ブタノール　(R)-3-メチル-2-ブタノール　2-メチル-2-ブタノール

(b)

1-メトキシブタン　　1-メトキシ-2-メチルプロパン　(S)-2-メトキシブタン　2-メトキシ-2-メチルプロパン

1-エトキシプロパン　　2-エトキシプロパン

問題 11.17

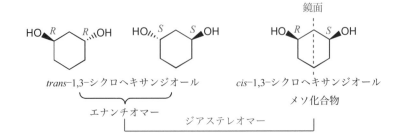

trans-1,3-シクロヘキサンジオール   *cis*-1,3-シクロヘキサンジオール

エナンチオマー

ジアステレオマー

メソ化合物

問題 11.18

(c)と(d)の生成物はアキラルであるが，ほかはすべてラセミ体である．そのうち(a)，(b)，(f)は一組のエナンチオマー対になっているが，(e)は二組のエナンチオマー対(互いにジアステレオマー)がそれぞれラセミ体になっている．

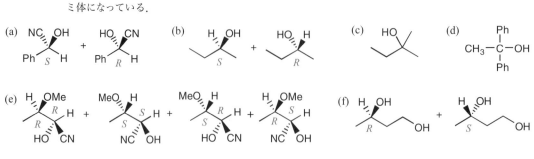

演習問題

11.01   次の化合物のうちキラルなものはどれか．

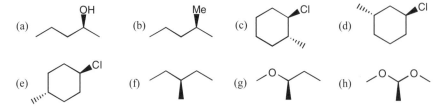

11.02   問題 11.01 で取り上げた化合物を命名し，キラル中心の *R,S* 立体配置を帰属せよ．

11.03   次の化合物のうちキラルなものはどれか．

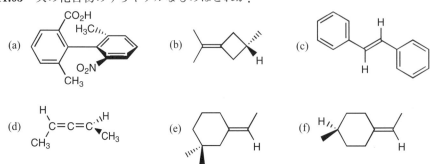

11.04　(*S*)-と(*R*)-アラニンの構造(テキストの図 11.1 参照)を Fischer 投影式で表せ.

11.05　次の(a)〜(e)で *R,S* 立体配置が異なる化合物の組合せになっているものはどれか.

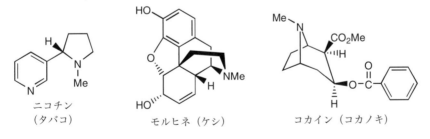

11.06　次に示す組合せの化合物の関係は,エナンチオマー,ジアステレオマー,構造異性体のいずれであるか答えよ.

11.07　次に示すアルカロイドとよばれる天然物は,いずれも依存性薬物でもある.これらの分子のキラル中心すべての *R,S* 立体配置を帰属せよ.

ニコチン
(タバコ)

モルヒネ (ケシ)

コカイン (コカノキ)

11.08　2,3-ジクロロブタンのすべての立体異性体を Fischer 投影式で表し,それらの関係(エナンチオマー,ジアステレオマーあるいはメソ)を示すとともに,キラル中心の *R,S* 立体配置を帰属せよ.

11.09　(a) 1,2-シクロヘキサンジオールと(b) 1,4-シクロヘキサンジオールの立体異性体の構造をすべて示し,各キラル中心の *R,S* 立体配置を帰属せよ.さらに,これらの異性体の関係を説明せよ.

11.10　1,3-シクロヘキサンジオールの立体異性体をすべて示し,それらの関係を説明せよ.またキラル中心の *R,S* 立体配置を帰属せよ.

11.11   (a) 1,2-ジクロロシクロペンタンと(b) 1,3-ジクロロシクロペンタンの立体異性体をすべて示せ.

11.12   キラルな化合物の化学的性質は，光学活性の性質以外は，エナンチオマー間でまったく同じである．しかし，純粋なエナンチオマーの結晶とラセミ混合物の結晶はほとんどの場合異なる融点をもつ．融点の異なる理由を説明せよ．また，これらの結晶で，融点以外に異なると予想される性質は何か．

11.13   次のアダマンタン誘導体の立体異性について説明せよ.

11.14   *trans*-2-ブテンに臭素を付加すると 2,3-ジブロモブタンが生成したが，その生成物はアキラルであった．この結果を説明せよ.

11.15   次のカルボニル化合物の反応の生成物の構造を示せ．立体異性体が可能な場合には，それらが区別できるように表し，異性体の関係を述べよ.

(a) PhCHO + NaCN $\xrightarrow{H_3O^+}$

(b) + NaBH$_4$ $\xrightarrow{MeOH}$

(c) + MeMgBr $\xrightarrow[2)\ H_3O^+]{1)\ Et_2O}$

(d) + 2PhMgBr $\xrightarrow[2)\ H_3O^+]{1)\ Et_2O}$

(e) + NaCN $\xrightarrow{H_3O^+}$

(f) + LiAlH$_4$ $\xrightarrow[2)\ H_3O^+]{1)\ Et_2O}$

ハロアルカンの求核置換反応　**12**

ま と め
Summary

$$-\overset{|}{\underset{|}{C}}-Y \;+\; Nu^- \quad\xrightarrow{\text{求核置換反応}}\quad -\overset{|}{\underset{|}{C}}-Nu \;+\; Y^-$$

脱離基：Y = X (Cl, Br, I)，OS(O)$_2$R
求核種：Nu$^-$ = HO$^-$, RO$^-$, I$^-$, Br$^-$, Cl$^-$, RS$^-$, CN$^-$, N$_3^-$, RNH$_2$ など

❑ S$_N$2 反応（二分子求核置換）（➡ 12.1，12.2 節）
　求核種の**背面攻撃**による一段階反応で**立体反転**（➡ 12.2.2 項）を起こす．二次反応．

❑ S$_N$1 反応（単分子求核置換）（➡ 12.4 節）
　カルボカチオンを中間体とする**二段階**反応で**ラセミ化**する．一次反応．

❑ 反応速度
　S$_N$2 反応：立体障害のため，RY の反応性（➡ 12.2.1 項）
　　メチル>第一級アルキル>第二級 ≫ 第三級アルキル（S$_N$2 反応しない）
　S$_N$1 反応：中間体カルボカチオンの安定性により，RY の反応性（➡ 12.4.3 項）
　　第三級アルキル>第二級アルキル ≫ 第一級アルキル，メチル（S$_N$1 反応しない）

❑ カルボカチオンの安定性（➡ 12.4.3 項）

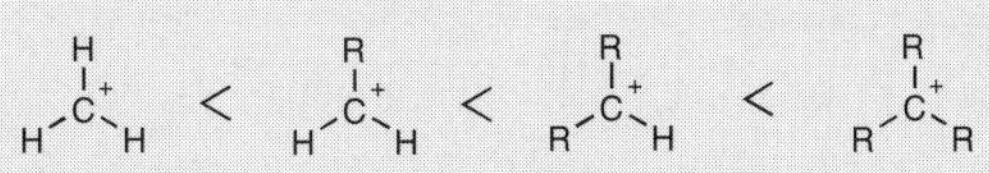

共役安定化カチオン：

❑ 大きな溶媒効果を受ける．アニオン性の求核種による S$_N$2 反応は非プロトン性極性溶媒（DMSO, DMF, MeCN, Me$_2$C(O)など）中で効率よく進む．S$_N$1 反応では極性の大きいプロトン性溶媒が求核種になる（加溶媒分解）（➡ 12.3 節）．

❑ 分子内に求核性官能基をもつ基質の反応は**隣接基関与**のために加速される．分子内求核置換によって生成した環状中間体が外部求核種に捕捉されて反応を完結する（➡ 12.5 節）．

反 応 例

S$_N$2 反応（➡ 12.2 節）：
［O 求核種］

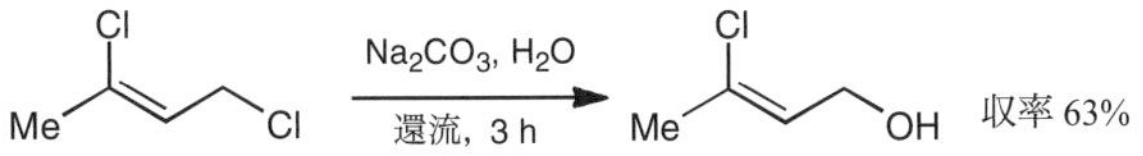

　　　$\xrightarrow[\text{還流，3 h}]{\text{Na}_2\text{CO}_3,\ \text{H}_2\text{O}}$　　収率 63%

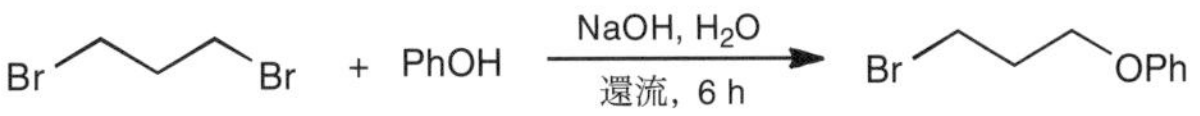

　　BrCH$_2$CH$_2$CH$_2$Br + PhOH　$\xrightarrow[\text{還流，6 h}]{\text{NaOH, H}_2\text{O}}$　Br～～OPh　収率 85%

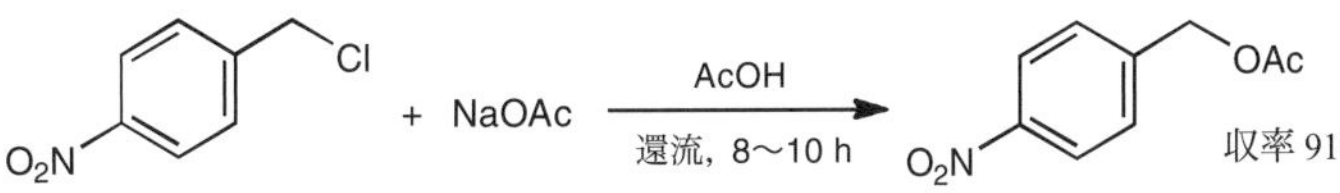

　　+ NaOAc　$\xrightarrow[\text{還流，8〜10 h}]{\text{AcOH}}$　　収率 91%

［S 求核種］
　　2 PhCH$_2$Cl + Na$_2$S　$\xrightarrow[\text{還流，4 h}]{95\%\ \text{EtOH}}$　PhCH$_2$SCH$_2$Ph　収率 80%

反 応 例

HO–CH₂CH₂–Cl ＋ MeSH $\xrightarrow[\text{還流, 2 h}]{\text{NaOEt/EtOH}}$ HO–CH₂CH₂–SMe　収率 78%

CH₂Cl₂ ＋ 2 PhSH $\xrightarrow[\text{20 ℃, 3 h}]{\text{Et₃N/CH₂Cl₂}}$ PhS–CH₂–SPh　収率 60%

H₂N–CH₂CH₂–Br $\xrightarrow[\text{2) HCl/H₂O}]{\text{1) Na₂SO₃/H₂O, 加熱濃縮}}$ H₂N–CH₂CH₂–SO₃H　収率 70%

[N 求核種]

Me–CHBr–CO₂H $\xrightarrow[\text{室温, 4日}]{\text{濃 NH₄OH}}$ Me–CH(NH₂)–CO₂H　収率 68%

PhCH₂Cl ＋ PhNH₂ $\xrightarrow[\text{90～95 ℃, 4 h}]{\text{NaHCO₃, H₂O}}$ PhCH₂NHPh　収率 86%

CH₃–I ＋ PhCH₂NMe₂ $\xrightarrow[\text{還流, 1 h}]{\text{MeI, EtOH}}$ PhCH₂N⁺Me₃ I⁻　収率 96%

$\text{CH}_2=\text{C(Br)}-\text{CH}_2\text{Br}$ ＋ EtNH₂ $\xrightarrow[\text{室温, 3 h}]{\text{H₂O}}$ $\text{CH}_2=\text{C(Br)}-\text{CH}_2\text{NHEt}$　収率 75%

Br–CH₂–CO₂Me $\xrightarrow[\text{還流, 2 h}]{\text{NaN₃, MeOH}}$ N₃–CH₂–CO₂Me　収率 90%

[C 求核種]

PhCH₂Cl ＋ NaCN $\xrightarrow[\text{還流, 0.6 h}]{\text{EtOH, H₂O}}$ PhCH₂CN ＋ NaCl　収率 85%

Cl–(CH₂)₃–Br ＋ KCN $\xrightarrow[\text{還流, 1.5 h}]{\text{EtOH, H₂O}}$ Cl–(CH₂)₃–CN ＋ KBr　収率 65%

[ハロゲン化物イオン]

CH₃(CH₂)₄CH₂Br $\xrightarrow[\text{150 ℃, 5 h}]{\text{KF, HO(CH₂)₂OH}}$ CH₃(CH₂)₄CH₂F　収率 45%

EtO₂C–CH₂CH₂–Cl $\xrightarrow[\text{80 ℃, 16 h}]{\text{NaI, プロパノン}}$ EtO₂C–CH₂CH₂–I　収率 82%

加溶媒分解(S_N1)と隣接基関与(➡ 12.4, 12.5 節)：

Ph₃C–Cl $\xrightarrow[\text{ピリジン}]{\text{EtOH}}$ Ph₃C–OEt

MeOCH₂Cl $\xrightarrow{\text{EtOH}}$ MeOCH₂OMe

PhS–CH₂CH₂–Cl $\xrightarrow{\text{ROH}}$ [エピスルホニウム] $\longrightarrow$ PhS–CH₂CH₂–OR

▨▨▨▨ **問題解答**

問題 12.1

(a) CH₃CH₂CH₂Cl > (CH₃)₂CHCl　　(b) (CH₃)₂CHCH₂Br > (CH₃)₃CCH₂Br

問題 12.2

　反応は立体反転で起こるので，シス体からは *trans*-4-メチルシクロヘキサノール，トランス体からは *cis*-4-メチルシクロヘキサノールが生成する.

問題 12.3

　一段階反応の分子エネルギー図を書く.

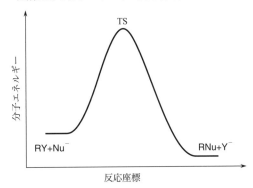

問題 12.4

（いずれも求核性の高い求核種の SN2 反応である）

問題 12.5

　(a) チオラートイオン(EtS⁻)の求核性がアルコキシドイオン(EtO⁻)よりも高いので，反応(2)のほうが速い.
　(b) ヨウ化物イオンのほうが臭化物イオンよりも脱離能が高いので，反応(2)のほうが速い.

問題 12.6

　(a) カチオン性基質とアニオン性求核種の反応において遷移構造で電荷分離が解消される. したがって，反応原系のほうが遷移状態よりも極性が高いので，極性の高い溶媒で反応原系がより安定化され，活性化エネルギーは大きくなる. すなわち，反応は極性の高い溶媒(H₂O)で遅くなる.
　(b) この反応は電荷をもたない基質とアニオン性求核種の SN2 反応であり，TS でわずかながら負電荷の分散が起こる. したがって，反応溶媒を H₂O から EtOH にして極性が下がっても，反応加速はわずかである.

問題 12.7

S_N1 反応は二段階反応であり，第一段階が律速である．

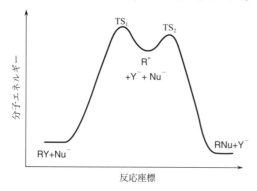

問題 12.8

いずれも第三級ハロゲン化アルキルの加溶媒分解であり，S_N1 機構で進む．

(a)

(b)

問題 12.9

問題 12.10

(a) (b) (c) (d)

(a)第三級基質のほうが速い，(b)ヨウ化物のほうが脱離能が大きい，(c)アリル型基質のほうが反応性が高い，(d)ベンジル型基質のほうが反応性が高い．

問題 12.11

(a) 第二級臭化アルキルの求核性溶媒による S_N1 反応（加溶媒分解）．

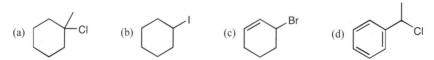

+ HBr

(b) 第二級臭化アルキルの強い求核種 HS⁻ による S_N2 反応.

$$\text{（シクロペンチル-SH）} \quad + \text{ NaBr}$$

(c) 弱い求核性溶媒による S_N1 型加溶媒分解であり, 立体反転と立体保持の生成物が生じる.

$$\text{（trans-OCHO）} \quad + \quad \text{（cis-OCHO）} \quad + \text{ HBr}$$

(d) 強い求核種 CN⁻ による S_N2 反応であり, 立体反転が起こる.

$$\text{（CN シクロヘキサン）} \quad + \text{ NaBr}$$

章末問題解答

[問題 12.12]

(a) （プロピル-Cl） + NaI →（プロパノン）→ （プロピル-I） + NaCl

(b) （PhCH₂Cl） + EtONa →（EtOH）→ （PhCH₂OEt） + NaCl

(c) （シクロヘキシル-Br） + 2 Me₂NH →（EtOH）→ （シクロヘキシル-NMe₂） + Me₂NH₂⁺ Br⁻

(d) （sec-ブチル-Br） + EtSNa →（EtOH）→ （sec-ブチル-SEt） + NaBr

[問題 12.13]

(a) （EtO-CH₂CH₂-CN）　　(b) NC～～CN　　(c) PhCH₂NHPh

(d) （1-ベンジルインドール）　　(e) （4-O₂N-C₆H₄-CH₂OAc）　　(f) PhCH₂SCH₂Ph
（中間体は PhCH₂S⁻ Na⁺ である.）

[問題 12.14]
いずれも S_N2 反応であり, 立体反転の生成物を与える.

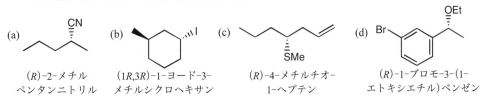

(a) (R)-2-メチル
ペンタンニトリル

(b) (1R,3R)-1-ヨード-3-
メチルシクロヘキサン

(c) (R)-4-メチルチオ-
1-ヘプテン

(d) (R)-1-ブロモ-3-(1-
エトキシエチル)ベンゼン

問題 12.15

(a) 強い求核種 I^- による S_N2 反応なので，第二級の 2-ブロモブタンよりも立体障害の小さい第一級の 1-ブロモブタンのほうが反応性が高い．

(b) I^- のほうが脱離能が大きいので，2-ヨードペンタンのほうが反応性が高い．

(c) 立体障害の小さい求核種のエチルアミンのほうが反応性が高い．

(d) ナトリウムエトキシドのほうが(塩基性が高いと同時に)求核性が高い．

問題 12.16

各反応においてより安定なカルボカチオンを生成する基質の反応性が高い．

(a) フェニル基が共役によりカルボカチオン(ベンジル型カチオン)を安定化する．

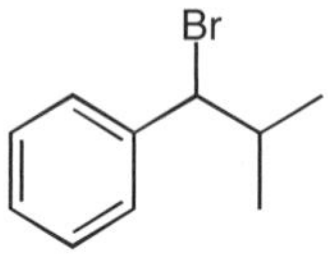

(b) 二重結合が共役によりカルボカチオン(アリル型カチオン)を安定化する．

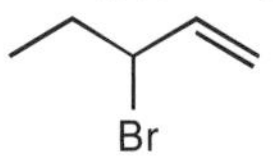

(c) 4-NO_2 基はベンジル型カチオンを不安定化する．

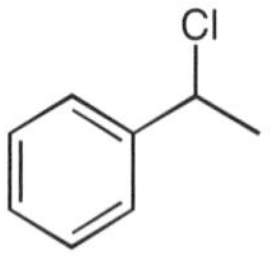

(d) 第一級カチオンは不安定で事実上生成しない．

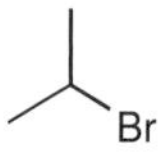

問題 12.17

この加溶媒分解は S_N1 機構で進行する．中間体のベンジル型カチオンの 4-MeO 基は，次の共鳴で表されるようにカチオンを安定化するので，このほうが速く反応する．

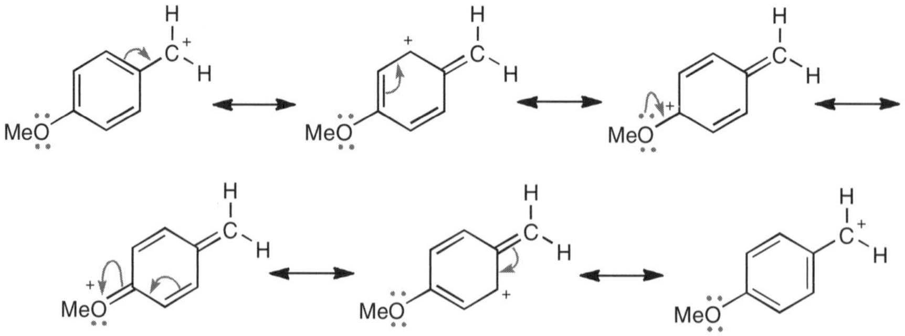

問題 12.18

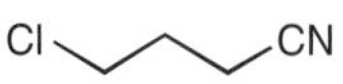

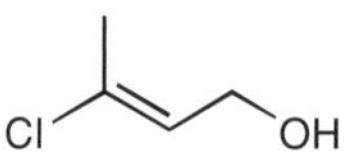

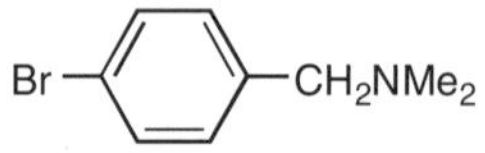

（a）は Cl よりも Br のほうが脱離しやすい，（b）の二重結合に直接結合した Cl は脱離しにくいが，アリル位の Cl は活性化されている，（c）のベンゼン環に直接結合している Br は求核置換を受けにくいが，ベンジル位の Br は活性化されている．

問題 12.19

中間体の 4-ブロモブタンチオラートが分子内 S_N2 反応を起こして環化する．

問題 12.20

シクロヘキサン誘導体のトランス MeO 基は隣接基関与できる．すなわち，分子内 S_N2 反応と外部求核種 AcOH による S_N2 反応による二重の立体反転で立体保持生成物が得られる．

演習問題

12.01　次の化合物の組合せのうち S_N2 反応における反応性が高いのはどちらか説明せよ．
- （a）1-ブロモペンタンと 2-ブロモペンタン
- （b）1-ブロモ-2-メチルペンタンと 1-ブロモ-3-メチルペンタン
- （c）1-ブロモペンタンと 1-クロロペンタン

12.02　次の化合物の組合せのうち S_N1 反応における反応性が高いのはどちらか説明せよ．
- （a）1-ブロモペンタンと 2-ブロモペンタン
- （b）1-ブロモ-2-メチルペンタンと 2-ブロモ-2-メチルペンタン
- （c）2-ブロモペンタンと 4-ブロモ-2-ペンテン

12.03　次の化合物の組合せのうち S_N1 反応における反応性が高いのはどちらか説明せよ．

12.04　次の化合物の組合せのうち S$_N$2 反応における反応性が高いのはどちらか説明せよ.

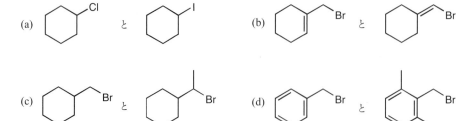

12.05　次の化合物の S$_N$1 反応における反応性の順を説明せよ.

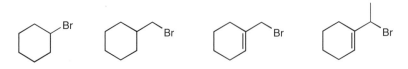

12.06　次の化合物は第三級ハロゲン化物であるにもかかわらず S$_N$1 反応を起こさない. その理由を説明せよ.

12.07　メタノール中における NaCN との反応は, 次の化合物のうちどちらが速いか.

12.08　次の反応の主生成物は何か.

(a) CH$_3$(CH$_2$)$_{10}$CH$_2$Br + NaCN $\xrightarrow[\text{プロパノン}]{}$

(b) C$_6$H$_5$CH$_2$Cl + NaCN $\xrightarrow[\text{H}_2\text{O-EtOH}]{}$

(c) CH$_3$CHBrCO$_2$H + NH$_3$ $\xrightarrow[\text{H}_2\text{O}]{}$

(d) BrCH$_2$CH$_2$SO$_3$Na + NH$_3$ $\xrightarrow[\text{H}_2\text{O}]{}$

12.09　次の反応の主生成物は何か.

(a) PhCH$_2$Cl + [フタルイミド] $\xrightarrow[]{\text{K}_2\text{CO}_3}$

(b) PhCH$_2$Cl + [フェノール誘導体] $\xrightarrow[]{\text{K}_2\text{CO}_3}$

(c) PhOH + BrCH$_2$CH$_2$CH$_2$Br $\xrightarrow[]{\text{NaOH}}$

(d) BrCH$_2$(CH$_2$)$_9$CO$_2$H $\xrightarrow[]{\text{K}_2\text{CO}_3}$

12.10　次の反応の主生成物の構造を示し, キラルな生成物の立体化学を *R,S* 表示で示せ.

(a) [trans-4-ブロモシクロヘキサノール] + NaCN $\xrightarrow[\text{プロパノン}]{}$

(b) [シクロヘキサン誘導体 Me/Cl] + CH$_3$SNa $\xrightarrow[\text{H}_2\text{O-EtOH}]{}$

(c) のような構造 Br / OH + NaI →(プロパノン)

(d) Cl / OH のような構造 + NaOH →

12.11　エチルイソプロピルエーテル（2-エトキシプロパン）を合成するには，出発物として適当なアルコキシドとブロモエタンあるいは2-ブロモプロパンを用いることができる．どちらの組合せがよいか説明せよ．

12.12　ジプロピルスルフィドを炭素数3以下のハロアルカンを出発物として合成するための反応式を書け．

12.13　次の変換反応の機構を書け．

Br ～～～ Br →(NaOH) テトラヒドロピラン環 O

12.14　1-ブロモ-2-ブテンと3-ブロモ-1-ブテンは，水溶液中で反応すると同じ生成物を与える．反応機構を書いてその理由を説明せよ．

12.15　右の化合物を水溶液中で反応すると2種類の置換生成物が得られた．反応機構を書いて結果を説明せよ．

シクロペンタン環 H / Cl

12.16　上の問題12.15の化合物をNaOH水溶液中で反応するとほぼ1種類の置換生成物が得られた．その構造を示せ．

12.17　1-クロロ-1-メトキシエタンの水溶液中におけるおもな反応生成物は何か．反応機構を書いて答えよ．

12.18　光学活性な2-ブロモペンタンのプロパノン溶液にNaBrを加えて放置すると，旋光度が徐々に低下した．この結果を説明せよ．

12.19　次の反応を下に示した二つの溶媒中で行ったとき，どちらの溶媒中でより速く進むか．求核種アニオンは適当な対カチオンを用いて溶媒に十分溶けているものとする．

(a) $CH_3I + Cl^- \longrightarrow CH_3Cl + I^-$
　　溶媒：CH_3OH または CH_3CN

(b) ～～Br + $CN^- \longrightarrow$ ～～CN + Br^-
　　溶媒：$HCONMe_2$ (DMF) または $HCONHMe$ (NMF)

12.20　トリメチルスルホニウムイオンとエトキシドイオンの反応について次の問に答えよ．
（a）反応式を書け．
（b）エタノール中におけるこの反応のGibbsエネルギー変化を図示し，溶媒を水に代えたときエネルギー図がどうなるか示せ．

12.21 ヨードメタンとジメチルアミンの反応について次の問に答えよ.

(a) 反応式を書け.

(b) この反応の Gibbs エネルギー変化を示し，それに基づいて溶媒の極性が変化したとき反応速度がどう変化するか説明せよ.

12.22 1-ブロモブタンのアジ化物イオンによる S_N2 反応の速度定数に対する溶媒効果を調べると，ホルムアミド中における速度定数はメタノール中における速度定数の約 10 倍であったが，ジメチルホルムアミド中では約 10^6 倍になった．その理由を説明せよ.

12.23 1-ブロモ-2,2-ジメチルシクロヘキサンを水溶液中で反応させると，アルコール生成物が 3 種類得られた．反応機構を書いて 3 種類のアルコールの構造を示せ.

12.24 次の反応の機構を書き，生成物の構造を示せ.

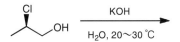

ハロアルカンの脱離反応

13

まとめ
Summary

- ❑ ハロアルカンから脱離基 Y とともに β 水素が外れるとアルケンを生成する.

$$\underset{(CH_3)_2C-CH_2}{\overset{Y\ \ H}{|\ \ |}} \xrightarrow{-HY} (CH_3)_2C=CH_2$$

- ❑ **E2**(二分子脱離)反応(➡ 13.2 節)
  強塩基を使うと脱プロトンと協奏的に脱離基が外れ,立体特異的な**アンチ脱離**を起こす.
- ❑ **E1**(単分子脱離)反応(➡ 13.1 節)
  弱塩基性条件では,第三級アルキル誘導体はカルボカチオンを生成し,S$_N$1 反応と競争して脱離を起こす.
- ❑ 脱離基 Y が脱離しにくく脱プロトンが起こりやすい(強塩基と C$^-$ の安定性)場合には,カルボアニオンを中間体とする **E1cB** 脱離が起こる(➡ 13.3 節).
- ❑ 一般的に,置換基のより多い安定なアルケンを生成する傾向がある(Zaitsev 則)が,脱離能が小さく,脱プロトンが優先されるような条件(E1cB)や立体障害の大きい塩基を用いると,逆の配向性も可能である(Hofmann 則)(➡ 13.4).

反応例

問題解答

問題 13.1

(a)

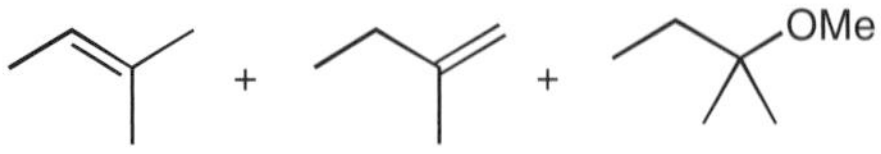

(b)

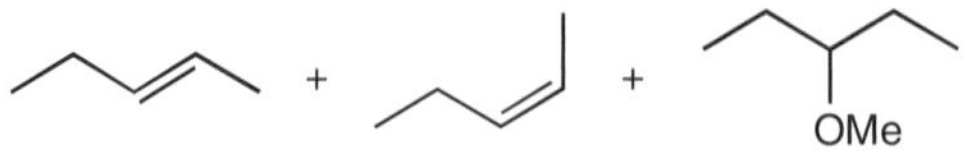

問題 13.2

三つの立体異性体は，(2R, 3S)，(2S, 3S)，(2R, 3R)である．

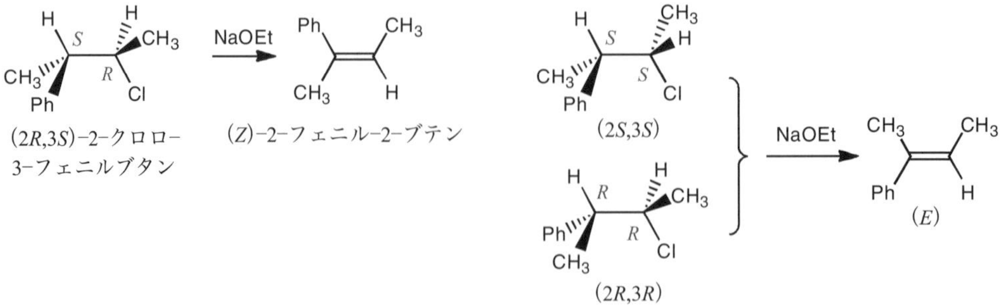

(2R,3S)-2-クロロ-
3-フェニルブタン

(Z)-2-フェニル-2-ブテン

(2S,3S)

(2R,3R)

(E)

問題 13.3

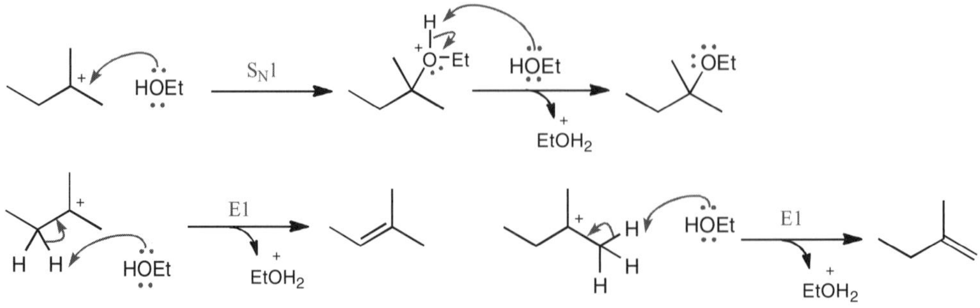

問題 13.4

より多くの置換基をもつアルケンが安定で，シス体よりトランス体のほうが安定で生成しやすい．

(a)

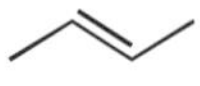

(b)

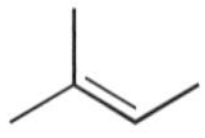

問題 13.5

(a) 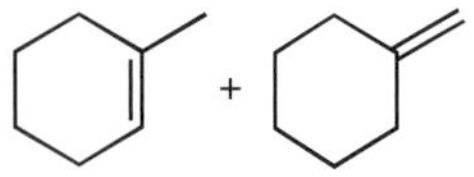 主生成物

(b) 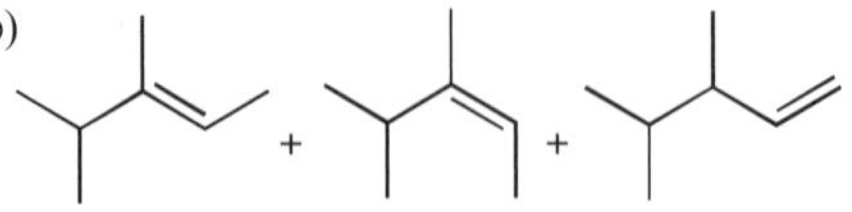 主生成物

(c),(d) 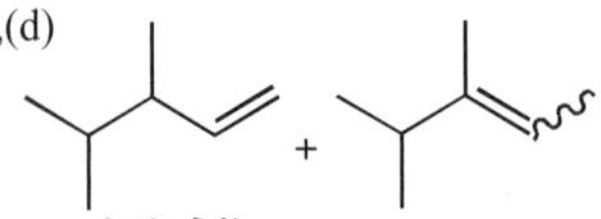 主生成物

通常はより多くの置換基をもつ二重結合を含むアルケンが安定で主生成物になる．(c)と(d)では(b)と同じアルケンを生成する可能性があるが，塩基あるいは基質の立体障害が大きいために末端アルケンが主生成物になる．

問題 13.6

(a) 比較的求核性の強いアミンと第一級臭化アルキルの非プロトン性極性溶媒中における反応では，S_N2 機構が優先される．

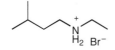

(b) 立体障害の大きいかさ高い強塩基は置換よりも E2 機構を起こしやすい．

章末問題解答

問題 13.7

いずれの反応でも次の三つのアルケンが可能である．

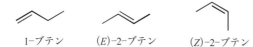

1-ブテン　　　　(E)-2-ブテン　　　(Z)-2-ブテン

(a) 通常の E2 脱離では，より安定な(E)-2-ブテンが主生成物になる．

(b) かさ高い塩基を用いると末端アルケンの 1-ブテンが主になる．

問題 13.8

いずれの反応でも次の三つのアルケンが可能である．

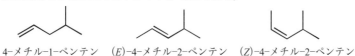

4-メチル-1-ペンテン　　(E)-4-メチル-2-ペンテン　　(Z)-4-メチル-2-ペンテン

(a) 通常の E2 脱離で(E)-4-メチル-2-ペンテンが主生成物．

(b) 基質の立体障害が大きいので末端アルケンの 4-メチル-1-ペンテンが主生成物．

問題 13.9

(a)，(b)では次の三つのアルケンが可能．

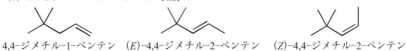

4,4-ジメチル-1-ペンテン　(E)-4,4-ジメチル-2-ペンテン　(Z)-4,4-ジメチル-2-ペンテン

主生成物は(a)では(E)-4,4-ジメチル-2-ペンテン，(b)では 4,4-ジメチル-1-ペンテンになる．

(c)，(d)では次のアルケンが可能．

2,3-ジメチル-1-ブテン　　　　2,3-ジメチル-2-ブテン

(c) かさ高い塩基による E2 脱離で 2,3-ジメチル-1-ブテンが主生成物．

(d) E1 脱離で 2,3-ジメチル-2-ブテンが主生成物．

問題 13.10

かさ高いハロゲン化アルキルは脱離を起こしやすいので，かさ高いアルキル基をアルコキシドにする．また，ハロベンゼンは S_N2 反応を起こすことができない．

(a)　CH₃CH₂CH₂Br + (CH₃)₂CHONa

(b)　CH₃CH₂Br + (CH₃)₂CHCH₂ONa

(c)　PhONa + CH₃CH₂Br

(d)　PhCH₂Br + (CH₃)₂CHONa

問題 13.11

この反応は E2 機構で起こるので，アンチ共平面の立体配座から協奏的な脱離が起こる．

問題 13.12

E2 脱離においては脱離する H と Br がアンチ共平面になる必要がある．そのためにはいす形シクロヘキサンにおいて Br がアキシアル位にくる必要がある．下に示すように，かさ高い t-ブチル基は優先的にエクアトリアル位を占めるので，シス異性体においては Br がアキシアル位にあり，E2 脱離が容易に起こる．しかし，トランス体においては安定な立体配座で Br がエクアトリアルになるので，このかたちからは E2 脱離が起こらない．わずかに存在するアキシアル Br の立体配座を経て反応するために脱離は起こりにくい．

問題 13.13

塩基による脱プロトンで中間体として安定なエノラートイオン(カルボアニオンの共鳴構造式)になり，ついで酸素アニオンによるプッシュと共役安定化されたアルケンの生成により HO⁻ が脱離する．

問題 13.14

(a)　60% エタノールや水のような極性の高い溶媒中では単分子的な(S$_N$1/E1)加溶媒分解が起こりやすいので，第三級アルキル基質の 2-ブロモ-2-メチルプロパンの反応性がとくに高い．

(b)　水のほうが 60% エタノールよりも極性が高いので，2-ブロモプロパンの単分子反応(律速的なカルボカチオン生成)が加速される．一方，第一級アルキル基質のブロモエタンの加溶媒分解は(第一級アルキルカチオンが生成できないので)S$_N$2 機構で起こると考えられ，溶媒効果は小さいと予想される．

問題 13.15

2 種類の基質からの生成物比がほぼ同じであるということは，生成物決定段階では脱離基が反応に関与していないことを示唆する．すなわち，律速的に脱離基が外れてカルボカチオン中間体が生成し，そ

の中間体から生成物が生成するという E1 機構に矛盾しない結果になっている.

問題 13.16

（a）いずれも第三級基質であり，単分子的な(S_N1/E1)加溶媒分解を受けると考えられる．律速的なイオン化段階で，塩化 t-ブチルは電荷分離を起こすので，溶媒極性によって大きな影響を受け，極性の高い水中で反応が速い．しかし，カチオン性基質のスルホニウム塩の反応では，中性の脱離基が外れていくだけなので遷移構造における電荷分布の変化は小さく溶媒効果もあまり受けないと予想される.

（b）ヨウ化 t-ブチルを塩化 t-ブチルと比べると，C−I 結合が C−Cl 結合よりも弱いのでヘテロリシスが起こりやすく，反応性はかなり高いと考えられる．しかし，スルホニウム塩の反応においては，ヘテロリシスは C−S 結合で起こるので，ヨウ化物塩と塩化物塩の反応性の違いはほとんどないと考えられる.

演 習 問 題

13.01 次の化合物から得られる脱離生成物の可能な構造をすべて書き，エタノール中ナトリウムエトキシドと反応させたときに得られる主生成物がどれであるかを示せ.

13.02 次の化合物をエタノール中ナトリウムエトキシドと反応させたときに得られるおもなアルケンは何か．これらのうち，メタノール中で反応したときにナトリウムエトキシドとの反応とは異なるアルケンを主生成物として生成するものがあれば，そのアルケンの構造を示せ.

13.03 次の反応の主生成物は何か.

13.04 2-ブロモ-2-メチルブタンをエタノール中ナトリウムエトキシドと反応させると NaOEt の濃度によって脱離生成物のパーセント比は次のように変化した.

$$[NaOEt] = 0 \quad mol\,dm^{-3}, \quad 35\%$$
$$0.05\,mol\,dm^{-3}, \quad 56\%$$
$$0.10\,mol\,dm^{-3}, \quad 98\%$$

(a) 反応式を書いて，可能な生成物の構造を示せ. そのうちおもな脱離生成物は何か.

(b) NaOEt の濃度とともに脱離生成物の比率が増えるのはなぜか.

(c) 2-ブロモ-2-メチルブタンを *t*-ブチルアルコール中カリウム *t*-ブトキシドと反応させると，主生成物はどうなると予想されるか.

13.05 次の化合物のメタノール中における相対的な反応性を説明せよ.

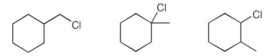

13.06 2-クロロ-2,3-ジメチルブタンの脱離反応を(a) EtOH 中 NaOEt と(b) *t*-BuOH 中 *t*-BuOK で行ったときに得られるおもなアルケンはそれぞれ何か. その結果になる理由を説明せよ.

13.07 次の反応の組合せは，条件を変えたときにみられる反応選択性を生成物のパーセント比で比較している. 各組合せにおける選択性の違いを説明せよ.

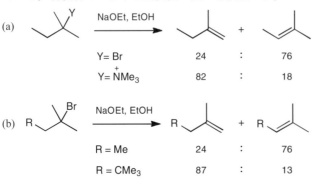

13.08 次の反応の組合せは，条件を変えたときにみられる反応選択性を生成物のパーセント比で比較している. 各組合せにおける選択性の違いを説明せよ.

13.09　次の反応の主生成物は何か．また，その反応がどのように起こるか巻矢印で示せ．

(a)　BrCH₂CH(OEt)₂ の反応（t–BuOK, t–BuOH, 120〜130 ℃）

(b)　R–CF₂Br の反応（DBU, プロパノン，加熱）　（DBU = 構造式）

13.10　次に示す $trans$-1,2-ジブロモシクロヘキサンの脱離反応の生成物が，1-ブロモシクロヘキセンではなく 1,3-シクロヘキサジエンになるのはなぜか，説明せよ．

反応式：NaOCH(CH₃)₂，CH₃O(CH₂CH₂O)₃CH₃，100〜110 ℃

13.11　塩化メンチルと塩化ネオメンチルは立体異性体である．エタノール中ナトリウムエトキシドとの反応ではどちらが容易に反応するか説明せよ．また，それぞれの反応の主生成物の構造を示せ．

(CH₃)₂CH〜Cl　塩化メンチル　　(CH₃)₂CH〜Cl　塩化ネオメンチル

13.12　ベンゼンチオールを過剰の NaOEt で処理し，1,2-ジブロモエタンと反応させると，主生成物はフェニルチオエテンであった．この反応機構を書け．

PhSH → (NaOEt, EtOH) → PhSNa → (Br〜Br) → SPh

13.13　(2S,3S)-2,3-ジブロモブタンをエタノール中ナトリウムエトキシドで処理したときの反応を巻矢印で表し，得られるアルケンの構造を示せ．

13.14　1,2-ジハロアルカンに求核種を作用させると，E2 反応と似た機構で脱ハロゲンを起こしアルケンを生成する．

Nu⁻ + —C(X)—C(X)— ⟶ C=C + Nu–X + X⁻

(2S,3S)-2,3-ジブロモブタンをプロパノン中で NaI と反応させたとき生成するのは何か，巻矢印で反応機構を書いて答えよ．また，$meso$-2,3-ジブロモブタンから生成するアルケンの構造を示せ．

13.15　次の脱離反応は通常の 1,2-脱離で起こっているかもしれないが，1,1-脱離に続いて転位を起こすことによって進行している可能性もある．

反応式：Et₃N, Et₂O，還流

(a)　1,1-脱離と転位によって生成物が生じる反応はどのように進むか．反応機構を示せ．

(b)　二つの可能な脱離反応機構を区別するためには，どのような実験を行ったらよいか説明せよ．

13.16（応用問題）　次の変換反応の機構を示せ.

13.17　ペプチド合成において Fmoc と略称される基がアミノ酸の保護基として用いられ，この保護基を外すためにアミンによる E1cB 脱離が利用される．次の反応の機構を書け.

Fmoc（9-フルオレニルメトキシカルボニル）

13.18（応用問題）　8 章でケトン（アルデヒド）の可逆的な水和反応を学んだ（8.3 節）．この反応の逆反応は H$_2$O の脱離により C=O 二重結合を形成する反応である．この反応は酸あるいは塩基触媒によって促進されるが，その反応機構はそれぞれ E1 脱離あるいは E1cB 脱離とみなすことができる．ケトン水和物の脱水反応の機構を書いて，E1 あるいは E1cB 機構の立場から説明せよ.

アルコール，エーテル，硫黄化合物とアミン

14

まとめ
Summary

❑ アルコールとエーテルの C−O 結合開裂には，酸触媒を必要とする(➡ 14.1 節).

❑ 酸素プロトン化が起こると，H_2O(または ROH)が脱離基となり，ハロアルカンの C−Y 結合と同じように置換と脱離を起こす(➡ 14.1 節).

$$R-\overset{\cdot\cdot}{\underset{\cdot\cdot}{O}}R' \overset{+H^+}{\underset{}{\rightleftharpoons}} R-\overset{+}{\underset{}{O}}\overset{H}{R'} \begin{array}{l} \nearrow \text{置換} \\ \searrow \text{脱離} \end{array}$$

(R′=H またはアルキル)　　プロトン化
中間体

❑ 求核性の弱い酸性条件なので，カルボカチオンを中間体とする S_N1 と E1 になることが多い(➡ 14.1 節).

❑ おもな反応はハロゲン化水素 HX との反応とアルコールの脱水とエーテル生成である(反応例参照).

❑ **カルボカチオン**は，構造によっては **1, 2-転位**を起こす(➡ 14.2 節).

❑ アルコールはスルホン酸エステルに誘導したり，硫黄やリン反応剤を用いて，転位を避け，置換生成物を得ることができる(➡ 14.3 節).

❑ 第一級アルコールは酸化によりアルデヒド，さらにカルボン酸になる．第二級アルコールを酸化するとケトンになる(➡ 14.4 節).

❑ **エポキシド**は環ひずみのために反応性が高く，酸塩基触媒によって開環する(➡ 14.5 節).

❑ **酸化と還元**は互いに伴って起こる．酸化還元は酸化数あるいは電子の授受によって定義され，酸素と水素原子の増減とも関係している(➡ 14.6 節).

❑ **硫黄**は酸素の同族元素であるが，電気陰性度が低く，求核性が大きく，酸化還元を受けやすい．SH 基は生体反応においても重要である(➡ 14.7 節).

❑ **アミン**は典型的な有機塩基であり，求核種としても反応する．また亜硝酸と特徴的な反応を起こす(➡ 14.8 節).

反応例

アルコールのハロゲン化 (➡ 14.1.2, 14.3.2 項)：

［塩素化］

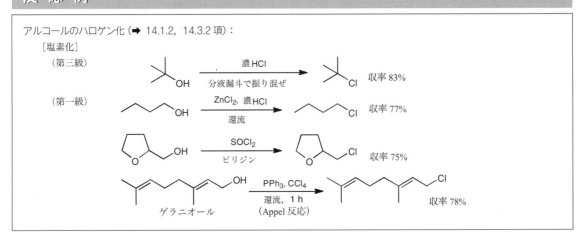

(第三級)　　　　　　　濃 HCl
　　　　　　　分液漏斗で振り混ぜ　　　　　　収率 83%

(第一級)　　　　　　　$ZnCl_2$, 濃 HCl
　　　　　　　還流　　　　　　収率 77%

　　　　　　　$SOCl_2$
　　　　　　　ピリジン　　　　　　収率 75%

ゲラニオール　　　PPh_3, CCl_4
　　　　　　　還流，1 h
　　　　　　　(Appel 反応)　　　　収率 78%

反 応 例

[臭素化]

（第一級）

$$R–OH \xrightarrow[\text{または HBr ガス, 加熱}]{\text{48\% HBr, 還流}} R–Br \quad \text{収率 85～95\%}$$

（第一/第二級）

$$R–OH \xrightarrow{PBr_3} R–Br \quad \begin{array}{l} \text{(第一級) 収率 85～90\%} \\ \text{(第二級) 収率 70～85\%} \end{array}$$

$$\xrightarrow[\text{ベンゼン, 5 \,℃, 5 h}]{PBr_3, \text{ピリジン}} \quad \text{収率 57\%}$$

（第三級）

$$\xrightarrow{PBr_3} \quad \text{収率 40\%}$$

[ヨウ素化]

（第一級）

$$\xrightarrow{\text{濃 HI}} \quad \text{収率 80\%}$$

$$MeO \cdots \text{OH} \xrightarrow[\text{イミダゾール}]{PPh_3, I_2} MeO \cdots \text{I} \quad \text{収率 75\%}$$

アルコールのスルホン化とスルホン酸エステルの反応（➡ 14.3.1 項）：

$$CH_3(CH_2)_{11}OH \xrightarrow[\text{< 20 \,℃, 3 h}]{TsCl, \text{ピリジン}} CH_3(CH_2)_{11}OTs \quad \text{収率 90\%} \quad \left(Ts = Me–\text{◯}–SO_2– \right)$$

$$\xrightarrow[\substack{-10～-5\,℃ \\ 1 h}]{\substack{MeSO_2Cl \\ Et_3N, CH_2Cl_2}} \text{OSO}_2Me \xrightarrow[\text{還流, 4 h}]{NaI} \text{I} \quad \text{収率 85\%}$$

$$\overset{Me}{\underset{OH}{\diagdown}} \xrightarrow[\text{0～5 \,℃, 一晩}]{TsCl, \text{ピリジン}} \overset{Me}{\underset{OTs}{\diagdown}} \xrightarrow[\text{DMF, 100 \,℃, 3 h}]{\substack{Na^+ \\ NC–\bar{C}H–CO_2Et}} \overset{Me}{\underset{\substack{CO_2Et \\ CN}}{\diagdown}} \quad \text{収率 50\%}$$

収率 90%

$$\overset{OH}{\square} \xrightarrow[\text{室温, 16 h}]{TsCl, \text{ピリジン}} \overset{OTs}{\square} \xrightarrow[\text{DMSO, 70 \,℃, 2 h}]{t\text{–BuOK}} \square \quad \text{収率 76\%}$$

収率 92%

アルコールの脱水：

（➡ 14.1.3 項）

$$\overset{OH}{\diagdown} \xrightarrow[\text{100 \,℃, 2～3 h}]{\text{50\% } H_2SO_4} \quad \text{収率 75\%}$$

$$\overset{OH}{\bigcirc} \xrightarrow[\substack{\text{130～140 \,℃} \\ \text{5～6 h}}]{\text{濃 } H_2SO_4} \bigcirc \quad \text{収率 83\%} \qquad \overset{OH}{Cl-\bigcirc-\overset{|}{C}H–CH_3} \xrightarrow[\text{220 \,℃}]{KHSO_4} Cl-\bigcirc-CH=CH_2 \quad \text{収率 82\%}$$

エーテル生成（➡ 14.1 節）：

$$\overset{}{\diagup}\!\!\!\!\diagdown\!\!OH + EtOH \xrightarrow[\text{EtOH, 70 \,℃}]{\text{15\% } H_2SO_4} \overset{}{\diagup}\!\!\!\!\diagdown\!\!OEt \quad \text{収率 95\%} \qquad \overset{OH}{\bigcirc}\!\!\!_{Me} + MeI \xrightarrow[\text{50 \,℃}]{NaH, THF} \overset{OMe}{\bigcirc}\!\!\!_{Me} \quad \text{収率 100\%}$$

アルコールの酸化：

（➡ 14.4 節）

$$\overset{OH}{\bigcirc} \xrightarrow[\text{20～35 \,℃, 20 min}]{\substack{CrO_3, H_2SO_4, \\ H_2O, \text{プロパノン}}} \overset{O}{\bigcirc} \quad \text{収率 95\%}$$

（第二級）

反 応 例

$$CH_3(CH_2)_6-CH_2OH \xrightarrow[\text{CH}_2\text{Cl}_2, 還流, 1\,h]{\text{PCC}} CH_3(CH_2)_6-CHO \quad 収率 94\%$$
（第一級）

$$R-CH_2OH \xrightarrow[\text{H}_2\text{O, プロパノン}]{\text{CrO}_3,\ \text{H}_2\text{SO}_4} \left[\ R-CHO\ \right] \longrightarrow R-CO_2H$$
（第一級）

エーテルの開裂：
（➡ 14.1.2 項）

$$\xrightarrow{濃\ HI} \quad + \quad$$

$$\underset{MeO}{}\overset{NH_2}{}CO_2H \xrightarrow[\text{2) NH}_4\text{OH/H}_2\text{O}]{\text{1) 48\% HBr, 還流, 2.5 h}} \underset{HO}{}\overset{NH_2}{}CO_2H\ +\ MeBr$$

$$\xrightarrow[\ ]{\text{HCl ガス，還流}} Cl\diagup\diagdown OH \quad 収率 55\%$$

エポキシドの開環：
（➡ 14.5 節）：

$$\xrightarrow{\text{48\% HBr, 10 °C, 2.5 h}} Br\diagup\diagdown OH \quad 収率 90\%$$

$$\underset{Me}{}\xrightarrow{\text{HBr/H}_2\text{O}} \underset{Me}{}\overset{OH}{}Br\ +\ \underset{Me}{}\overset{Br}{}OH$$
76 ： 24

$$\underset{Me}{\overset{OMe}{\underset{Me}{}}}\overset{Me}{OH} \xleftarrow[\text{MeOH}]{\text{H}_2\text{SO}_4} \underset{Me}{\overset{Me}{}}O\underset{Me}{\overset{H}{}} \xrightarrow[\text{MeOH}]{\text{MeONa}} \underset{Me}{\overset{HO}{}}\overset{Me}{}\underset{OMe}{}$$
収率 76% 　　　　　　　　　　　　　　　 収率 53%

$$\underset{Cl}{}O \xrightarrow[\text{室温 , 24 h}]{\text{KCN, H}_2\text{O}} NC\underset{OH}{}CN$$
収率 58%

$$\xrightarrow[\text{還流, 18 h}]{\text{NaN}_3,\ \text{H}_2\text{O,}\ プロパノン} \overset{OH}{\underset{N_3}{}}$$
収率 99%

チオールの反応（➡ 14.7 節）：（ジチオアセタールの生成は 8 章，チオエステルの生成は 9 章，S$_N$2 反応は 12 章参照）

$$Ph_2S\ +\ I\diagdown Cl \xrightarrow[\text{室温 , 16 h}]{\text{AgBF}_4,\ \text{CH}_3\text{NO}_2} Ph_2\overset{+}{S}\diagdown Cl \xrightarrow[\text{室温 , 24 h}]{\text{NaH, THF}} Ph_2\overset{+}{S}\triangle$$
$$BF_4^-\quad 収率 95\% \qquad\qquad BF_4^-\quad 収率 80\%$$

$$2\ PhSH \xrightarrow[\text{室温 , 24 h}]{\text{1.1 eq. 30\% H}_2\text{O}_2,\ \text{CF}_3\text{CH}_2\text{OH}} PhS-SPh \quad 収率 97\%$$

$$Ph\diagup S\diagdown Me \xrightarrow[\text{室温 , 8 h}]{\text{1.1 eq. 30\% H}_2\text{O}_2,\ \text{CF}_3\text{CH}_2\text{OH}} Ph\overset{O}{\underset{}{\diagup S}}\diagdown Me \quad 収率 91\%$$

アミンの反応（➡ 14.8 節）：（S$_N$2 反応は 12 章，芳香族アミンは 17 章参照）

$$Cl^-H_3\overset{+}{N}\diagdown\overset{O}{\underset{}{}}OEt \xrightarrow[\substack{\text{H}_2\text{O, CH}_2\text{Cl}_2 \\ < 1\ °C, 10\ min}]{\text{NaNO}_2,\ \text{H}_2\text{SO}_4} N_2\diagdown\overset{O}{\underset{}{}}OEt$$
（第一級）　　　　　　　　　　　　　　 ジアゾエステル　収率 84%

$$\underset{\text{（第二級）}}{}\overset{NHMe}{} \xrightarrow[\text{10 °C, 1 h}]{\text{NaNO}_2,\ \text{HCl, H}_2\text{O}} \overset{N\diagdown_{NO}^{\ }Me}{}$$
ニトロソアミン　収率 90%

■ 問題解答

問題 14.1

(a)の第三級アルコールは酸触媒 S_N1 反応を起こし，(b)のエーテルはプロトン化されたあと，I^- とメチル基で S_N2 反応を起こす(水溶液中では HI 分子は完全に解離して $H_3O^+ I^-$ になっている).

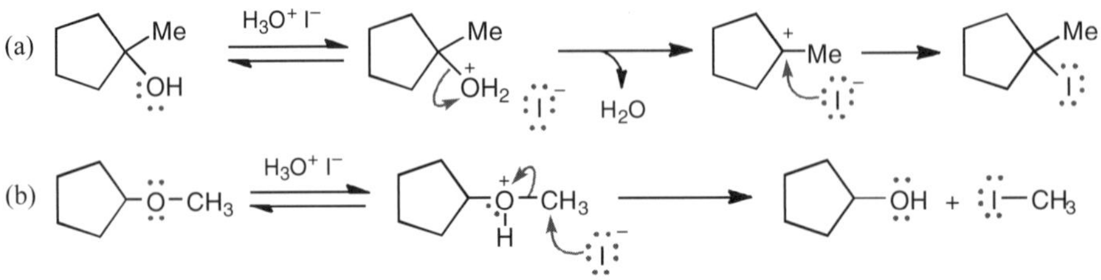

問題 14.2

第一級アルキルカチオンは生成できないのでこの反応は S_N2 機構で起こる.

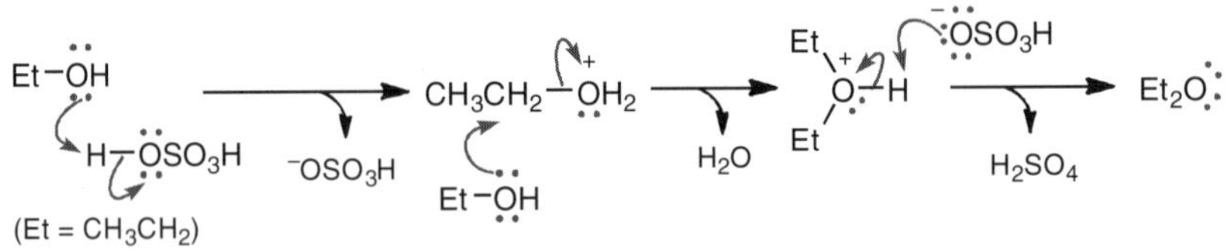

問題 14.3

1-ブテン $CH_3CH_2CH=CH_2$ が副生成物として生じる.

問題 14.4

第三級カルボカチオン中間体から 2 種類のアルケンが生成する. 多置換アルケンのほうが主生成物になる.

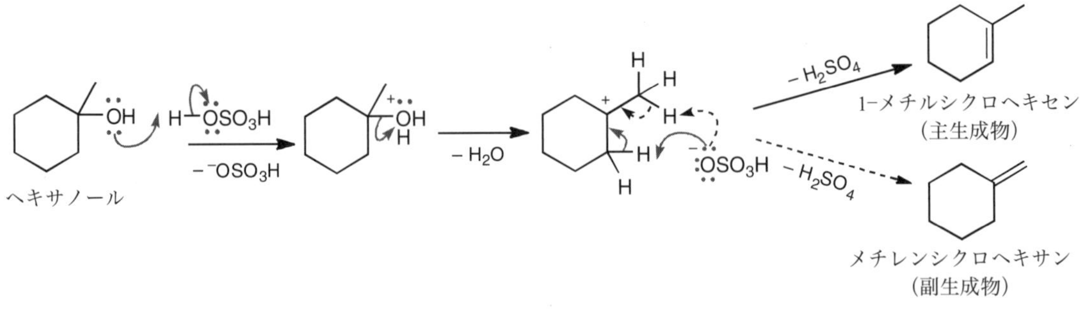

問題 14.5

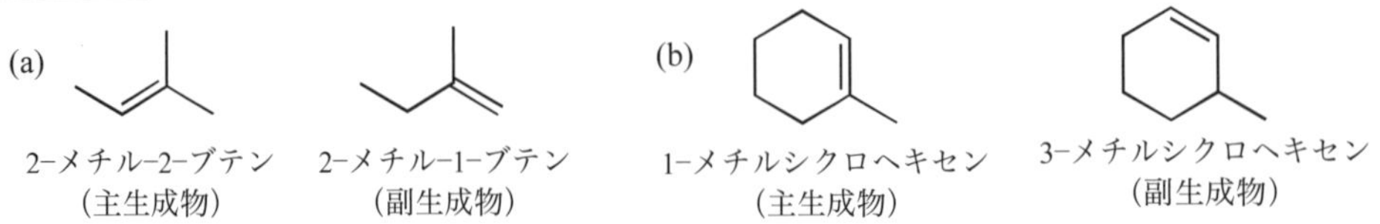

問題 14.6

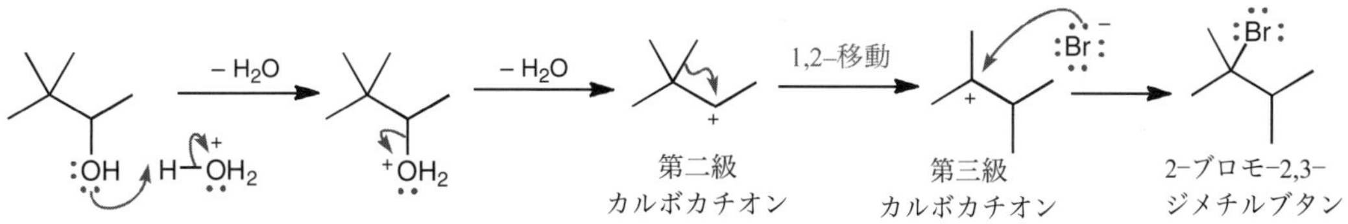

（臭化水素酸は H_3O^+ Br^- であり，分子状の HBr は水溶液中では存在しない.）

問題 14.7

HO^- の脱離能は非常に小さいので CN^- のような強い求核種でも置換反応できない．スルホン酸イオンの脱離能は大きい.

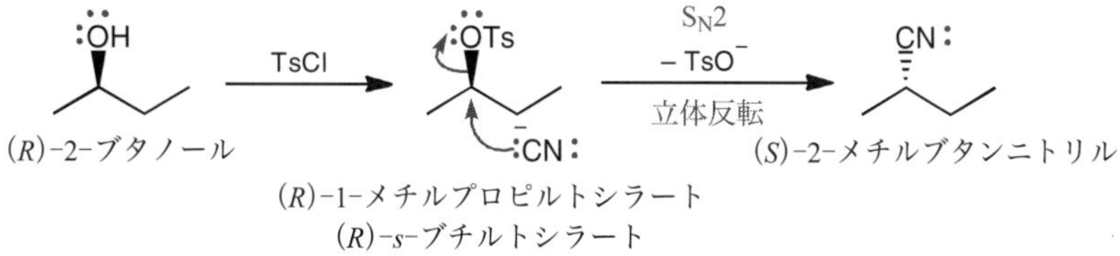

問題 14.8

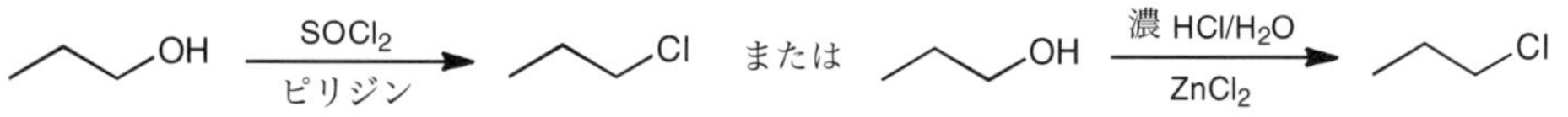

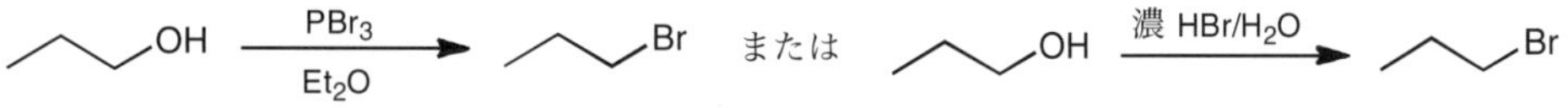

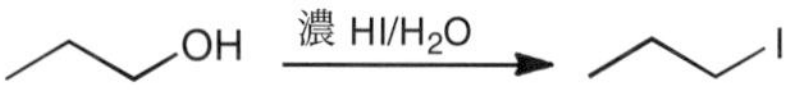

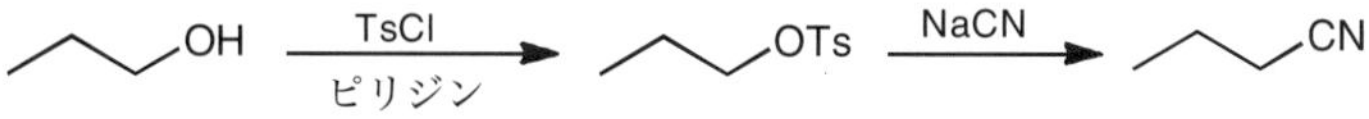

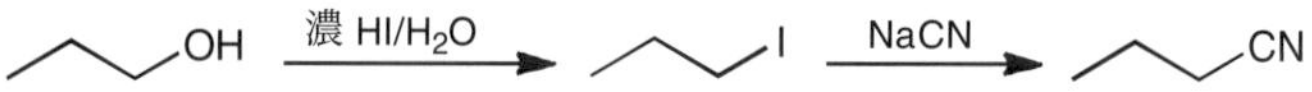

問題 14.9

(a) PhCO₂H　　(b) PhCHO　　(c) 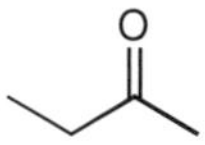 　　(d)

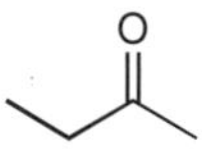

問題 14.10

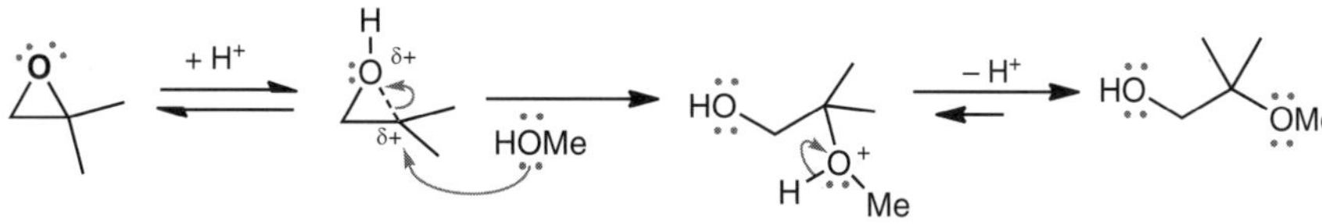

（O-プロトン化が起こるとともに C-O 結合が弱くなる.）

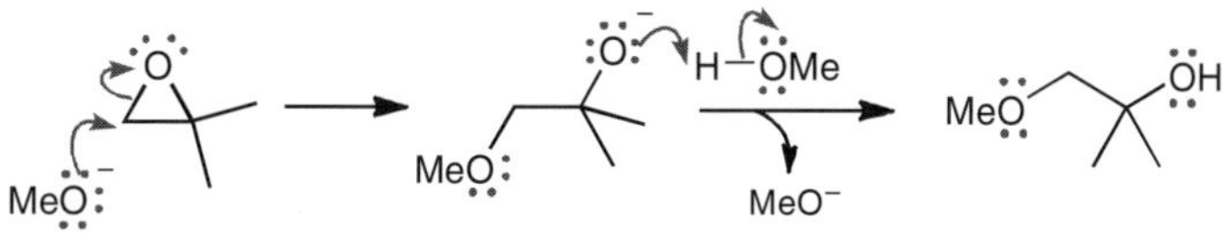

問題 14.11

　各反応の基質の炭素の酸化数の変化を調べ，生成物全体としてその変化が起こっているかどうか調べる．下にみるように，反応(a)と(c)では酸化還元は起こっていない．(b)は還元である．(d)の第一段階は還元であるが，第二段階は酸化になっており，出発物と最終生成物の間では酸化還元は起こっていない．

(a) $CH_2=CH-Me$ + H_2O → $H_3C-CH(OH)-Me$

(b) $CH_2=CH-Me$ + H_2 → H_3C-CH_2-Me

(c) $Me(EtO)C=O$ + $MeNH_2$ → $Me(MeHN)C=O$ + EtOH

(d) $CH_2=CH-Me$ + BH_3 → $H_2B-CH_2-CH-Me$ →(H_2O_2, NaOH)→ $HO-CH_2-CH-Me$

問題 14.12

(a) ethyl-S-CH₂CH₂-OH　(b) テトラヒドロチオフェン環　(c) 1,3-dithiane (Me, H)　(d) $CH_3C(=O)-S-Et$

問題 14.13

SH SH structure $(CH_2)_4CO_2H$

問題 14.14

(a) $(CH_3CH_2)_3\overset{+}{N}CH_3$ I^-
　第四級アンモニウム塩

(b) Ph-CH=N-OH
　オキシム

(c) エナミン (Ph, pyrrolidine)
　エナミン

(d) $CH_3C(=O)-NMe_2$
　アミド

問題 14.15

(a) ジアゾニウム塩 (cyclohexyl-CH(CH_3)-N_2^+ Cl^-) —N_2→ (cation) —(H_2O)→ 生成物群 + ... + ... +

(b) piperidine-N-NO
　N-ニトロソアミン

▨▨▨▨　章末問題解答

問題 14.16

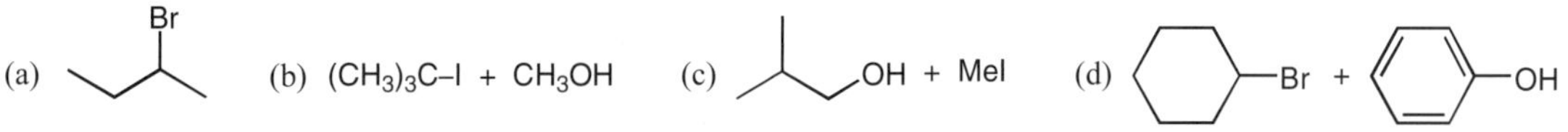

(a)

(b) (CH₃)₃C–I + CH₃OH

(c) OH + MeI

(d)

問題 14.17

(a)

(b)

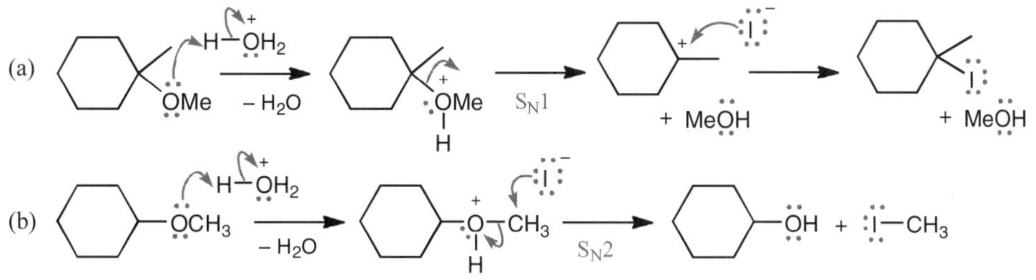

問題 14.18

第一段階で生成した 2-プロパノールが酸触媒 S$_N$2 反応によって 2-ヨードプロパンになる.

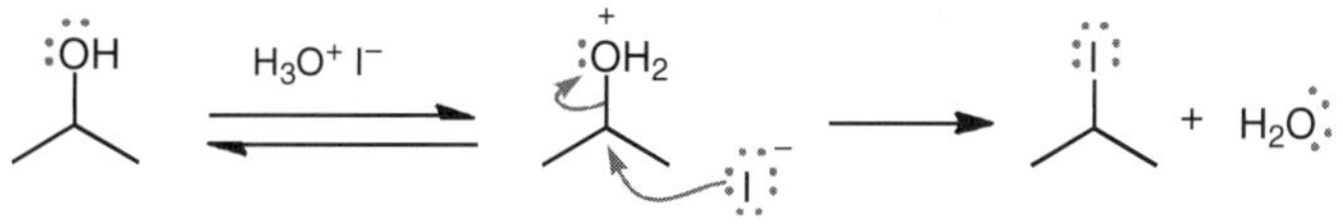

問題 14.19

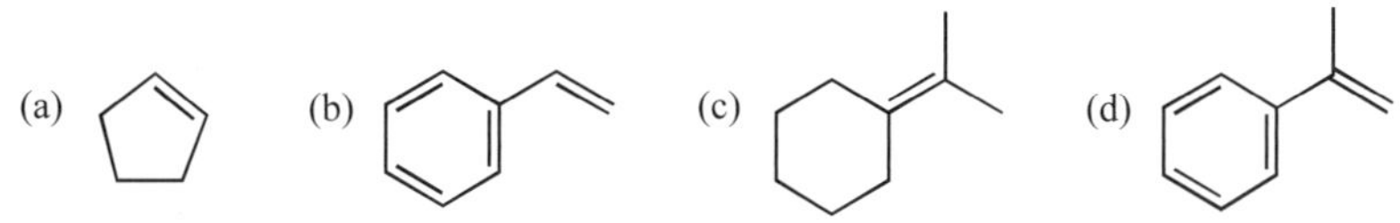

(a)

(b)

(c)

(d)

問題 14.20

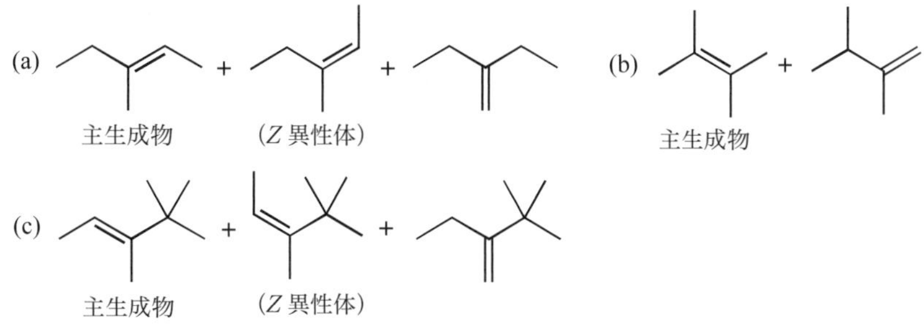

(a)

主生成物　　　（Z 異性体）

(b)

主生成物

(c)

主生成物　　　（Z 異性体）

問題 14.21

　t-ブチルアルコールは酸性溶液中でプロトン化されると，ヘテロリシスにより第三級の t-ブチルカチオンを生成し，それがメタノールで捕捉されてエーテルを与える.

それに対して 1-ブタノールのような第一級アルコールやメタノールは酸性溶液中でもカルボカチオンを生成できないので，プロトン化されると S_N2 反応でエーテルを生成する．この場合 3 種類のエーテルが可能である．

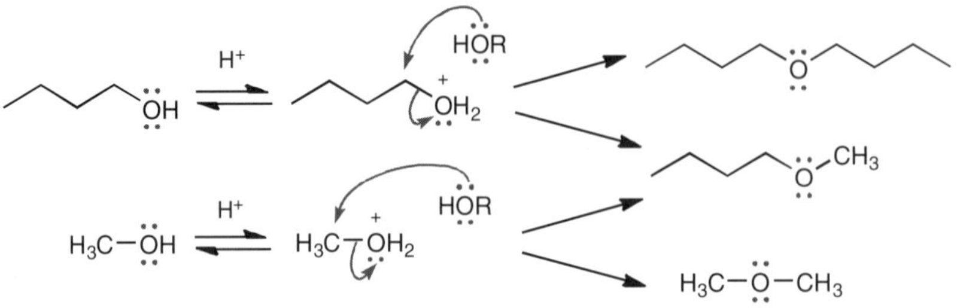

問題 14.22

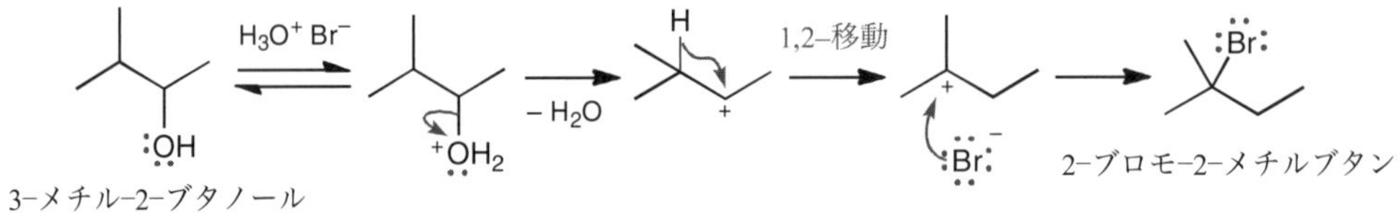

H3O+ Br−
1,2−移動
− H2O
3−メチル−2−ブタノール
2−ブロモ−2−メチルブタン

問題 14.23

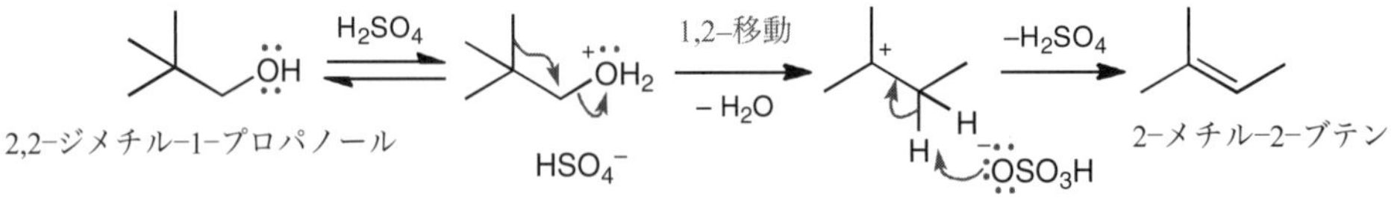

H2SO4
1,2−移動
− H2O
−H2SO4
2,2−ジメチル−1−プロパノール
HSO4−
2−メチル−2−ブテン

問題 14.24

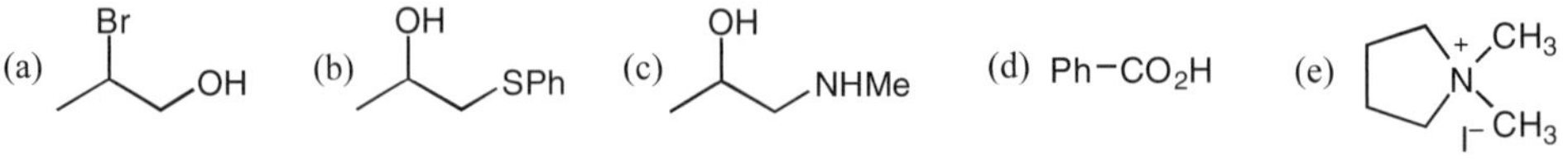

(a)
(b)
(c)
(d) Ph−CO2H
(e)

問題 14.25

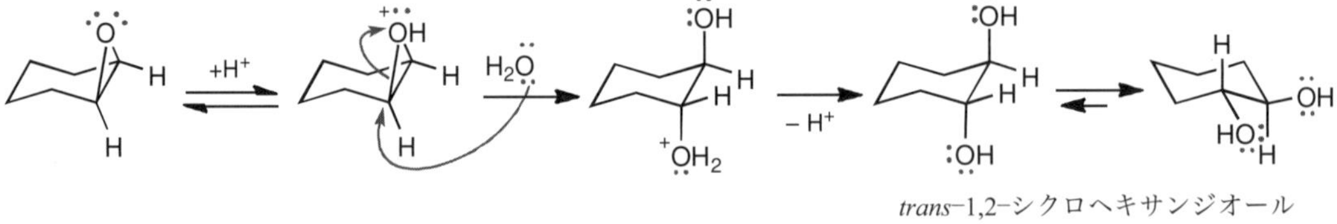

+H+
− H+
trans−1,2−シクロヘキサンジオール

問題 14.26

(a) 第一級アルコールは酸触媒 S_N2 機構で反応するので，ハロゲン化物イオンの求核性が高いほど反応が速くなる．

(b) 第三級アルコールは酸触媒 S_N1 機構で反応するので，律速段階にはハロゲン化物イオンは含まれていない．また，3 種類のハロゲン化水素酸はいずれも水溶液中で完全に解離しているので，プロトン化に関与するのはいずれも H_3O^+ であり，3 種類の HX の反応は同じ速度になる．

H3O+ X−
律速段階
− H2O

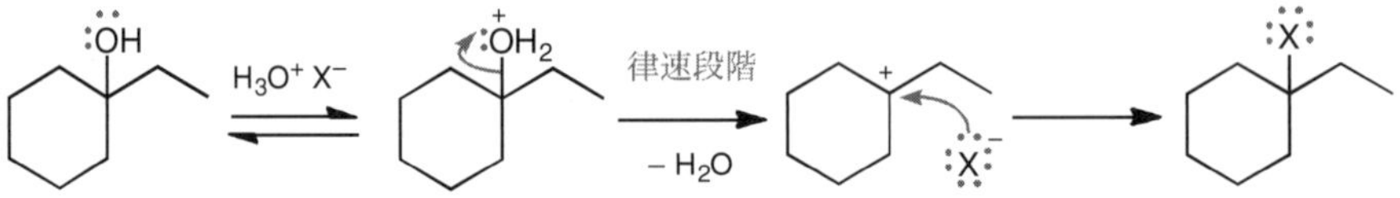

演習問題

14.01　次のアルコールを臭化水素酸と反応させたとき得られるおもな生成物の構造を示せ.

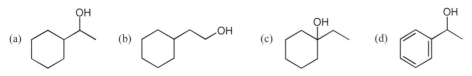

(a)　　　　　　　(b)　　　　　　　(c)　　　　　　　(d)

14.02　問題 14.01 の反応(a)〜(d)の相対速度を説明せよ.

14.03　エトキシベンゼンを HBr と反応させたとき, 反応がどのように進むか巻矢印を用いて示せ.

14.04　3–ブテン–2–オールを臭化水素酸で処理すると 3–ブロモ–1–ブテンと 1–ブロモ–2–ブテンが得られた. この反応の機構を書け.

14.05　2–エトキシ–2–メチルプロパンを H_2SO_4 水溶液で処理すると 2–メチル–2–プロパノールとエタノールに変換される.
（a）この反応の機構を示せ.
（b）出発エーテルの酸素を同位体 ^{18}O で標識した場合, ^{18}O はどちらの生成物に含まれるか.

14.06　次の化合物を濃臭化水素酸と加熱したときに得られる最終生成物は何か.

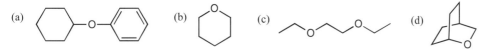

(a)　　　　　　　(b)　　　　　　　(c)　　　　　　　(d)

14.07　イソプロピルメチルエーテルを合成するために, メタノールと 2–プロパノールの混合物に触媒量の硫酸を加えて反応させたところ, 3 種類のエーテルが得られた.（a）副生成物として得られた 2 種類のエーテルは何か.（b）目的物を収率よく合成するためにはどうしたらよいか.

14.08　次のアルコールを硫酸水溶液で処理したときに得られるアルケンの構造を示し, 主生成物はどれになるか説明せよ.

(a)　　　　　　　(b)　　　　　　　(c)　　　　　　　(d)

14.09　次の反応の位置選択性を説明せよ.

H_3PO_4 触媒
加熱
$- H_2O$

64%　　　33%　　　3%

14.10　次のアルコールの酸触媒脱水反応における反応性の順を説明せよ.

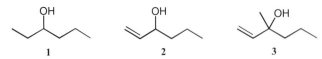

14.11　次の化合物を適当なアルコールから合成する方法を反応式で示せ.
(a) 1-クロロペンタン　　(b) 2-ヨードペンタン　　(c) ブロモシクロペンタン
(d) ペンタンニトリル(BuCN)　　(e) 3-ペンタンアミン

14.12　2,2-ジメチルシクロヘキサノールを酸性水溶液中で反応させると，4種類のアルケンが得られた．反応機構を書いて生成物の構造を示せ.

14.13　次の5種類のアルコールはいずれも酸触媒脱水反応により2-メチル-2-ブテンを主生成物として与える．この結果を説明せよ.

14.14　次の組合せで反応したときに生じる最初の主生成物は何か．また，それぞれの生成物をさらにエタノール中でナトリウムエトキシドと反応させたときに得られる最終生成物は何か.
(a) ベンジルアルコール　＋　$SOCl_2$
(b) 2-メチル-1-ブタノール　＋　PBr_3
(c) シクロヘキサノール　＋　塩化4-トルエンスルホニル　＋　ピリジン
(d) 2-クロロエタノール　＋　NaOH

14.15　塩化4-トルエンスルホニルを使って，(R)-2-ブタノールから(S)-2-メチルチオブタンを合成するための反応を段階的な式で示せ.

14.16　オキシラン(エチレンオキシド)を次の反応剤(と溶媒)と反応させ，水で後処理したときに得られる主生成物は何か.
(a) OH^-(H_2O)　　(b) CH_3OH, H^+　　(c) CH_3ONa (CH_3OH)　　(d) H_3O^+ Br^-
(e) CH_3CO_2H　　(f) $HOCH_2CH_2OH$, H^+　　(g) CH_3NH_2　　(h) PhLi (Et_2O)

14.17　フェニルオキシラン(スチレンオキシド)を(a) メタノール中ナトリウムメトキシドあるいは(b) 希薄な硫酸のメタノール溶液で処理したとき得られる主生成物は何か.

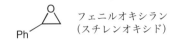

フェニルオキシラン(スチレンオキシド)

14.18　オキシラン(エチレンオキシド)と適当な反応剤を用いて次のアルコールを合成する方法を示せ.
(a) $CH_3CH_2CH_2OCH_2CH_2OH$　　(b) $CH_3CH_2CH_2CH_2CH_2OH$　　(c) $CH_3C\equiv CCH_2CH_2OH$
(d) $CH_3OCH_2CH_2OCH_2CH_2OH$　　(e) $PhOCH_2CH_2OH$

14.19 同位体炭素 ^{14}C で標識した 1-クロロメチルオキシラン(エピクロロヒドリン)を，ナトリウムメトキシドを含むメタノール中で反応させると転位を伴って置換反応が進む．この反応の機構を書け．

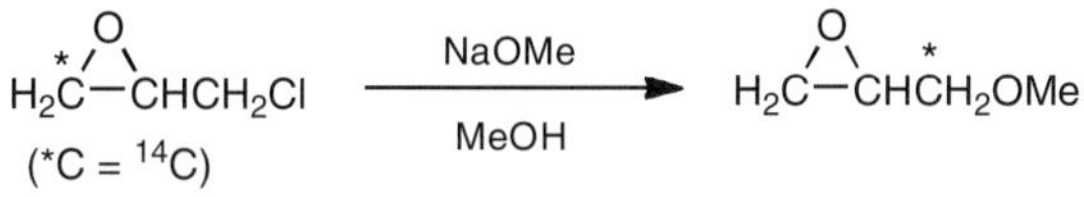

(*C = ^{14}C)

14.20 ベンジルアミンと次の反応剤(反応条件)との反応の主生成物は何か．
 (a) 過剰のヨードメタン　　(b) NaNO$_2$, H$_3$O$^+$ Cl$^-$, H$_2$O　　(c) H$_3$O$^+$ Br$^-$, H$_2$O　　(d) CH$_3$CO$_2$H

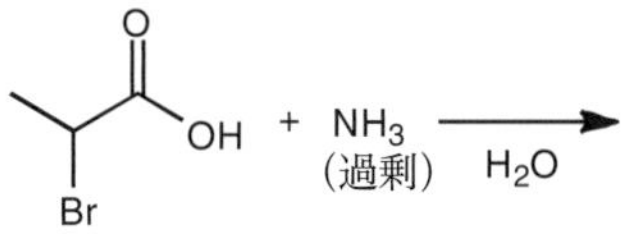

14.21 次の反応の主生成物は何か．

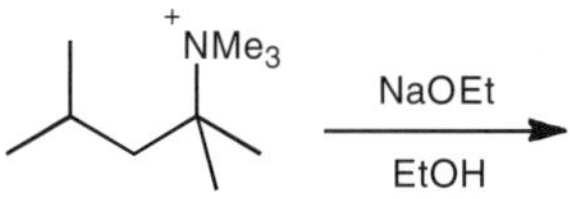

14.22 次の変換反応に必要な反応剤を示せ．

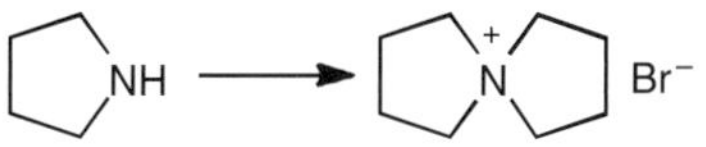

14.23 2-オクタノールの単一エナンチオマーをエタン酸のエステルに変換する方法として下に示すような二つの反応があり，それぞれ逆の符号の比旋光度をもったエステルを与える．それぞれのエステル生成物の構造を示し，その結果を説明せよ．

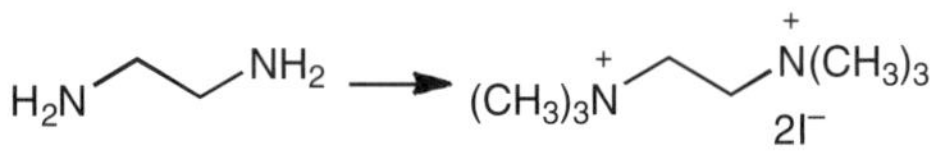

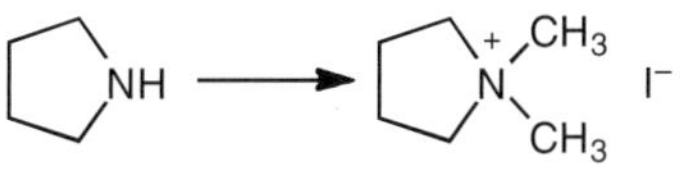

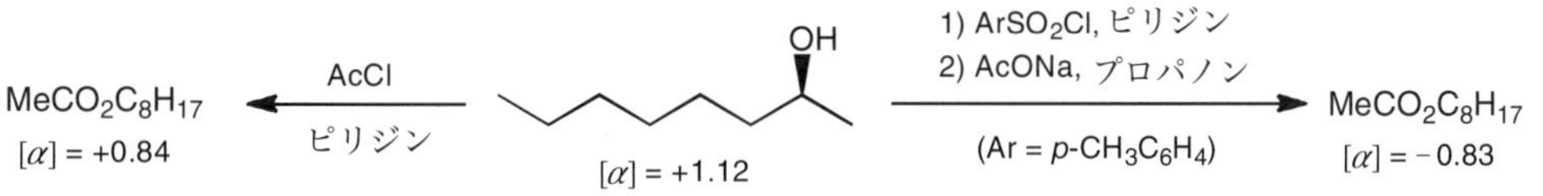

14.24(応用問題)　*trans*-2-メチルシクロヘキサノールは，酸触媒脱水反応によって 2-メチルシクロヘキセンを生成するのに対して，*trans*-1-ブロモ-2-メチルシクロヘキサンは塩基による脱離によって 3-メチルシクロヘキセンを生成するのはなぜか．

アルケンとアルキンへの付加反応 **15**

まとめ
Summary

❑ アルケンの π 結合は求核的であり，求電子種と反応して付加反応を起こす．**求電子付加**は求電子種との反応で**カルボカチオン**を生成し，ついで求核種が結合して付加を完結する（➡ 15.1 節）．

求電子種 E⁺ →

カルボカチオン
中間体

:Nu⁻ 求核種

❑ おもな求電子付加はハロゲン化水素の付加，酸触媒水和，ハロゲン付加，カチオン重合であり，エポキシ化とカルベン付加も求電子的である（反応例参照）．

❑ 求電子付加はより**安定なカルボカチオンを生成するような配向性**で起こる（Markovnikov 則，➡ 15.2.2 項）．

❑ アルキンも同じように反応するが，反応性は一般にアルケンよりも低い（➡ 15.2.3 項）．

❑ オキシ水銀化–脱水銀とヒドロホウ素化–酸化により得られるアルコールの配向性は逆になる（反応例参照）．

❑ 臭素化は，**ブロモニウムイオン**中間体を経て一般に立体特異的に**アンチ付加**で起こる（➡ 15.4 節）．

❑ エポキシ化（➡ 15.5 節）とカルベンの付加（➡ 15.6 節）は立体特異的に**シン付加**で起こり，三員環化合物（オキシラン，シクロプロパン）を生成する．

❑ 共役ジエンへの付加は，**アリル型カチオン**を中間体として 1,4-付加物と 1,2-付加物を与える．通常，**速度支配**の条件では **1,2-付加**が優先し，**熱力学支配**の条件では **1,4-付加**が優先する（➡ 15.8 節）．

❑ 共役ジエンとジエノフィルの Diels-Alder 反応は，環状 6 電子芳香族性遷移構造を経て協奏的に進み，シクロヘキセン誘導体を与える（➡ 15.9 節）．

❑ オゾン分解と OsO₄ によるシン-ジヒドロキシル化は，いずれも環状 6 電子遷移構造を経て最初に生成した環化生成物の分解で酸化生成物を与える（➡ 15.10 節）．

❑ アルケンの金属触媒による水素化はシン付加で起こる（➡ 15.11 節）．

反応例

ハロゲン化水素付加（➡ 15.2 節）：

Me
Ph ＝ CH₂ + HCl（気体） 0 ℃ → Me–C(Cl)–Me / Ph 収率 98%

+ HCl（気体） 5〜10 ℃ 8〜10 h → Cl 収率 80%

+ HCl（気体） < 0 ℃ → Cl 収率 80%

+ HI（KI + H⁺） KI, H₃PO₄ 80 ℃, 3 h → I 収率 90%

反応例

H₂O の付加(➡ 15.3 節)：

[酸触媒水和]

Ph⟶CH=CH₂ + H₂O →(50% H₂SO₄/H₂O, 25 ℃, 0.5 h)→ Ph–CH(OH)–CH₃ ＞92%

エノールエーテル + H₂O →(H₃O⁺ Cl⁻（触媒）, 室温, 0.5 h)→ [ヘミアセタール(水和物)] → HO⟶CHO （加水分解生成物） 収率 77%

[オキシ水銀化]

+ Hg(OAc)₂ →(H₂O, Et₂O, ＜25 ℃, 0.5 h)→ →(NaBH₄, NaOH, H₂O, Et₂O, 25 ℃, 2 h)→ 収率 73%

→(HgO, H₂SO₄, H₂O, 60 ℃, 1.5 h)→ 収率 66%

[ヒドロホウ素化]

→(BH₃·THF, ＜10 ℃, 2 h)→ ジシアミルボラン →(THF, 室温, 1 h)→ B–C₈H₁₇

→(H₂O₂, NaOH, H₂O, 30〜35 ℃,室温, 1.5 h)→ 収率 68% +

1) ジシアミルボラン THF, 0 ℃, 2 h
2) H₂O₂, NaOH, H₂O 室温, 3 h → 収率 90%

ROH の付加(➡ 15.3 節)：

+ （アルコールの保護）→(TsOH（触媒）, 60 ℃, 0.5 h)→ 収率 85%

+ HCO₂H →(還流, 4 h)→ (exo) 収率 92%

ハロゲンの付加(➡ 15.4 節)：

→(Br₂, EtOH, CCl₄, −5〜−1 ℃, 3 h)→ 収率 95%

Ph–CH=CH–CO₂Et →(Br₂, CCl₄, 0 ℃, 1 h)→ 収率 85%

Ph–CH=CH–Ph →(NBS, H₂O, DMSO, 50〜55 ℃, 15 min)→ 収率 85%

→(Cl₂, Et₂O, −30〜−10 ℃)→

→(HOCl, H₂O, 15〜20 ℃)→ 収率 72%

反 応 例

エポキシ化：(➡ 15.5 節)：

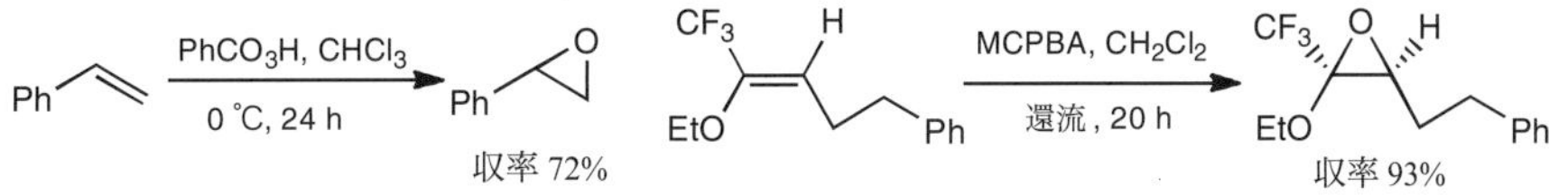

Ph
$PhCO_3H$, $CHCl_3$
0 ℃, 24 h
Ph
O
収率 72%
CF_3
H
EtO
Ph
MCPBA, CH_2Cl_2
還流 , 20 h
CF_3
O
H
EtO
Ph
収率 93%

カルベン付加(➡ 15.6 節)：

CH_2I_2, Zn(Cu)
Et_2O, 還流 , 15.5 h
収率 57%
$OSiMe_3$
CH_2I_2, Et_2Zn
Et_2O,還流 , 8 h
$OSiMe_3$
収率 80%
Cl
Cl
$CHCl_3$, t–BuOK, Et_2O
−30 ℃→0 ℃, 0.5 h
収率 43%

Diels-Alder 反応(➡ 15.9 節)：

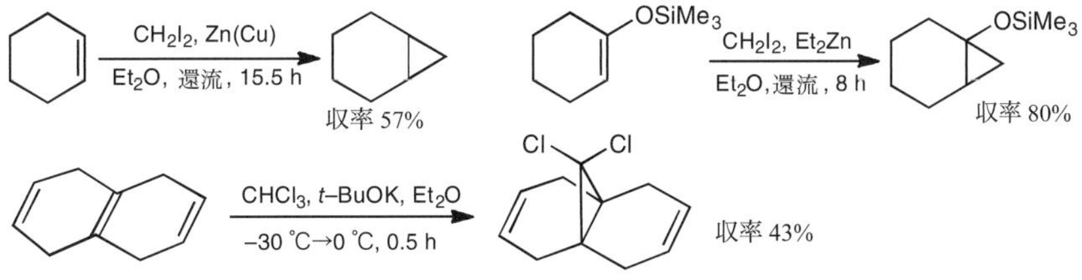

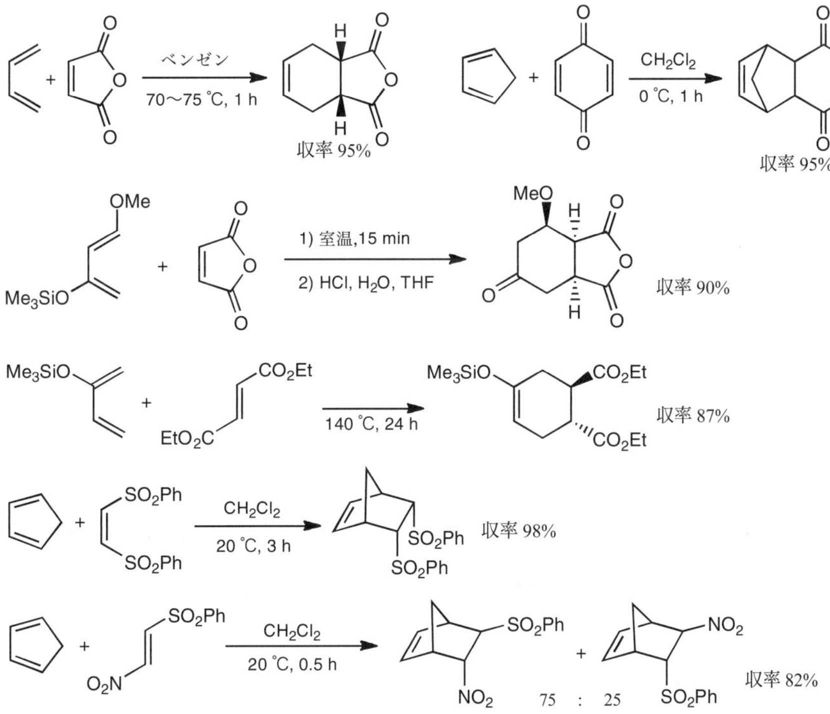

ベンゼン
70〜75 ℃, 1 h
H
H
収率 95%
CH_2Cl_2
0 ℃, 1 h
収率 95%
OMe
Me_3SiO
1) 室温,15 min
2) HCl, H_2O, THF
MeO
H
H
収率 90%
Me_3SiO
CO_2Et
EtO_2C
140 ℃, 24 h
Me_3SiO
CO_2Et
CO_2Et
収率 87%
SO_2Ph
SO_2Ph
CH_2Cl_2
20 ℃, 3 h
SO_2Ph
SO_2Ph
収率 98%
SO_2Ph
O_2N
CH_2Cl_2
20 ℃, 0.5 h
SO_2Ph
NO_2
NO_2
SO_2Ph
75 : 25
収率 82%

オゾン分解(➡ 15.10.1 項)：

CHO
CHO
収率 85%
1) O_3, MeOH, CH_2Cl_2, −70 ℃
2) $(MeO)_3P$, −20 ℃
1) O_3, MeOH, CH_2Cl_2, −78 ℃
2) Ac_2O, Et_3N, 0 ℃, 4 h
CO_2Me
CHO
収率 70%
1) O_3, MeOH, CH_2Cl_2, −78 ℃
2) TsOH, −70 ℃ →室温
3) Ac_2O, Et_3N
CO_2Me
$CH(OMe)_2$
収率 80%
MeO_2C
Ph
MeO_2C
H
1) O_3, CH_2Cl_2, 0 ℃
2) Me_2S, 0 ℃, 1 h
0 ℃→室温, 2 h
MeO_2C
O
MeO_2C
Ph
O
H
収率 76%

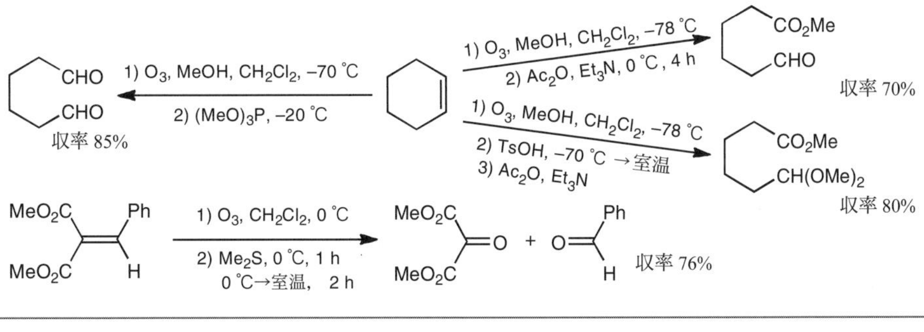

反 応 例

ジヒドロキシル化（➡ 15.10.2 項）：

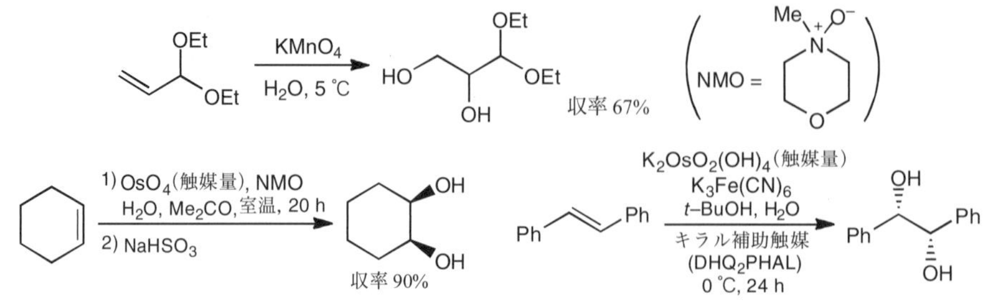

水素化（➡ 15.11 節）：

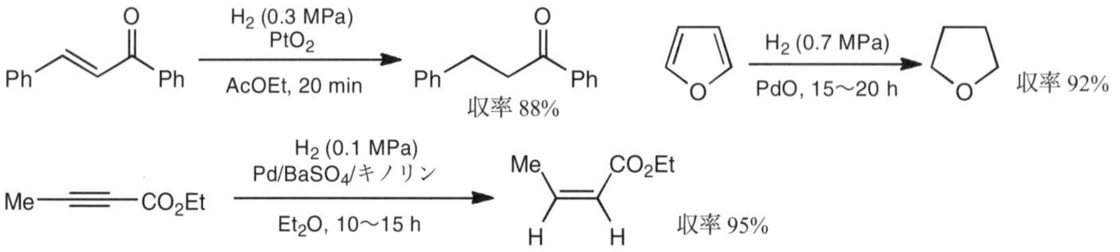

問題解答

問題 15.1

(a)

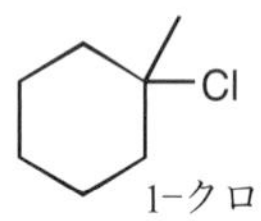

1-クロロ-1-メチルシクロヘキサン

(b)

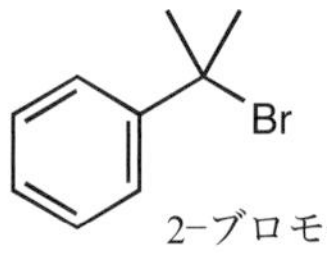

2-ブロモ-2-フェニルプロパン

問題 15.2

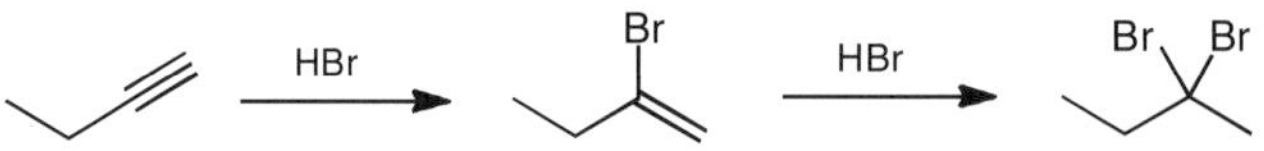

1-ブチン　　2-ブロモ-1-ブテン　　2,2-ジブロモブタン

問題 15.3

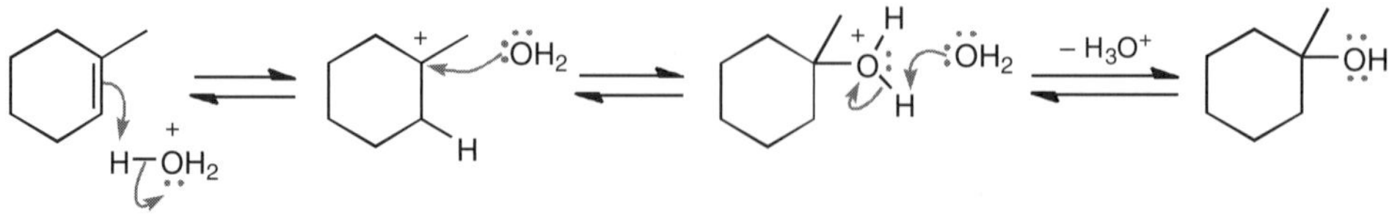

問題 15.4

(a)

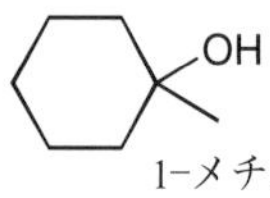

1-メチルシクロヘキサノール

(b)

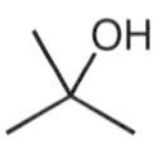

2-メチル-2-プロパノール
（t-ブチルアルコール）

問題 15.5

(a) 1) BH₃ / THF 2) H₂O₂ / NaOH

(b) 1) Hg(OAc)₂ / H₂O 2) NaBH₄　または　1) BH₃ / THF 2) H₂O₂ / NaOH

(c) 1) Hg(OAc)₂ / H₂O 2) NaBH₄

問題 15.6

(a) 　(b)

問題 15.7

(a) 　(b) 　(c) （ラセミ体）　(d) （ラセミ体）

問題 15.8

（ラセミ体）

問題 15.9

問題 15.10

(a) 　(b) 　(c)

(a) において，1,2-と 1,4-付加物の構造は同じになることに注意せよ．

問題 15.11

4-メチル-1,3-ペンタジエン

1,2-付加物（より安定）　　1,4-付加物

1,2-付加物の二重結合には三つ置換基があるのに対して，1,4-付加物は二置換アルケンである．したがって，1,2-付加物のほうが安定である．

問題 15.12

(a)

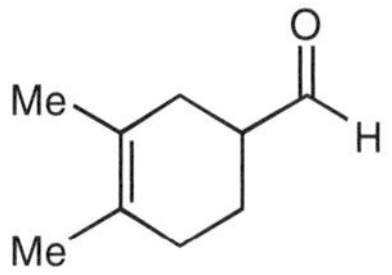

(b) 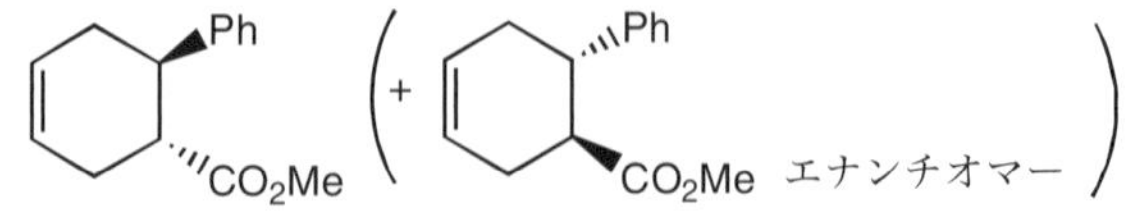 （+ エナンチオマー）

問題 15.13

(a)  エンド　+　 エキソ

(b) 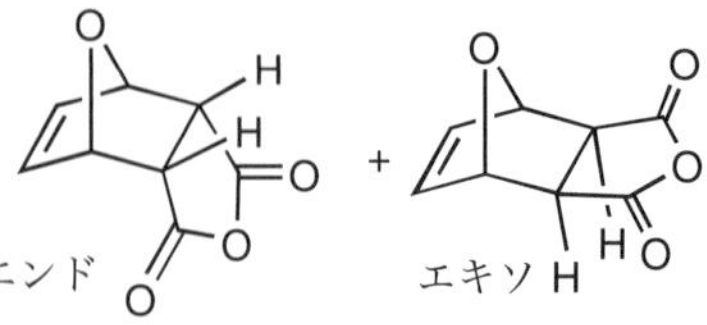 エンド　+　 エキソ

問題 15.14

(a)

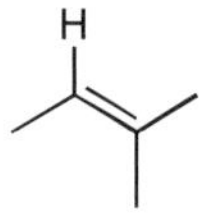

(b)

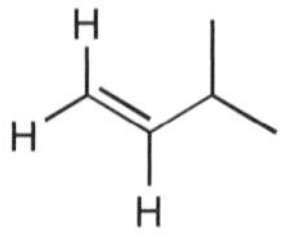

(c)

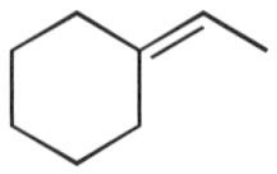

(d)

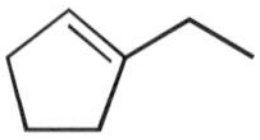

章末問題解答

問題 15.15

(a) 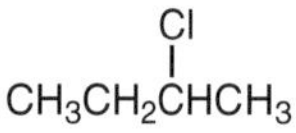 $CH_3CH_2\overset{Cl}{\underset{|}{C}}HCH_3$

(b) 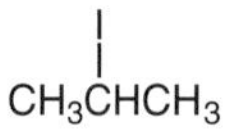 $CH_3\overset{I}{\underset{|}{C}}HCH_3$

(c)

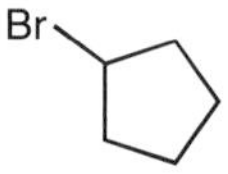

(d)

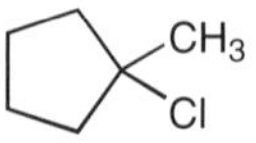

問題 15.16

(a)

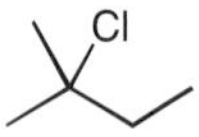

(b)

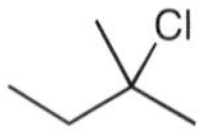

(c)

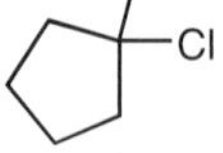

(d)

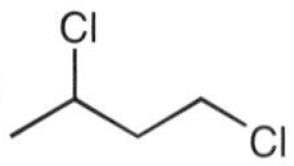

(e)

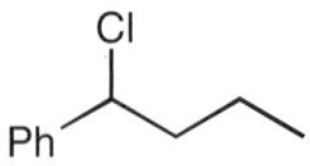

問題 15.17

(a) 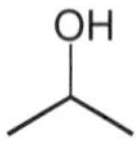 2-プロパノール

(b) 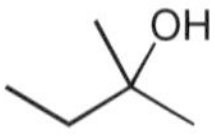 2-メチル-2-ブタノール

(c) 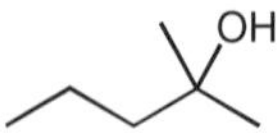 2-メチル-2-ペンタノール

問題 15.18

(a) 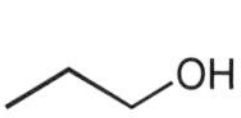 1-プロパノール

(b) 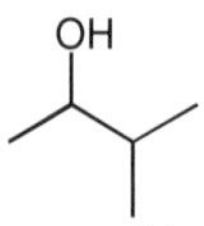 3-メチル-2-ブタノール

(c) 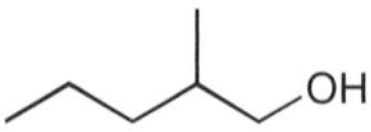 2-メチル-1-ペンタノール

問題 15.19

(a) 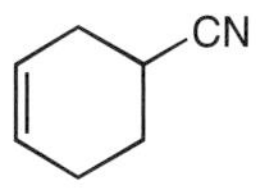 　(b) 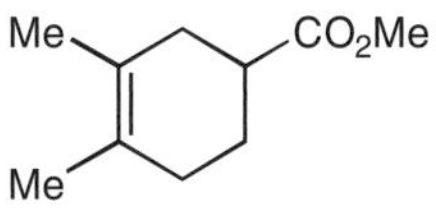 　(c) 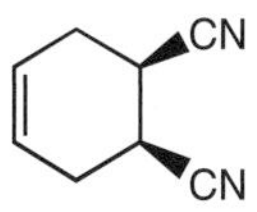 　(d)

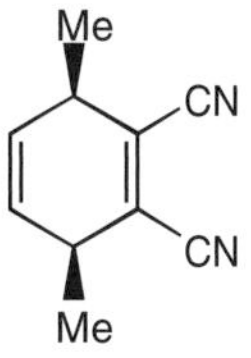

問題 15.20

(a)

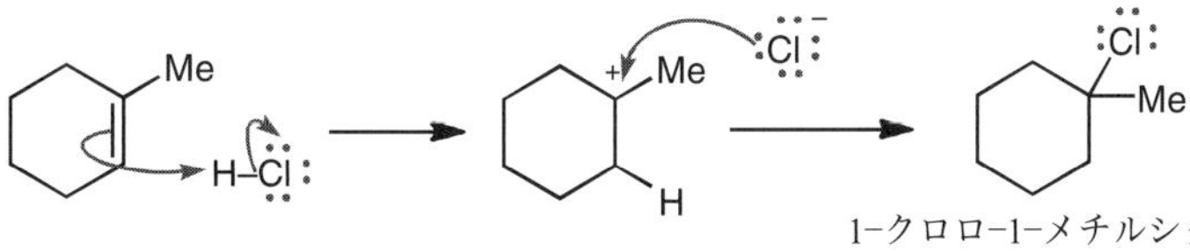

1-クロロ-1-メチルシクロヘキサン

(b)

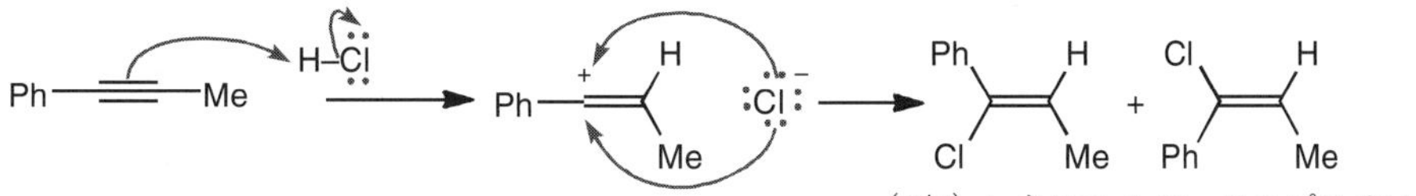

(Z/E)-1-クロロ-1-フェニルプロペン

問題 15.21

エタン酸中における HBr の付加に対する反応性は，アルケンのプロトン化で生じるカルボカチオンの安定性の順になる．

(a) これらのアルケンから生成するカルボカチオンは，第一級(溶液中で生成する可能性は低い)＜第二級＜第三級の順に安定になる．

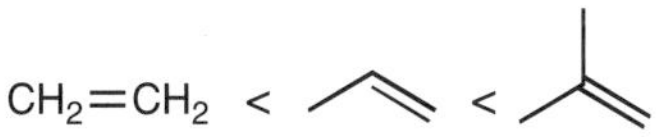

$$CH_2{=}CH_2 \; < \; \text{(図)} \; < \; \text{(図)}$$

(b) ハロアルケンから生成するカルボカチオンは，ハロゲンの電子求引性のために不安定になるので，カチオンの安定性の順に対応してアルケンの反応性が決まる．

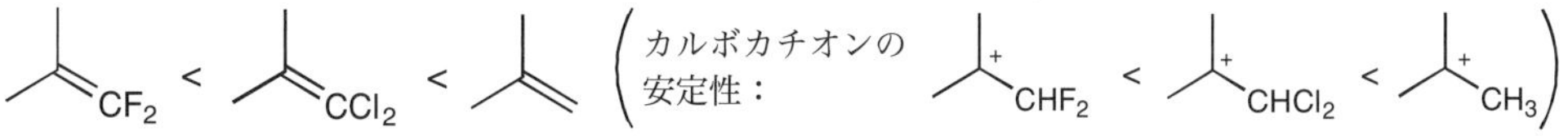

問題 15.22

(a)

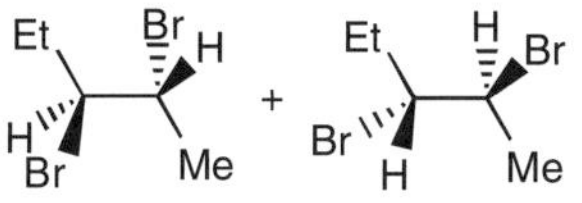

(2R,3S)　(2S,3R)
2,3-ジブロモペンタン

(b)

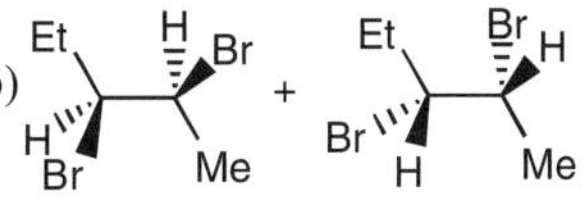

(2S,3S)　(2R,3R)
2,3-ジブロモペンタン

(c)

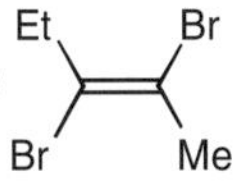

(E)-2,3-ジブロモ-2-ペンテン

問題 15.23

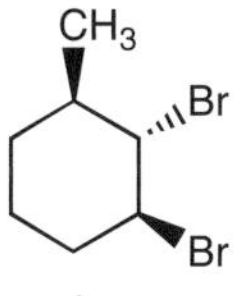

1 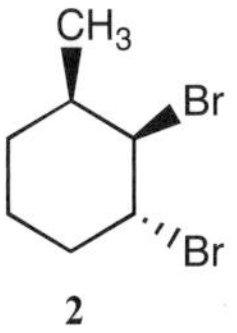　2 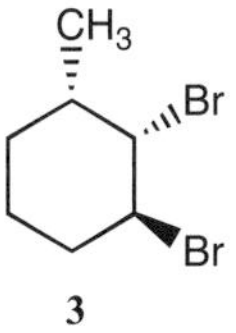　3 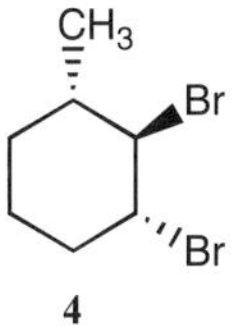　4

Br$_2$ がアンチ付加すると，二つの Br はトランスの関係になっている(1 と 4，2 と 3 はそれぞれ互いにエナンチオマーである)．

問題 15.24

プロペンのプロトン化で生じたカルボカチオンがメタノールで捕捉される.

問題 15.25

メチレンシクロヘキサン   1-メチルシクロヘキセン

問題 15.26

(a)
1) BH₃ / THF
2) H₂O₂ / NaOH

(b)
Hg(OAc)₂ / H₂O
H₂SO₄

問題 15.27

1,3-ブタジエンに求電子種が付加するとアリル型カチオンが生成し, この中間体は C2 と C4 で反応できる. 低温では速度論的に有利な求核種の C2 への反応が起こり, 1,2-付加物を与えるが, 高温になると逆反応が起こりやすくなり, 熱力学的により安定な 1,4-付加物が優勢になる.

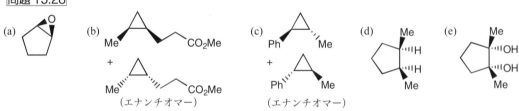

+ Br₂ → [アリル型カチオン] ⇌   3,4-ジブロモ-1-ブテン   +   1,4-ジブロモ-2-ブテン
1,2-付加物   1,4-付加物

問題 15.28

(a)

(b)
Me   CO₂Me
+
Me   CO₂Me
（エナンチオマー）

(c)
Ph   Me
+
Ph   Me
（エナンチオマー）

(d)
Me   H   H   Me

(e)
Me   OH   OH   Me

演習問題

15.01 次のアルケンをエタン酸中で HCl と反応させたときに得られる主生成物の構造を示せ.

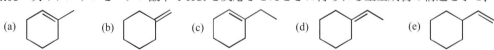

(a)   (b)   (c)   (d)   (e)

15.02 問題 15.01 にあげたアルケンをメタノール中で Br₂ と反応させたときに得られる主生成物の構造を示せ. 立体化学も明らかにすること.

15.03　1-ブテンを次の反応剤（反応条件）と反応させたときに得られる主生成物の構造式を書け．ただし，立体化学は示さなくてよい．

(a) HBr/AcOH 　　(b) H₂SO₄(触媒量)＋H₂O 　　(c) Br₂/CCl₄ 　　(d) Br₂/MeOH
(e) BH₃/THF ついで H₂O₂/HO⁻ 　　(f) Hg(OAc)₂/H₂O ついで NaBH₄/HO⁻
(g) CF₃CO₃H 　　(h) CHCl₃/t-BuOK

15.04　次の反応の主生成物は何か．主生成物として立体異性体を生じる場合には立体化学も示すこと．

(a) 　+ H₂O $\xrightarrow{\text{H}_2\text{SO}_4}$

(b) $\xrightarrow{\text{Br}_2,\ \text{H}_2\text{O}}$

(c) $\xrightarrow[\text{2) H}_2\text{O}_2,\ \text{NaOH}]{\text{1) BH}_3,\ \text{THF}}$

(d) $\xrightarrow[\text{2) Me}_2\text{S}]{\text{1) O}_3}$

(e) $\xrightarrow[\text{CCl}_4]{\text{Br}_2\ (1\ \text{当量})}$

(f) $\xrightarrow[\text{AcOH}]{\text{HBr}(\text{過剰})}$

15.05　1,2-ジメチルシクロペンテンを AcOH 中で HBr と反応させると，立体異性体の混合物が得られる．生成物の構造を示し，キラル中心の R, S 配置を帰属せよ．また，これらの異性体の中で原理的に等量生成するものとそうでないものを指摘せよ．

15.06　1,2-ジメチルシクロペンテンを CCl₄ 中で Br₂ と反応させると何種類の立体異性体が得られるか．それらの構造を示し，その関係を説明せよ．

15.07　次の化合物を硫酸水溶液中で反応させたときに起こる反応を段階的に書き，最終生成物の構造を示せ．
(a) 1-メチルシクロヘキセン 　　(b) 1-メトキシシクロヘキセン

15.08　シクロペンテンへの Br₂ の付加反応の機構を書け．

15.09　ジアゾメタンの構造を共鳴で表せ．

15.10　次の反応の主生成物の構造式を書け．

(a) (Z)-2-ブテン + CHCl₃ $\xrightarrow{t-\text{BuOK}}$

(b) (E)-2-ブテン + CH₂I₂ $\xrightarrow[\text{ベンゼン}]{\text{ZnEt}_2}$

(c) + PhCH₂Br $\xrightarrow[\text{NaOH, H}_2\text{O, CH}_2\text{Cl}_2]{\overset{+}{\text{PhCH}_2\text{NEt}_3}\ \text{Cl}^-}$

(d) (Z)-2-ブテン + CH₃CHI₂ $\xrightarrow[\text{Et}_2\text{O}]{\text{Zn-Cu}}$
(立体異性体二つ)

15.11　2-メチルプロペンあるいはスチレン（フェニルエテン）がカチオン重合して得られるポリマーの主鎖の構造を示せ．

15.12   同じ炭素数の適当なアルケンを出発物として，次の異性体アルコールをそれぞれ合成するための反応を書け．

(a) 2-メチル-1-ペンタノール   (b) 2-メチル-2-ペンタノール   (c) 2-メチル-3-ペンタノール

(d) 4-メチル-2-ペンタノール   (e) 4-メチル-1-ペンタノール

15.13   硫酸水溶液中で硫酸水銀存在下にプロピンからプロパノンが生成する反応の機構を書け．

15.14   エタン酸中で 3,3-ジメチル-1-ブテンを HCl と反応させると次のように二つの生成物が得られる．この反応の機構を示せ．

15.15   3-メチル-1-ブテンの酸触媒水和反応には転位が伴う．

(a) 反応機構を書いて生成物の構造を示せ．

(b) このアルケンから転位していない 2 種類のアルコールを合成するにはどうしたらよいか．それぞれ反応式で示せ．

15.16   次の反応の機構を示せ．

15.17   次の Diels-Alder 反応の生成物の構造を示せ．エナンチオマーが生成するときにはその構造式も書くこと．

15.18   3-メチレンシクロヘキセンは共役ジエンであるにもかかわらず，無水マレイン酸と Diels-Alder 反応を起こさない．その理由を説明せよ．

15.19   シクロヘキセンのオゾン分解に続いてジメチルスルフィドで処理すると何が生成するか，反応式を書いて示せ．

15.20   2-ペンテンの E 異性体と Z 異性体について，次の反応の主生成物をそれぞれ三次元式で示し，キラル中心の R, S 配置を帰属せよ．

(a) CCl_4 中 Br_2 との反応   (b) OsO_4 との反応，ついで $NaHSO_3$ 水溶液で処理．

15.21 化合物(**A**)〜(**D**)の構造式を書いて，次の反応を完成せよ．

(a) 〈cyclohexene〉 $\xrightarrow[\text{0 ℃}]{\text{Cl}_2,\ \text{H}_2\text{O}}$ (**A**) $\xrightarrow[\text{H}_2\text{O}]{\text{NaOH}}$ (**B**)　　(b) 〈cyclohexene〉 $\xrightarrow{\text{CH}_3\text{CO}_3\text{H}}$ (**C**) $\xrightarrow[\text{H}_2\text{O}]{\text{NaOH}}$ (**D**)

15.22 メチル置換アルケンの酸触媒水和反応と臭素付加における速度定数の相対値は，下に示すように
なっている．水和反応ではプロペンと(*E*)-2-ブテンの反応性がよく似ているのに対して，2-メチルプ
ロペンの反応性は非常に高い．一方，臭素化ではプロペン ＜ (*E*)-2-ブテン ＜ 2-メチルプロペンの順
にゆっくりと反応性が高くなっている．これらの結果を説明せよ．

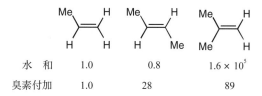

	Me—H / H—H	Me—H / H—Me	Me—H / Me—H
水　和	1.0	0.8	1.6×10^5
臭素付加	1.0	28	89

芳香族求電子置換反応　16

ま と め
Summary

❑ ベンゼンの環状 6π 電子系は芳香族の特別な安定性（芳香族性）をもっているので，**芳香族性を保持**するように置換反応が起こる（➡ 16.2 節）．

❑ **求電子置換反応**は求電子種の付加とプロトンの脱離という 2 段階の**付加-脱離機構**で起こり，中間体は**ベンゼニウムイオン**である（➡ 16.2 節）．

❑ 求電子置換反応にはハロゲン化，ニトロ化，スルホン化，Friedel-Crafts アルキル化，アシル化がある（反応例参照）．

❑ 置換ベンゼンがさらに反応する場合には，より安定なベンゼニウムイオン中間体を生成するような**位置選択性**（配向性）で反応する（➡ 16.4 節）．

❑ 置換基には活性化（電子供与性）基と不活性化（電子求引性）基があり，**活性化基とハロゲンはオルト・パラ配向性**を示すが，ハロゲン以外の**不活性化基はメタ配向性**を示す（➡ 16.4 節）．

❑ 二置換ベンゼンにさらに求電子置換するとき，配向性はより強い活性化基に支配される（➡ 16.4.4 項）．

❑ アニリンとフェノールは非常に反応性が高い（➡ 16.5，16.6 節）．

❑ Friedel-Crafts 反応は不活性な誘導体には起こらず，アルキル化はアルキル転位や多置換体生成が問題になる（➡ 16.7.1 項）．

❑ 多段階合成においては，配向性の制御のために NH$_2$（NHAc）と SO$_3$H 基を用いることができ，反応の順序が問題になることもある（➡ 16.7.3 項）．

反 応 例

ハロゲン化（➡ 16.3.1 項）：

反 応 例

トルエン + Cl₂ → AcOH, 25 ℃ → o-クロロトルエン (60) ： p-クロロトルエン (40)

アントラニル酸 → Cl₂, HCl, H₂O, < 30 ℃ → 3,5-ジクロロアントラニル酸

ベンゼン → I₂, HNO₃, 50 ℃ → ヨードベンゼン　収率 86%

二トロ化(➡ 16.3.2 項)：

トルエン → HNO₃, H₂SO₄, 30 ℃ → o-ニトロトルエン (62) ： p-ニトロトルエン (33) ： m-ニトロトルエン (5)

PhCH₂CN → HNO₃, H₂SO₄, 20 ℃ → p-O₂N-C₆H₄-CH₂CN　収率 52%

安息香酸メチル → HNO₃, H₂SO₄, 5〜15 ℃ → m-ニトロ安息香酸メチル　収率 83%

p-メトキシアセトアニリド → HNO₃, 60〜65 ℃ → 収率 77%

p-シメン(i-Pr-C₆H₄-Me) → HNO₃, H₂SO₄, AcOH, −15〜−10 ℃ → 収率 80%

スルホン化(➡ 16.3.3 項)：

o-ニトロトルエン → SO₃–H₂SO₄（発煙硫酸）, 100 ℃, 1h → 収率 89%

フェノール → H₂SO₄, 100 ℃, 3 h → フェノール-2,4-ジスルホン酸

アセトアニリド → HOSO₂Cl, 60 ℃, 2 h → 収率 80%

［脱スルホン酸］

→ H₂SO₄, H₂O, 還流, 1 h →

Friedel-Crafts アシル化(➡ 16.3.5 項)：

p-シメン + MeCOCl → AlCl₃, CS₂, −5〜5 ℃ → 収率 53%

アセトアニリド + ClCH₂COCl → AlCl₃, CS₂, 還流, 0.5 h → 収率 80%

ベンゼン + γ-ブチロラクトン → AlCl₃, ベンゼン, 還流, 16 h → 1-テトラロン　収率 94%

反 応 例

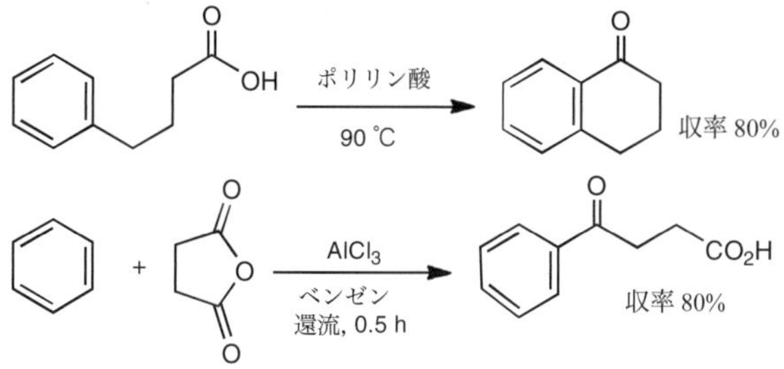

ポリリン酸
90 ℃
収率 80%

+ AlCl₃ ベンゼン 還流, 0.5 h
収率 80%

[Vilsmeier 反応]

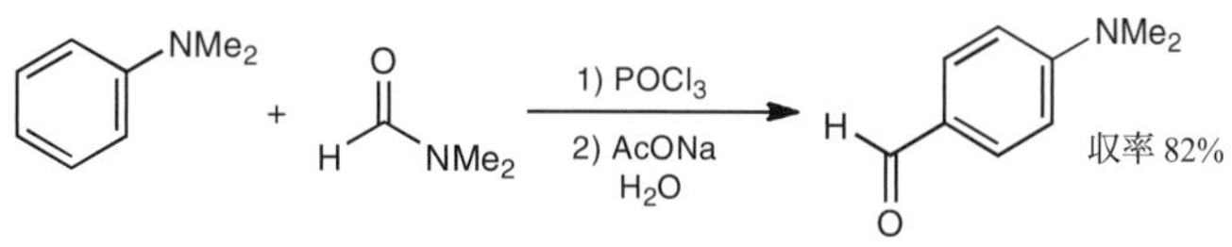

NMe₂ + $\overset{O}{\underset{H}{\parallel}}$NMe₂
1) POCl₃
2) AcONa H₂O
収率 82%

問題解答

問題 16.1

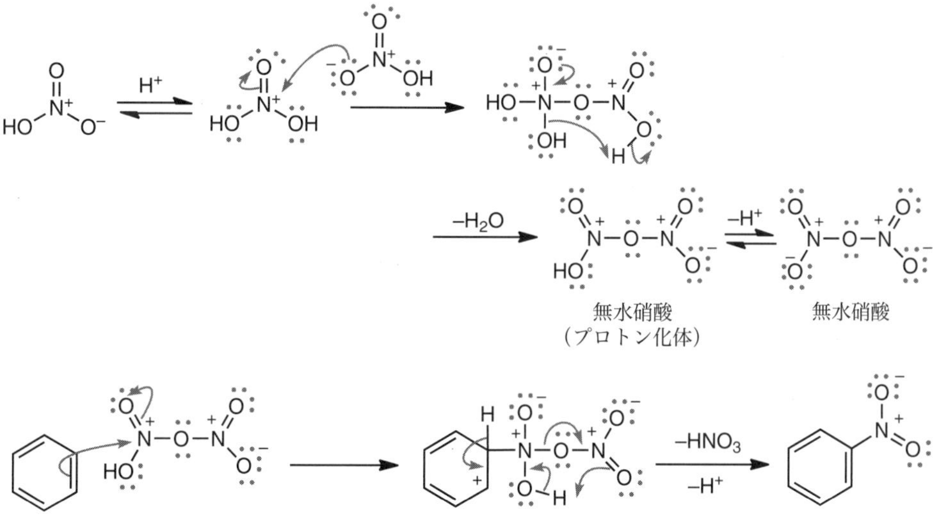

－H₂O

無水硝酸
（プロトン化体）

無水硝酸

－HNO₃
－H⁺

問題 16.2

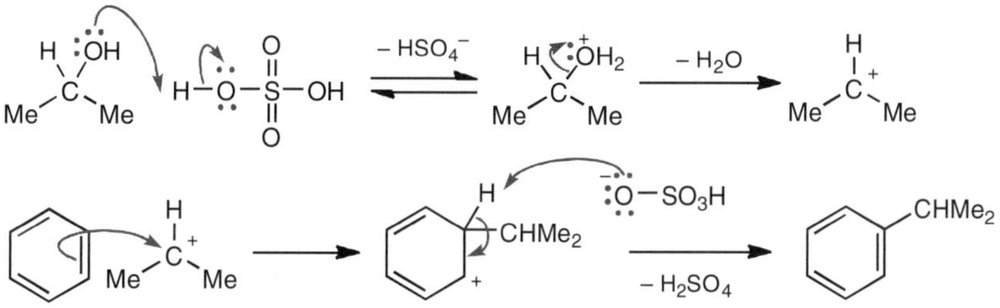

－ HSO₄⁻

－ H₂O

－ H₂SO₄

問題 16.3

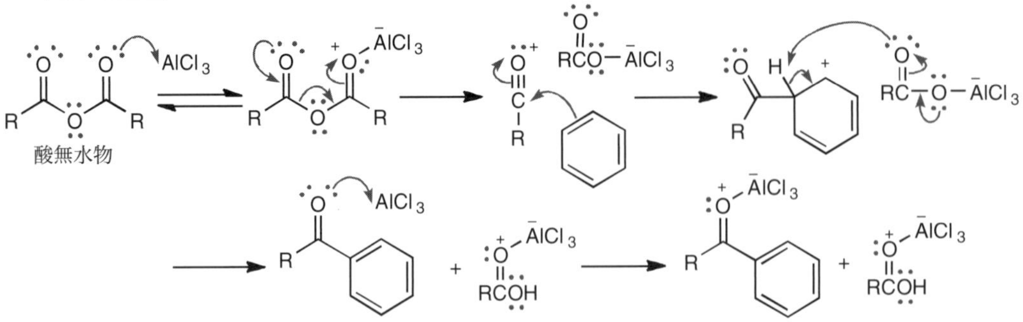

　反応式に示したように，AlCl₃ に生成物のケトンと副生物のカルボン酸のカルボニル基が配位するために触媒は不活性になる．

問題 16.4

(a) 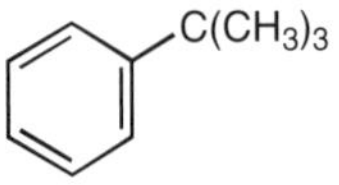 C(CH₃)₃

(b) 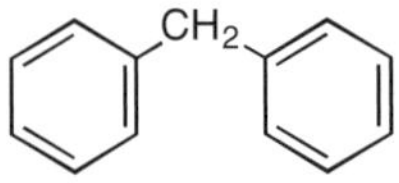 CH₂

(c)

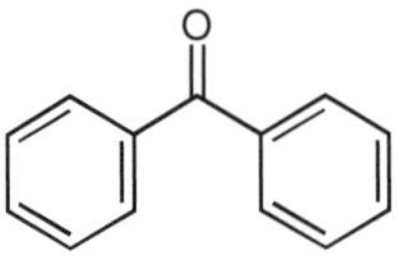

(d) 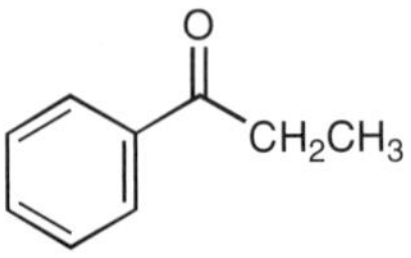 CH₂CH₃

問題 16.5

(a)

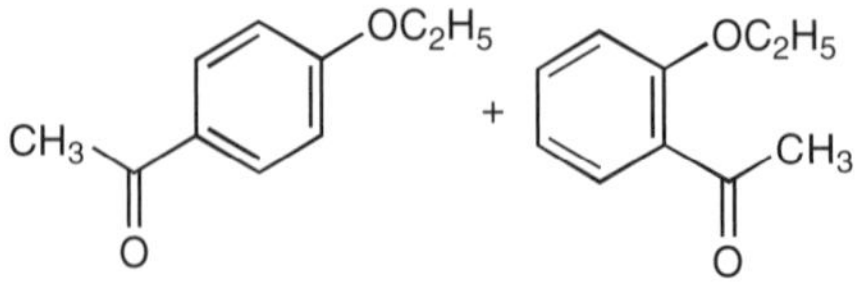

(b)

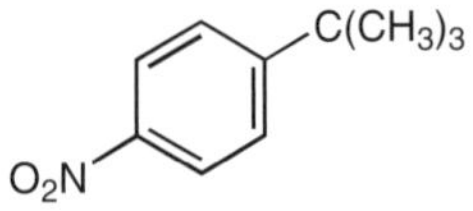

(c)

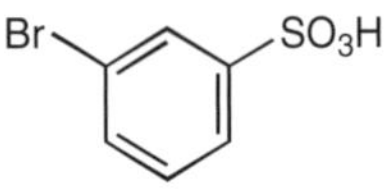

(d)

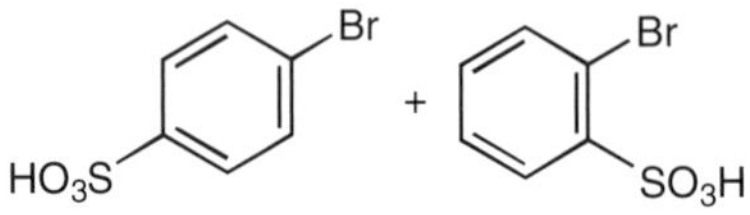

問題 16.6

(a)

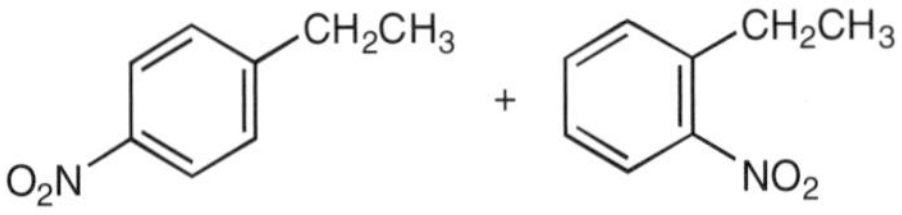

(b)

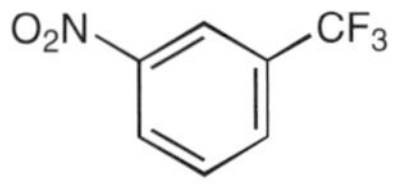

(c)

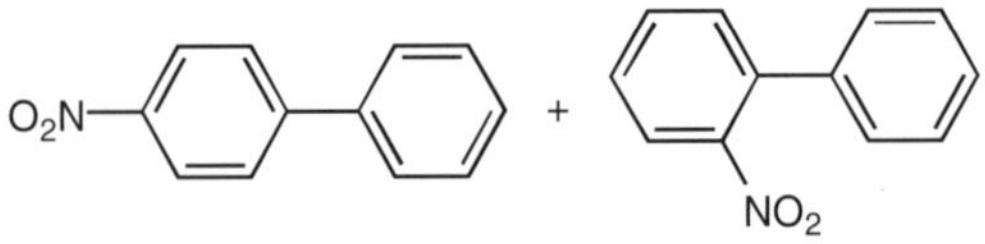

(d)

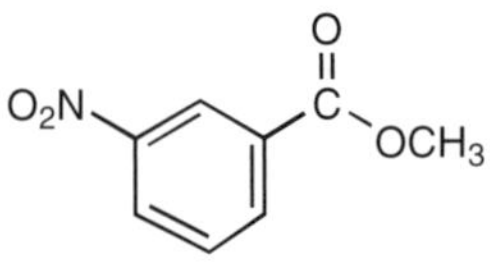

(e)

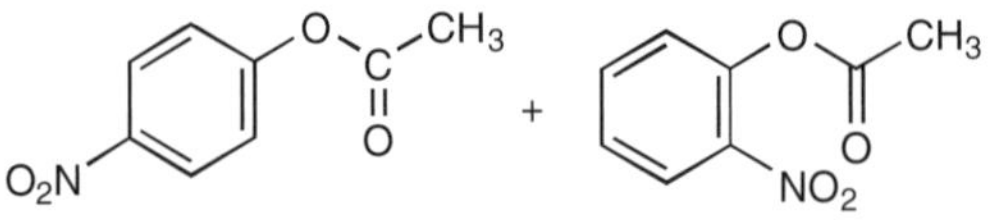

問題 16.7

(a)

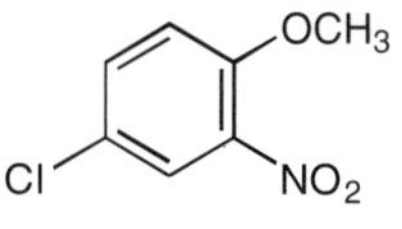

(b)

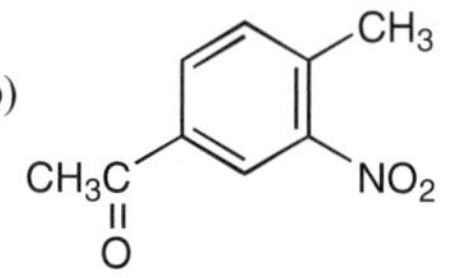

(c)

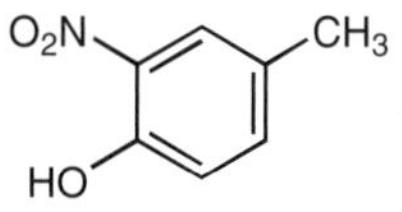

(d)

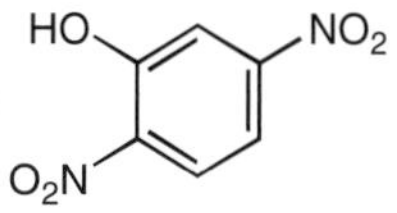

(e)

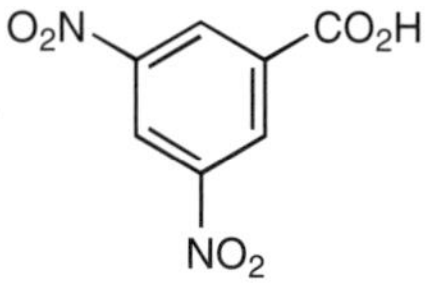

(f)

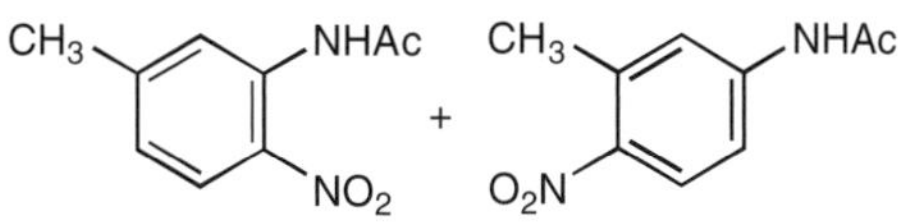

問題 16.8

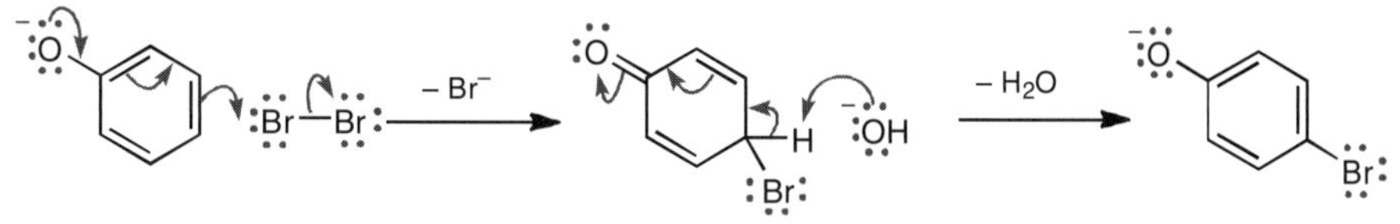

問題 16.9

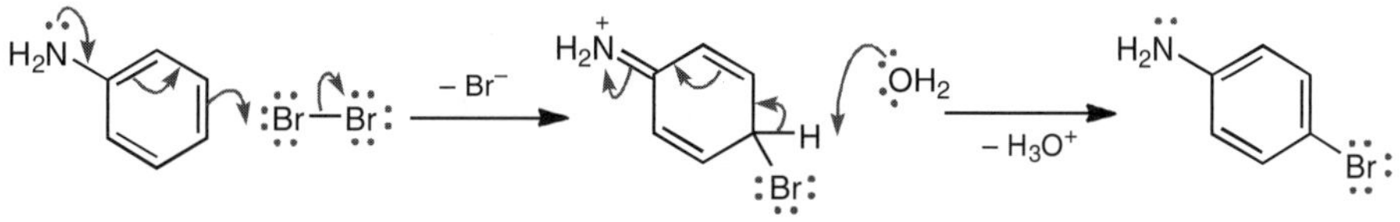

問題 16.10

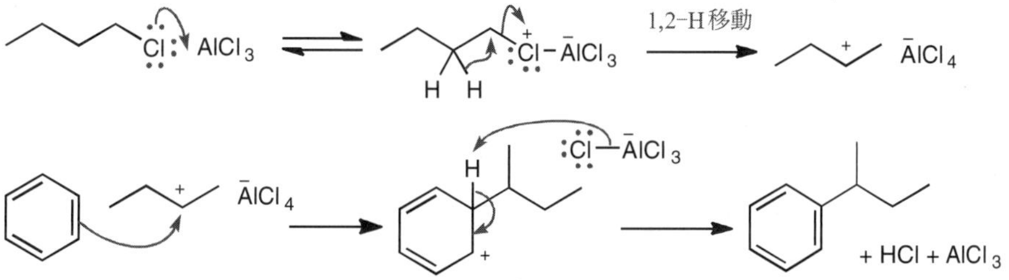

問題 16.11

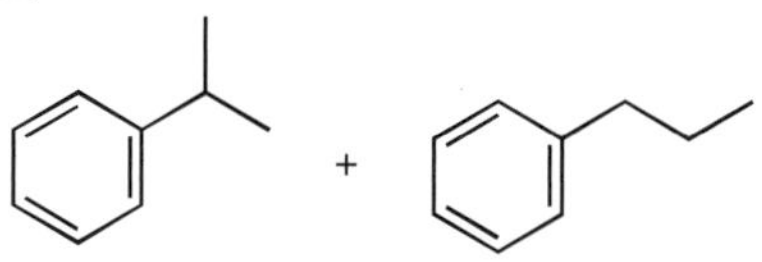

イソプロピルベンゼン　　プロピルベンゼン　　二つの生成物の比は反応条件による

問題 16.12

(a)

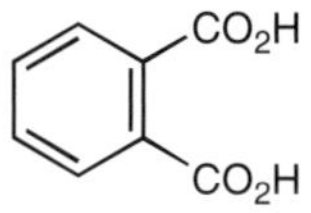

(b)

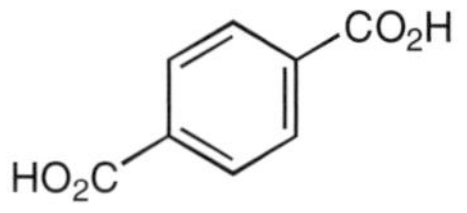

問題 16.13

(a)

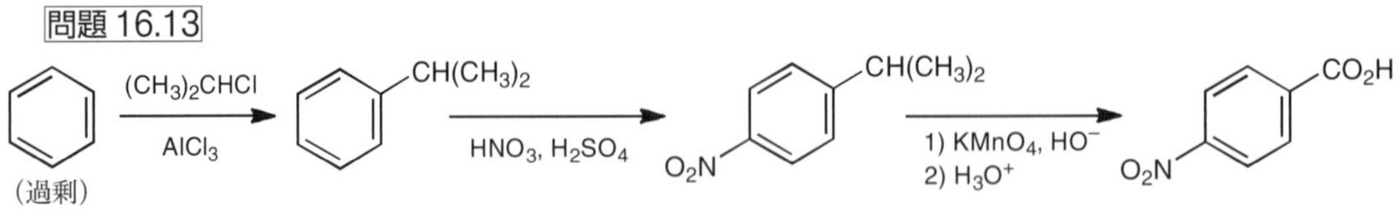

(b)

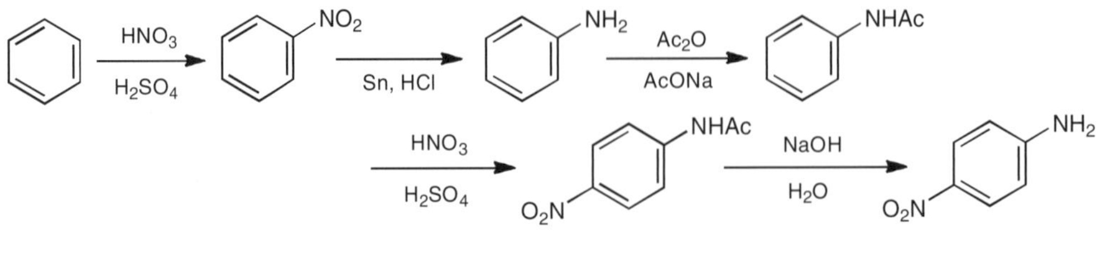

(c)

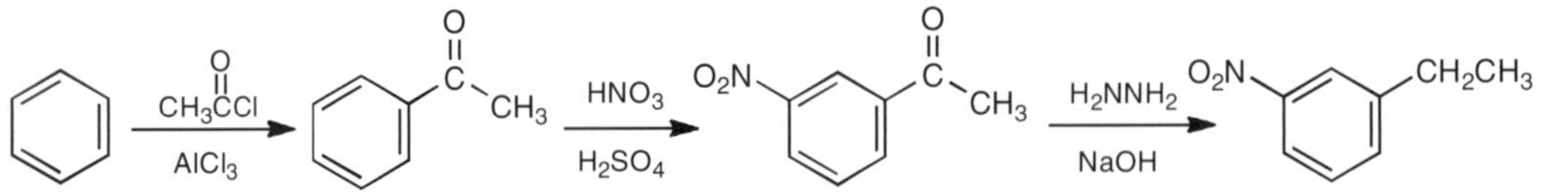

(d)

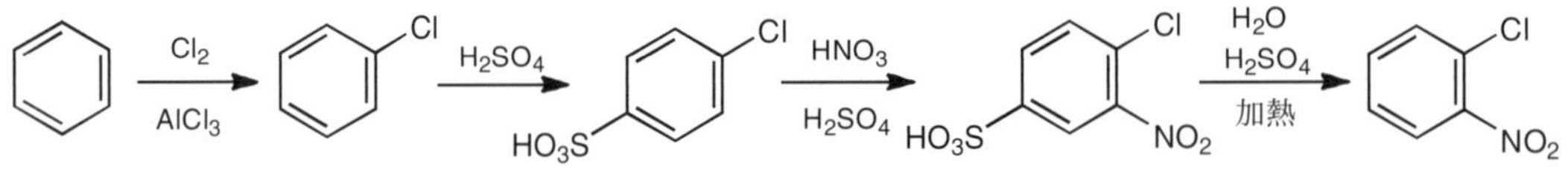

章末問題解答

問題 16.14

電子供与基は求電子置換反応に対する反応性を高め，求引基は反応性を下げる．

(a)

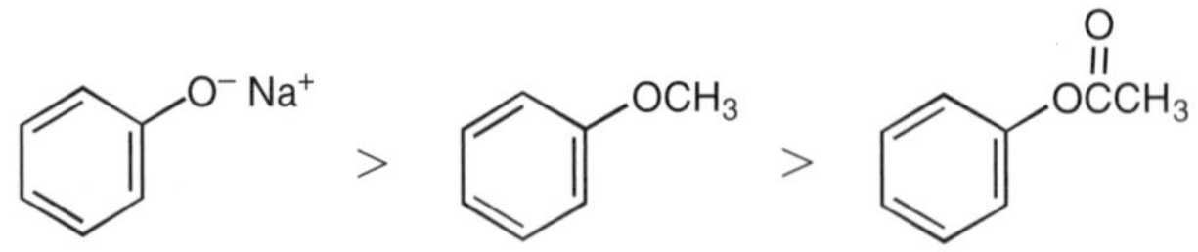

酸素置換基の中で酸素アニオンの電子供与性が最も大きく，アセチル基は酸素の非共有電子対と共役して引きつけるので電子供与性を下げる．

(b)

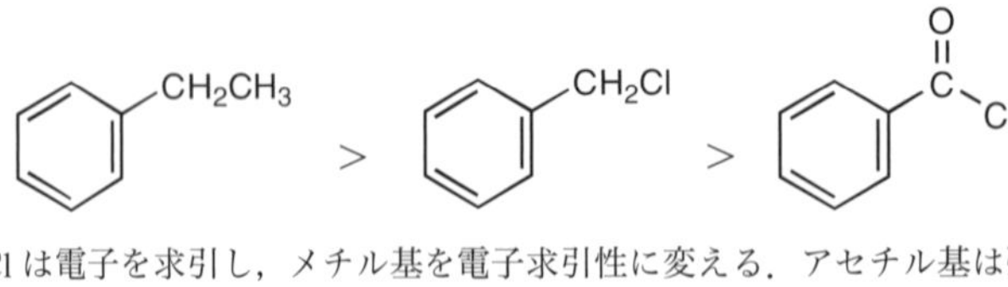

Cl は電子を求引し，メチル基を電子求引性に変える．アセチル基は強い電子求引基である．

(c)

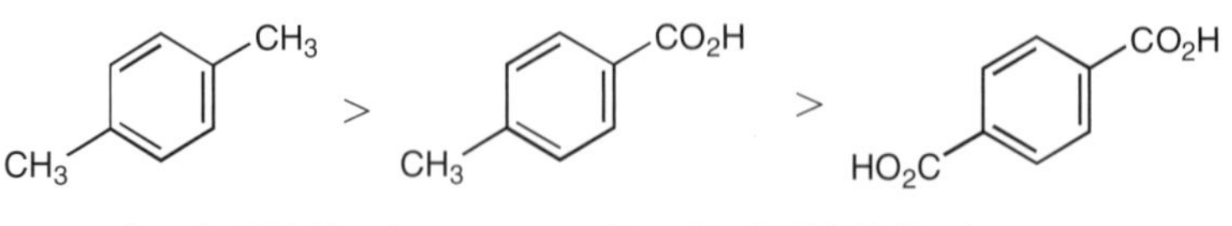

メチル基は電子供与性であるが，カルボキシ基は電子求引基である．

(d)

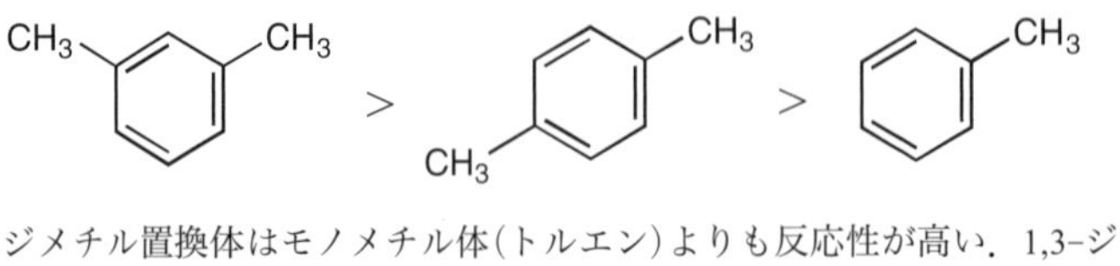

ジメチル置換体はモノメチル体（トルエン）よりも反応性が高い．1,3-ジメチル体の C4 と C6 はメチル基の

オルトとパラの両方の効果を受けているので反応性が高く，1,4-ジメチル体のオルトとメタの効果よりも活性化効果が高い．

問題 16.15

(a) 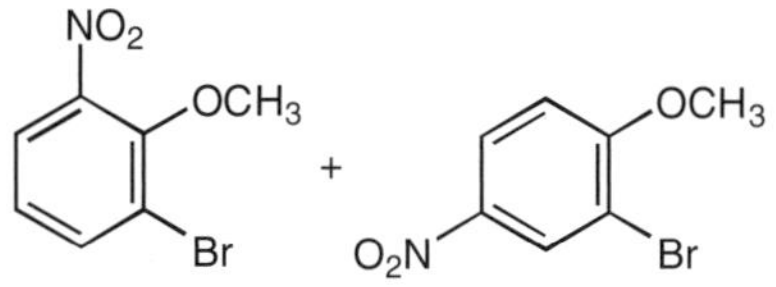 + 　　(b) 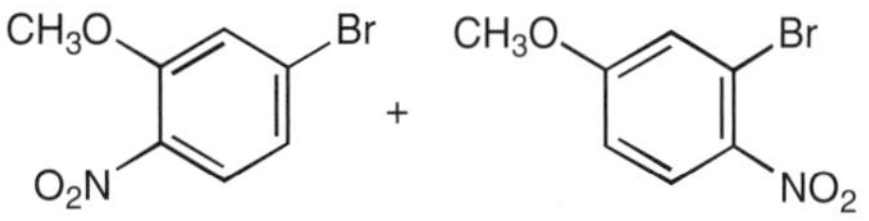 +

(c) 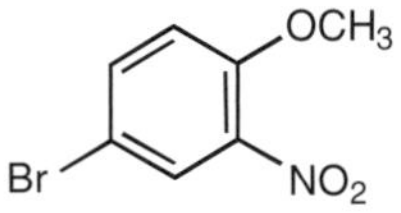 　　(d) 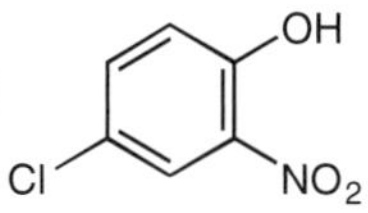 　　(e) 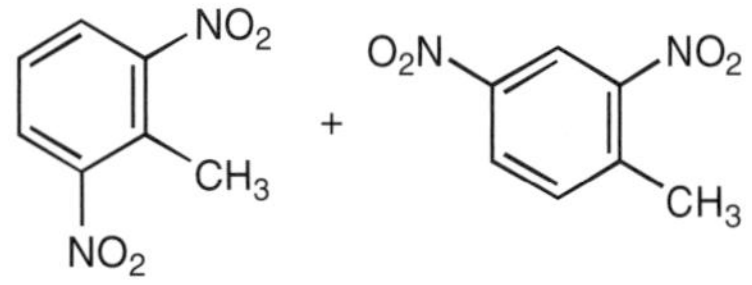 +

(f) 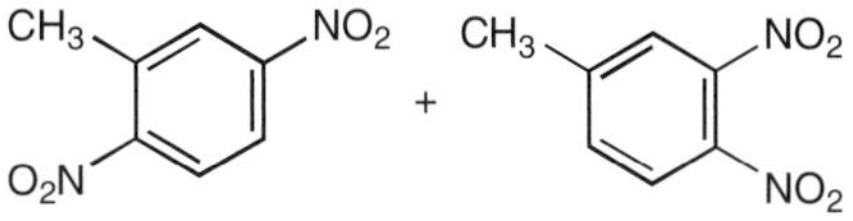 + 　　(g) 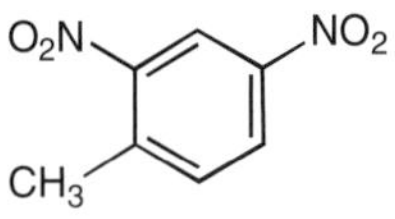 　　(h)

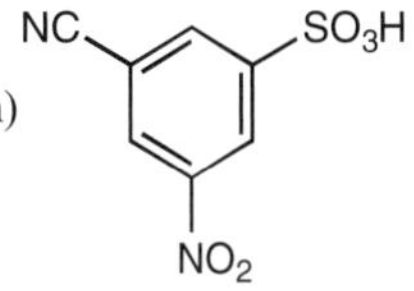

問題 16.16

(a) 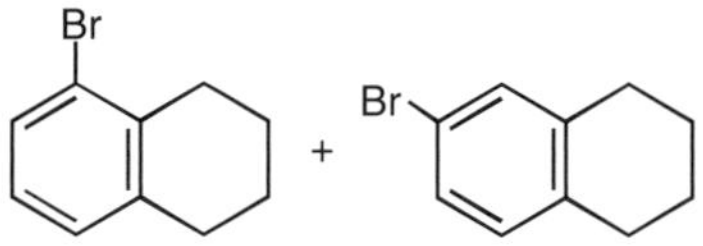 + 　　(b) 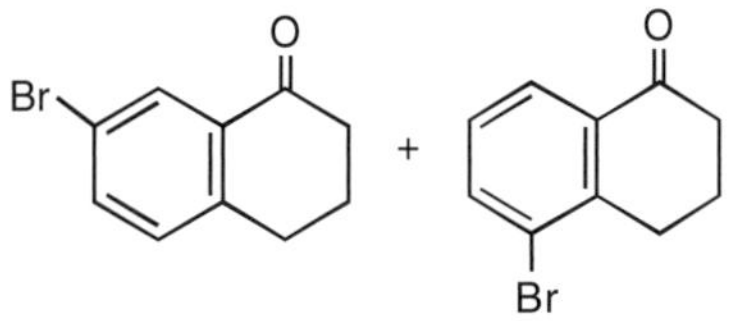 +

(c) 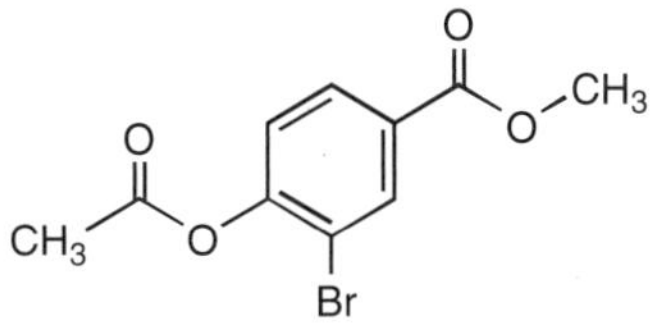 　　(d) 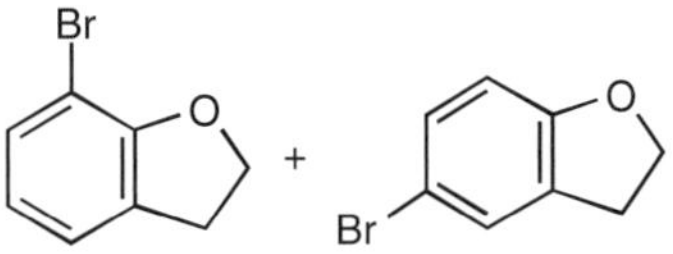 +

(e) 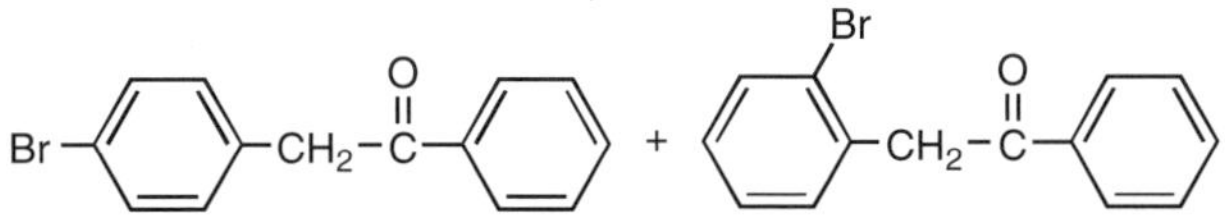 + 　　(f)

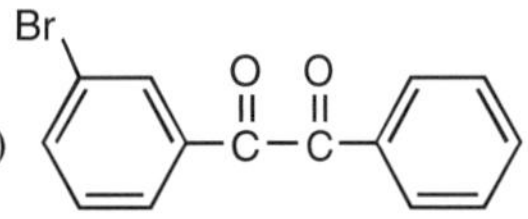

問題 16.17

(a) 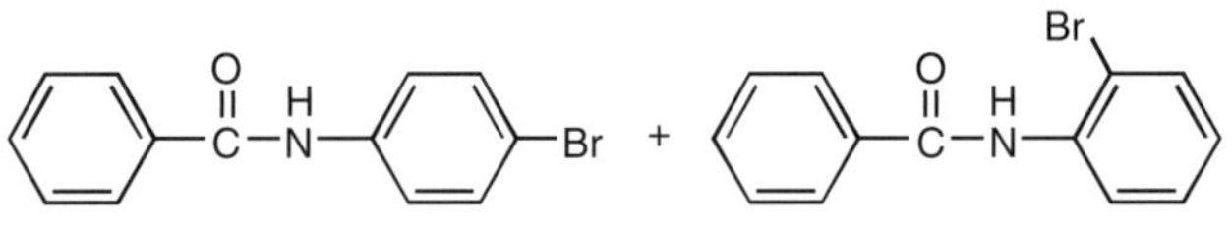 +

N と結合したベンゼン環は活性化されているが，C=O と結合したベンゼン環は不活性化されている．

(b) 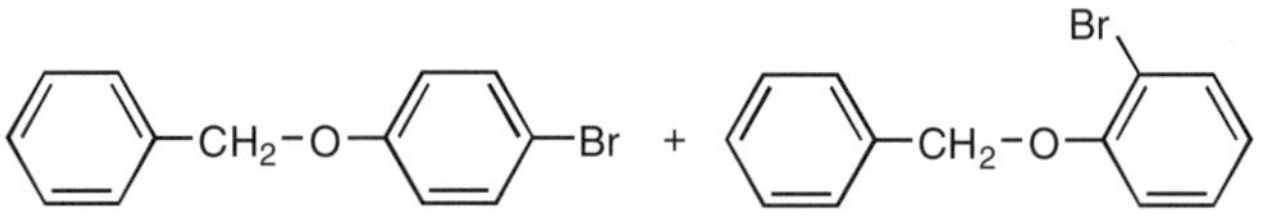 +

ベンゼン環の一つは O と，もう一つは CH₂ と結合しているが，O のほうが(非共有電子対と共役できるので)活性化効果が大きい．

問題 16.18

(a) AlCl₃ や FeCl₃ のような Lewis 酸を触媒として用いる.

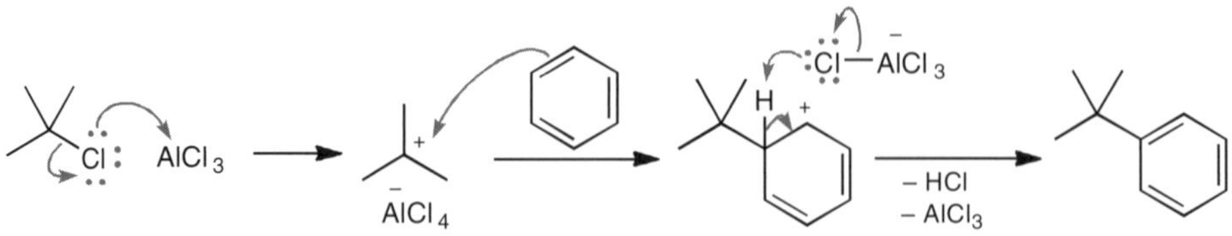

(b) H₂SO₄, H₃PO₄, HBF₄ のような Brønsted 酸を用いる.

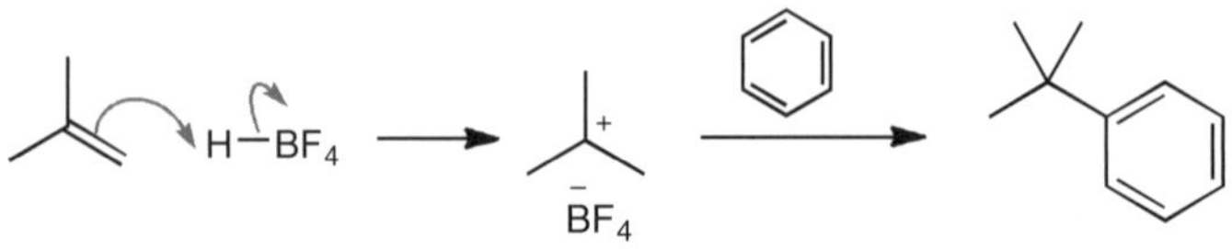

(c) Brønsted 酸を用いる.

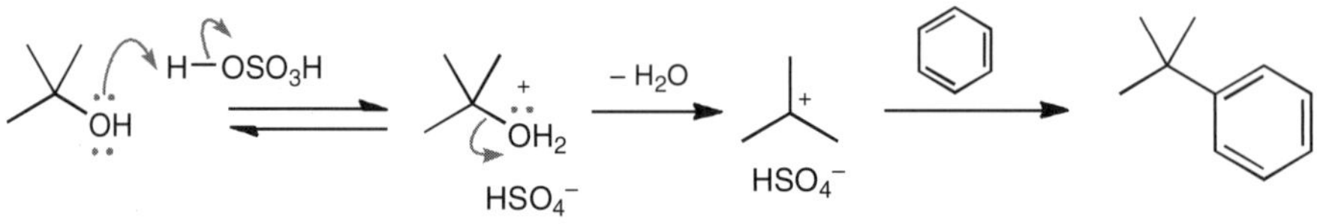

問題 16.19

N,N–ジメチルアニリンはジメチルアミノ基が活性化オルト・パラ配向基なので, 酸性溶液でなければ速やかにパラ位に臭素化が起こる. 強い酸性溶液中では, アミノ基がプロトン化されてアンモニオ基になり不活性化メタ配向基になる(しかし, 酸性度によっては平衡的にプロトン化されていない基質が少量残り, その高い反応性のためにパラ体が生成してくる可能性もある).

問題 16.20

酸性条件ではフェノールのイオン化は抑えられているので, 中性のフェノールから主としてオルトとパラのモノブロモフェノールが生成する.

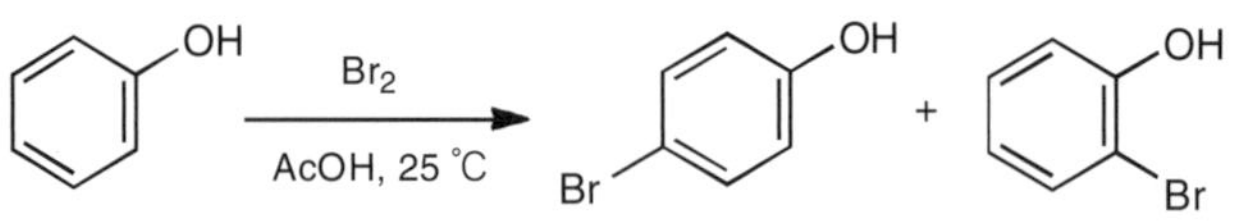

弱塩基性の条件では, 解離して生じたフェノキシドイオンの反応性が非常に高いのでトリブロモフェノールが生成する.

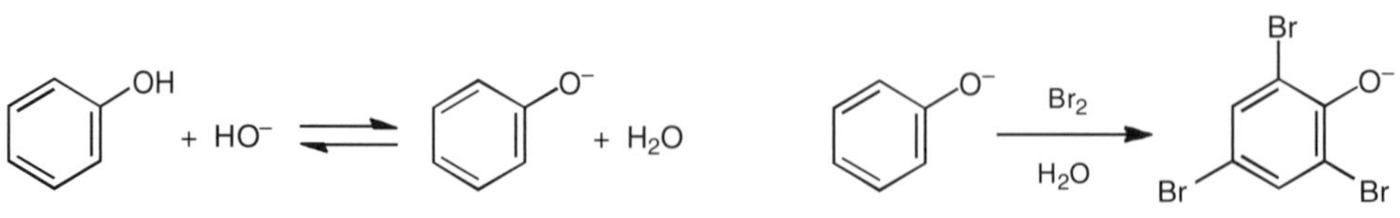

問題 16.21

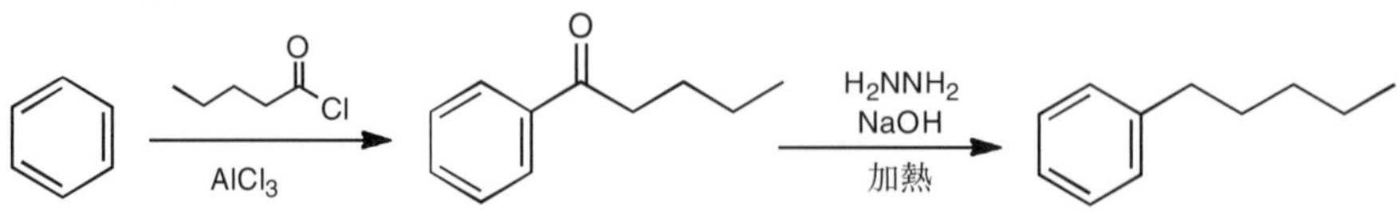

(b) ベンゼン(過剰) + (CH₃)₂CHCl / AlCl₃ → クメン + CH₃C(O)Cl / AlCl₃ → 4-イソプロピルアセトフェノン

(c) ベンゼン + CH₃COCl / AlCl₃ → アセトフェノン + Cl₂ / AlCl₃ → 3-クロロアセトフェノン + H₂NNH₂, NaOH 加熱 → 3-クロロエチルベンゼン

(d) ベンゼン + HNO₃ / H₂SO₄ → ニトロベンゼン + Sn / HCl → アニリン + Ac₂O / AcONa → アセトアニリド + HNO₃ / H₂SO₄ → 4-ニトロアセトアニリド + NaOH / H₂O → 4-ニトロアニリン + CF₃CO₃H → 1,4-ジニトロベンゼン

問題 16.22

(a) トルエン + Br₂ / AlBr₃ → 4-ブロモトルエン + KMnO₄ → 4-ブロモ安息香酸

(b) トルエン + KMnO₄ → 安息香酸 + Cl₂ / AlCl₃ → 3-クロロ安息香酸

(c) トルエン + Br₂ / AlBr₃ → 4-ブロモトルエン + Mg / Et₂O → グリニャール試薬 + 1) CO₂ 2) H₃O⁺ → 4-メチル安息香酸。トルエン + CH₃COCl / AlCl₃ → 4-メチルアセトフェノン + 1) Br₂, NaOH 2) H₃O⁺ (ブロモホルム反応) → 4-メチル安息香酸

(d) トルエン + HNO₃ / H₂SO₄ → 4-ニトロトルエン + Sn / HCl → 4-メチルアニリン + Ac₂O, AcONa → 4-メチルアセトアニリド + Br₂ / AlBr₃ → 2-ブロモ-4-メチルアセトアニリド + NaOH / H₂O → 2-ブロモ-4-メチルアニリン + NaNO₂ / HCl → ジアゾニウム塩 + H₃PO₂ → 3-ブロモトルエン

(e)

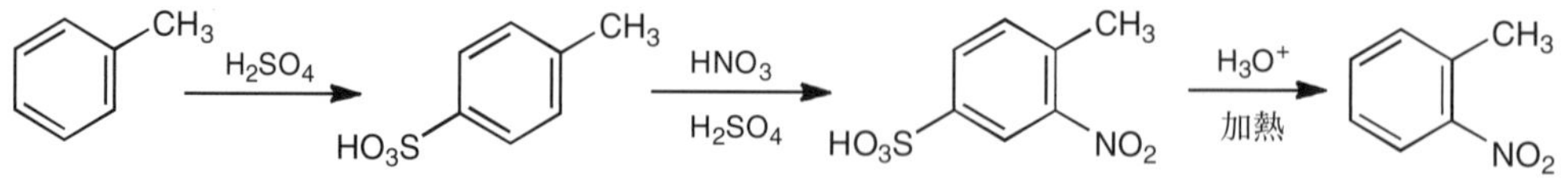

問題 16.23

(a)

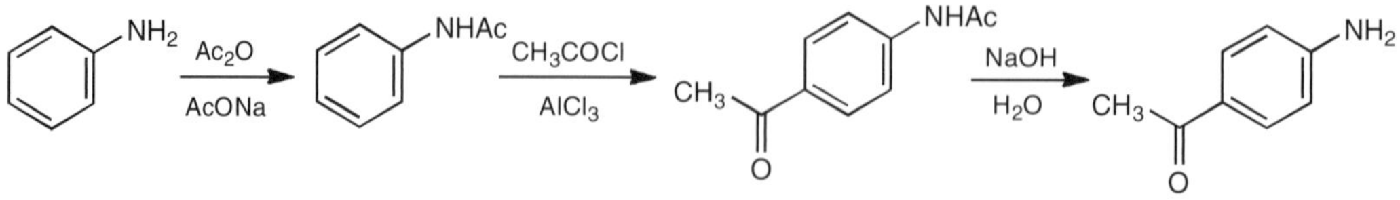

(b)

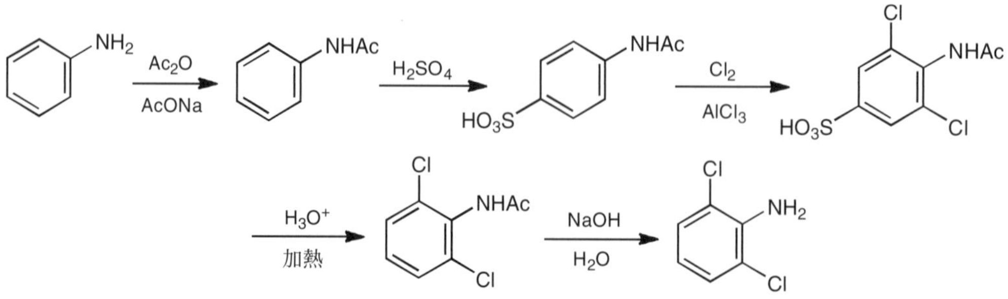

(c)

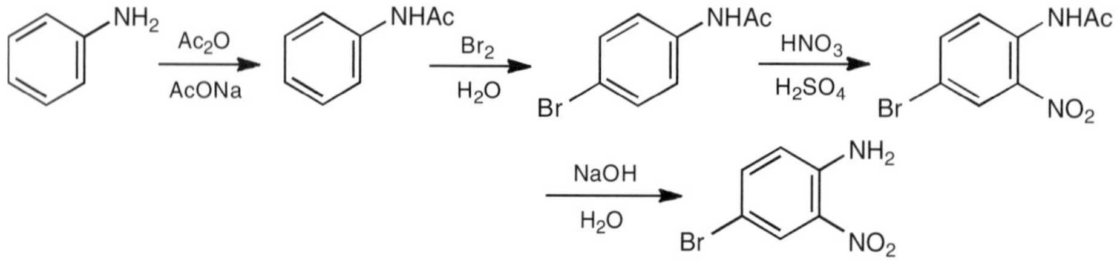

(d)

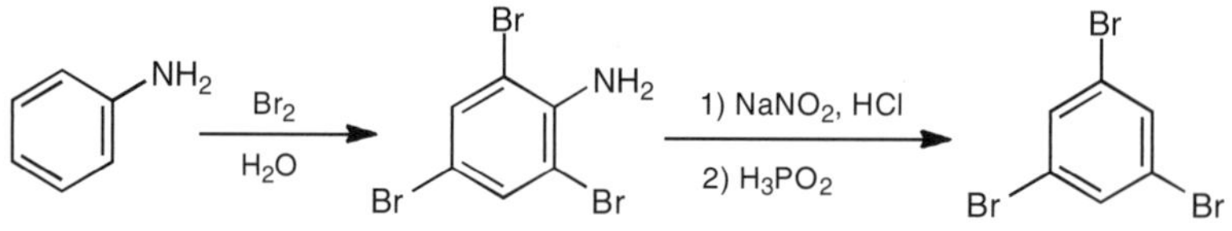

問題 16.24

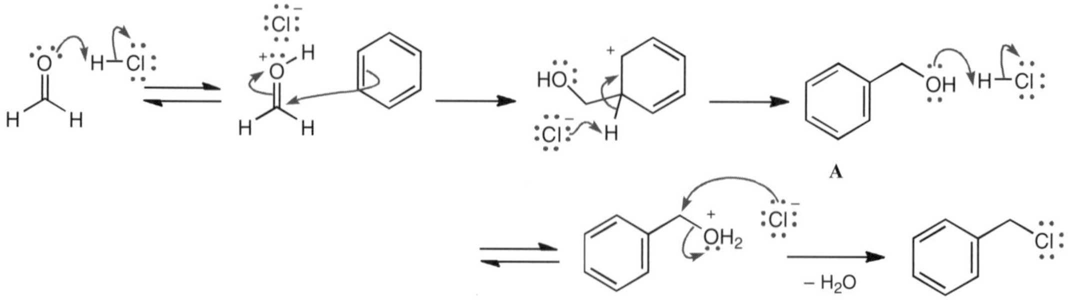

中間体 A はベンジルアルコール PhCH$_2$OH である.

16.01　トリメチルベンゼンには何種類の異性体があるか．また，それぞれをニトロ化すると何種類のモノニトロ化物が得られるか．構造式とその IUPAC 名を書いて答えよ．

16.02　次の置換ベンゼンをニトロ化したとき得られるおもなモノニトロ化物は何か．

(a) OEt　　(b) F　　(c) SO₃H　　(d) NHAc

(e) CN　　(f) （イソプロピル）　　(g) （アセチル）　　(h) OAc

16.03　次の化合物を Br₂ と FeBr₃ で臭素化したとき得られるおもなモノブロモ体は何か．

(a) （ジフェニルメタン）　　(b) （ジフェニルエーテル）　　(c) （ベンゾフェノン）

(d) （ベンジルフェニルエーテル）　　(e) （安息香酸フェニル）　　(f) （ベンズアニリド）

16.04　次の各組の化合物について，求電子置換反応における反応性の順を予想し，その理由を説明せよ．

(a) CH₃　　CH₂OMe　　OMe

(b) NMe₂　　（N-メチルアセトアニリド）　　（尿素誘導体）

(c) （ジフェニルメタン）　　（ジフェニルエーテル）　　（ベンジルフェニルエーテル）

16.05　次の化合物をニトロ化したとき得られるおもなモノニトロ化物は何か.

(a) (b) (c) (d)

(e) (f) (g) (h)

16.06　次の異性体関係にあるラクトンをニトロ化したとき得られるおもなモノニトロ化物を予想し，その根拠を説明せよ.

(a) 　　(b)

16.07　弱酸性の水溶液中におけるフェノールの臭素化は次のように進むと考えられる．ブロモジエノンから 4-ブロモフェノールへの異性化の機構を示せ.

16.08　次の反応の機構を書け.

16.09　酸性条件で次に示すフェノールのジアゾカップリングがどのように進むか巻矢印を使って示せ.

塩化ベンゼンジアゾニウム　　＋　　　　　　　　　　4-ヒドロキシアゾベンゼン(黄色色素)

16.10　ハロベンゼンの求電子置換反応はおもにオルト位とパラ位に起こる．一方，パラ/オルト生成比 (p/o) をみると，たとえば，ニトロ化においてはブロモベンゼンの約 1.3 に対してフルオロベンゼンは約 6.6 である．すなわち，とくにフッ素化合物でパラ置換体が優先的に生成する．この理由を説明せよ.

16.11　ベンゼンを $AlCl_3$ 存在下に 1-クロロ-2,2-ジメチルプロパンと反応させたときに得られるおもな一置換生成物は何か．反応機構を書いて予想せよ.

16.12 トルエンから次の異性体生成物を選択的に得るための反応を示せ.

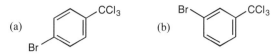

(a)

(b)

16.13 ベンゼンから 1-クロロ-3-プロピルベンゼンを合成するための反応式を書け.

16.14 次の反応式の中間生成物 A と B の構造式を書き，適当な反応剤(a)～(c)を示せ.

16.15 次の変換反応をどのように行ったらよいか反応式で示せ.

16.16 m-キシレン(1,3-ジメチルベンゼン)を 2-メチルプロペンと H_2SO_4 でアルキル化するとき，長時間反応させると 1-t-ブチル-3,5-ジメチルベンゼンが得られる．その反応を書いて理由を説明せよ.

16.17 ベンゼンと 3-クロロ-2-メチルプロペンの反応を H_2SO_4 存在下に行うと，おもに分子式 $C_{10}H_{13}Cl$ の生成物が得られた．反応機構を書いてこの生成物の構造を予想せよ．この反応を触媒量の $AlCl_3$ を用いて行ったとすると，主生成物はどうなると予想されるか説明せよ.

16.18 (R)-1-ブロモ-1-フェニルプロパンと $AlCl_3$ によるトルエンのアルキル化で，光学活性な 1-(4-メチルフェニル)-1-フェニルプロパンを合成する試みはうまく進まない．その理由を説明せよ.

16.19 アセチルサリチル酸(2-アセトキシ安息香酸，アスピリン)を $AlCl_3$ で処理すると，3-および 5-アセチルサリチル酸(3-および 5-アセチル-2-ヒドロキシ安息香酸)が得られた．この転位反応の機構を書け.

16.20 出発原料として，ベンゼンと溶媒以外は C_1 化合物だけを使ってトリフェニルメタノールを合成する方法を示せ.

16.21 スチレンを少量のプロトン酸で処理すると環化した二量体が得られる．反応機構を書いて二量体の構造を示せ.

16.22   1,3,5-トリジュウテリオベンゼンを触媒量の AlBr$_3$ 存在下に Br$_2$ と反応させたところ，2 種類のモノブロモ生成物の等量混合物が得られた．

(a) 二つの生成物の構造を示せ．

(b) 通常，C−D 結合切断は C−H 結合切断よりも遅い（速度同位体効果）．この同位体効果に基づいて考えると，上の結果はベンゼンの求電子的臭素化の律速段階について何を意味するか．

エノラートイオンとその反応 17

まとめ

Summary

❑ カルボニル基の**α水素**は脱プロトンしやすい．共役塩基の**エノラートイオン**が共役安定化したアリルアニオン類似系だからである（➡ 17.1.1 項）．

❑ エノールとそのケト形異性体はHの位置だけが異なる**互変異性体**であり，この異性現象は**互変異性**とよばれる（➡ 17.1.2 項）．

❑ **エノール化とケト化**は酸塩基触媒で促進される（➡ 17.2 節）．

❑ 可逆的エノール化によって重水素交換，ラセミ化，異性化などが起こる（➡ 17.3 節）．

❑ エノラートイオンとエノールは電子豊富なアルケンであり，求核種でもある．ハロゲンと反応すると**α-ハロゲン化**になる（➡ 17.4 節）．

❑ アルデヒド（またはケトン）のカルボニル基に付加して**アルドール反応**を起こす（➡ 17.5 節）．

❑ エステルと付加-脱離により **Claisen 縮合**を起こす（➡ 17.6 節）．

❑ アルドール反応と Claisen 縮合は **C−C 結合生成反応**として重要である．

❑ **1,3-ジカルボニル化合物**はとくに安定なエノラートイオンを生成し（➡ 17.7 節），ハロアルカンとの S_N2 反応で**アルキル化**される．C−C 結合生成によるケトンやカルボン酸の合成に応用される（➡ 17.8 節）．

❑ ケトンとエステルの**リチウムエノラート**は，非プロトン性溶媒中，低温で，LDA のような強塩基を用いて定量的に調製でき，カルボニル化合物のα-アルキル化や交差アルドール反応に使うことができる（➡ 17.9 節）．

❑ **エナミン**や**エノールシリルエーテル**は塩基を用いないで求電子種と反応する**エノラート等価体**である（➡ 17.10 節）．

反 応 例

α-ハロゲン化
（➡ 17.4 節）：

反 応 例

[ハロホルム反応]

アルドール反応(➡ 17.5節):

(交差反応)

(エステルエノラートの反応)

[リチウムエノラート](➡ 17.9節)

エノラート等価体(➡ 17.10節)
（エノールシリルエーテル）

（アザエノラート）

反 応 例

反応例

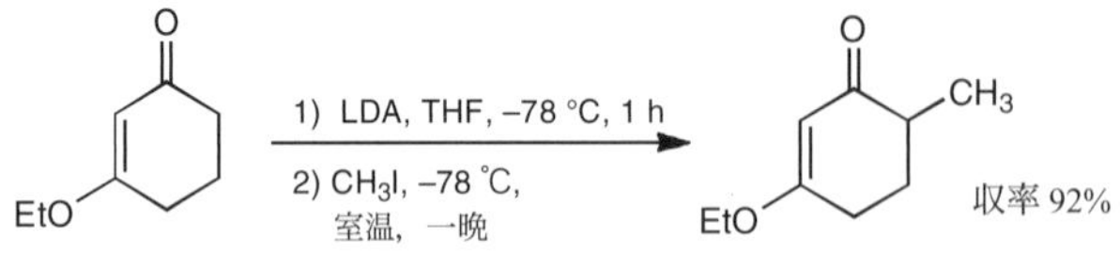

[エナミンのアルキル化]

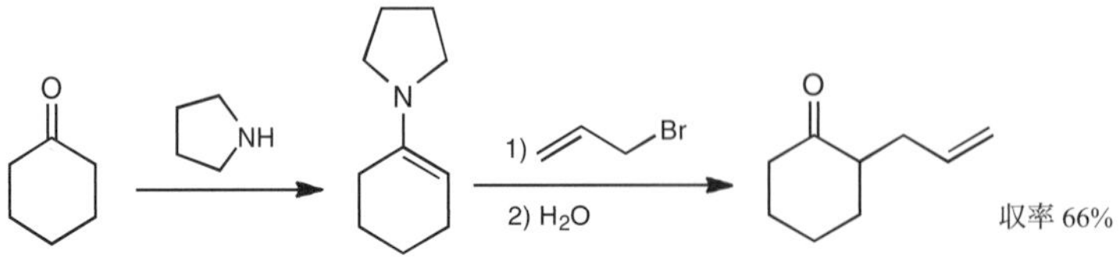

問題解答

問題 17.1

　アルケンの場合と同じように置換基をより多くもつエノールのほうが一般に安定である．E, Z 異性体が可能な場合にはアルキル基どうしがトランスになっているほうが，立体ひずみが小さいので安定である．(c)ではフェニル基と二重結合の共役が安定化に寄与する．

(a)

最も安定

(b)

より安定

(c)

最も安定

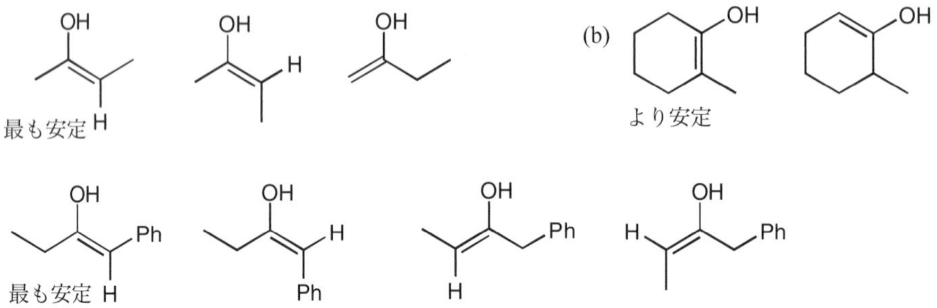

問題 17.2

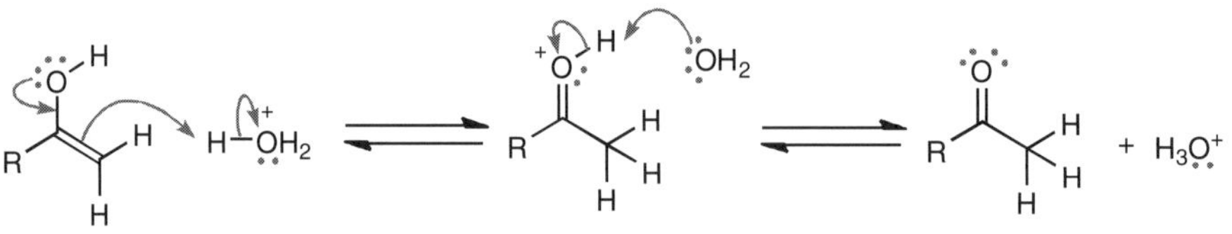

問題 17.3

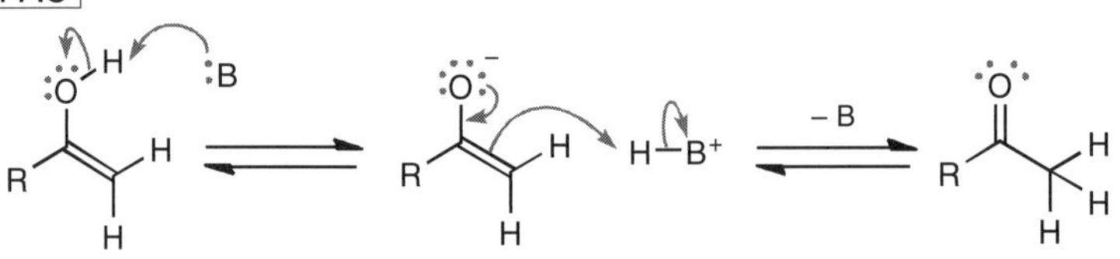

問題 17.4

　カルボニル基の α 位水素が交換される．次の構造式に D で示す．

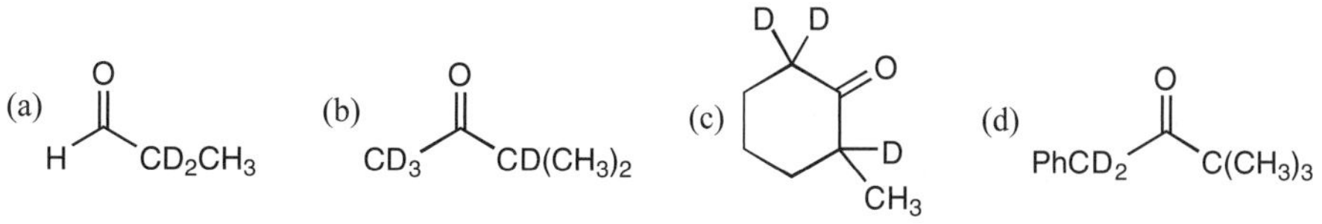

(a) 構造式 H—C(=O)—CD₂CH₃

(b) 構造式 CD₃—C(=O)—CD(CH₃)₂

(c) 構造式（シクロヘキサノン、2位D₂、6位D、6位CH₃）

(d) 構造式 PhCD₂—C(=O)—C(CH₃)₃

問題 17.5

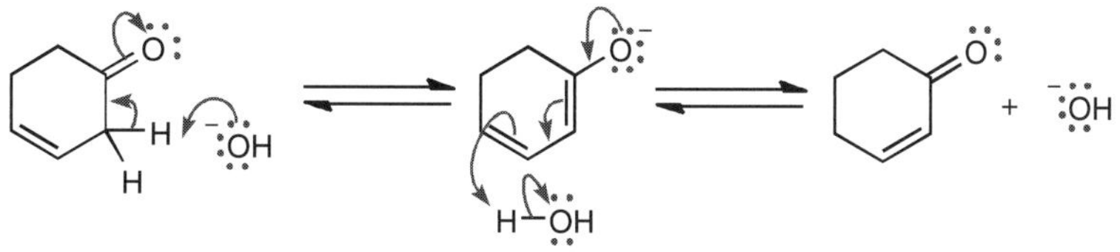

問題 17.6

カルボニル化合物の α-ハロゲン化はエノール化を律速として進行する．この段階はハロゲンに関係なく起こるので，ハロゲン化の全反応速度はハロゲンの種類や濃度に依存しない．

問題 17.7

α-ブロモケトン(a)の置換反応と脱離反応で(b)と(c)が得られる．

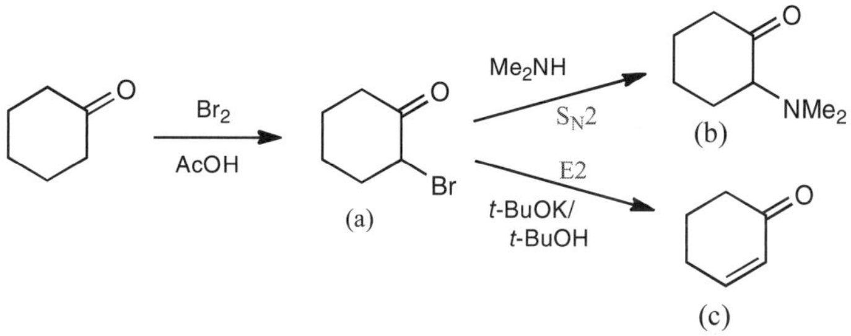

問題 17.8

最初に生成したブロモケトンの Br は電子求引基となるので，塩基性条件で次にエノラートイオンが生成するときには Br のある側で反応したほうが有利であり，そのエノラートに Br₂ 付加が起こって 2,2-ジブロモシクロヘキサノンを与える．しかし，酸性条件で 2-ブロモシクロヘキサノンから平衡的にエノールが生成したとき，Br の影響が少ないエノールへの Br₂ の求電子的な反応のほうが起こりやすい．すなわち，2,6-ジブロモシクロヘキサンがおもに生成してくる．

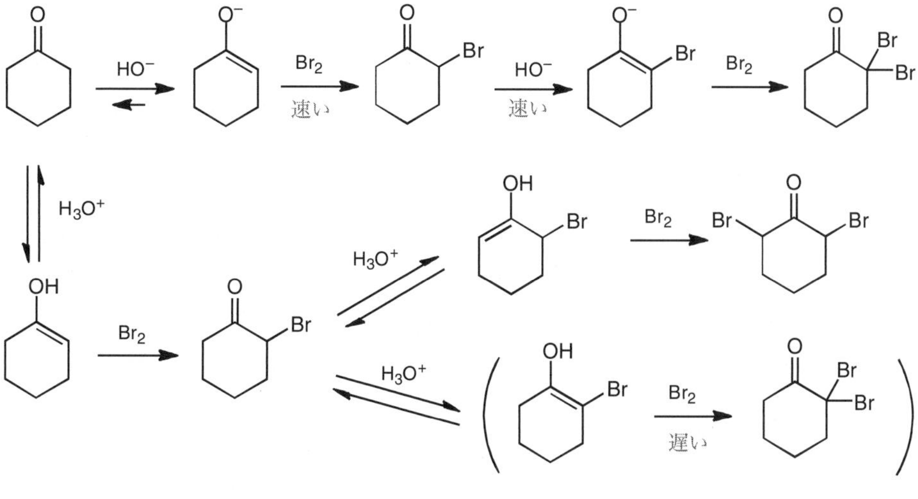

問題 17.9

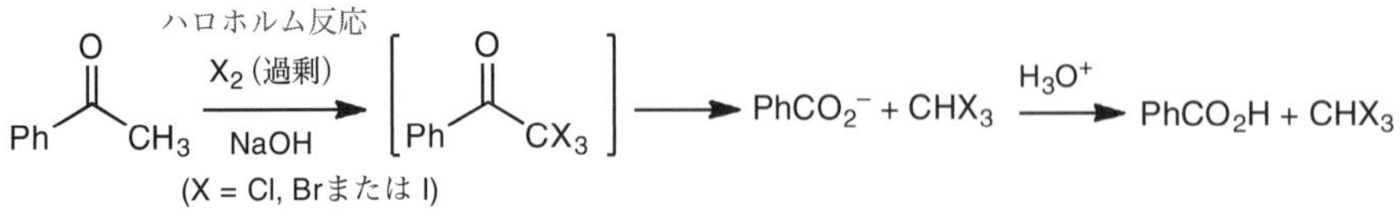

問題 17.10

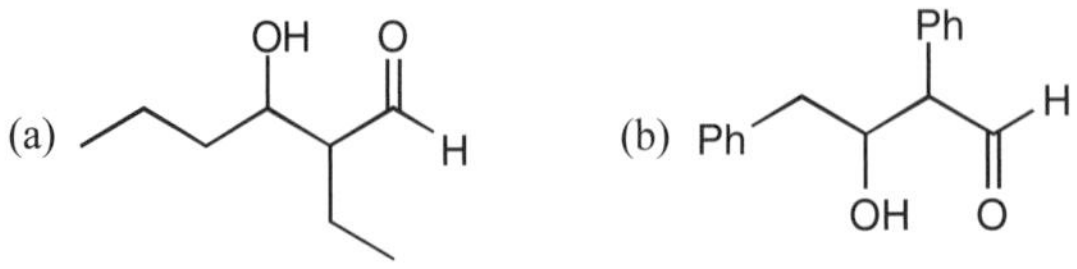

(a)
(b)

問題 17.11

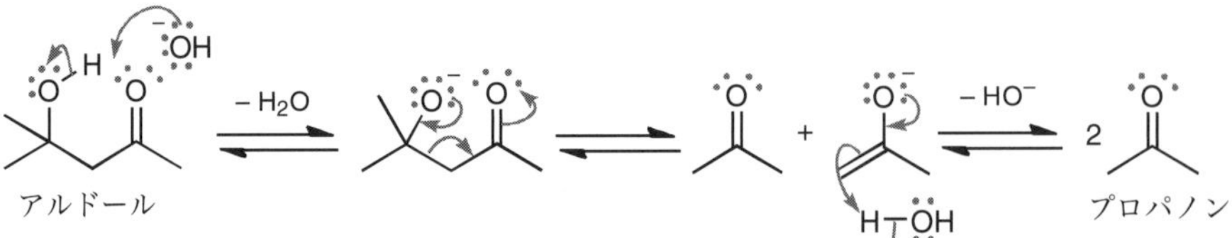

アルドール　　　　　　　　　　　　　　　　　　　　　　　　　　　　プロパノン

問題 17.12

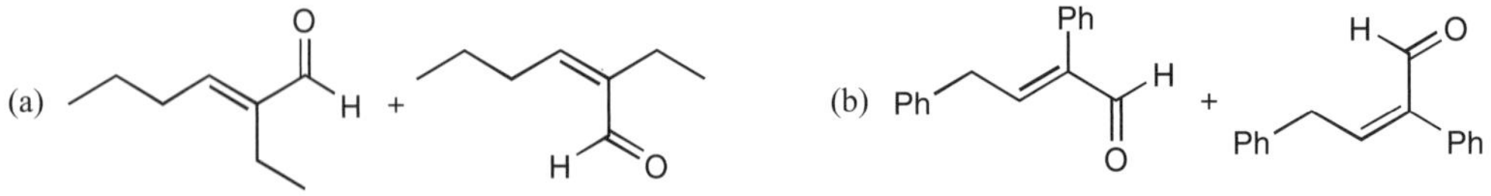

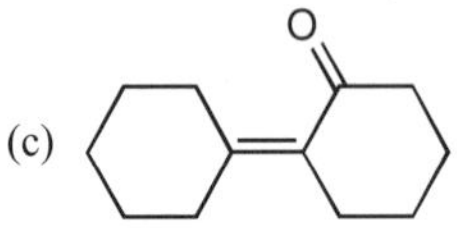

(a)

(b)

(c)

(a) と (b) では *E*,*Z* 異性体が可能である.

問題 17.13

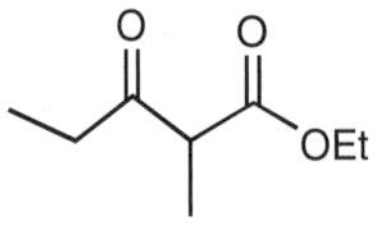

問題 17.14

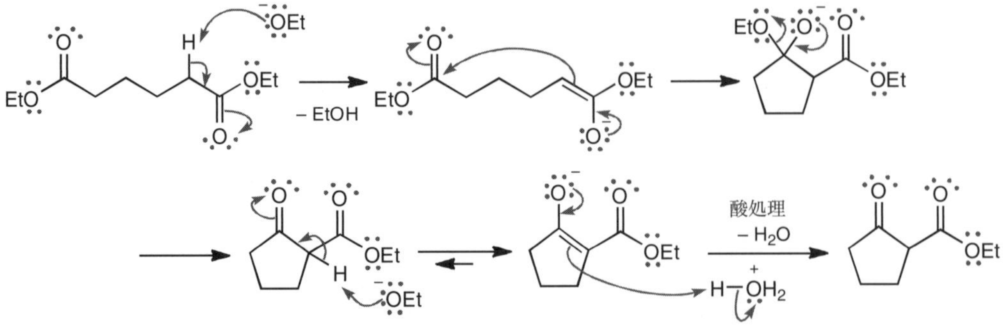

問題 17.15

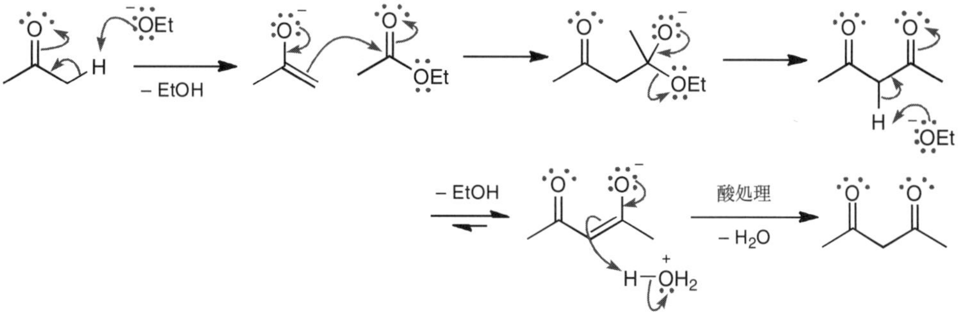

問題 17.16

(a) 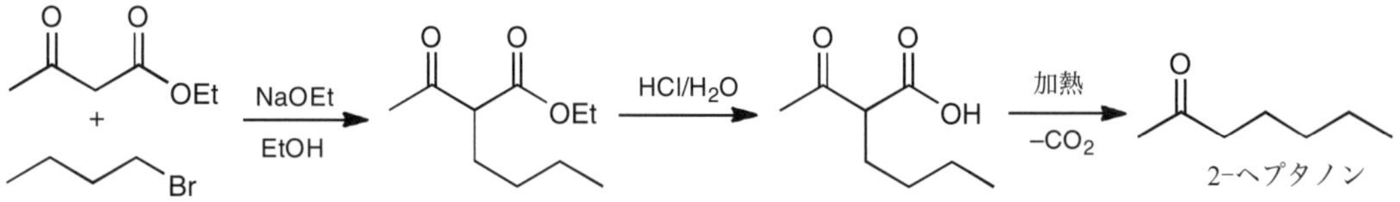
2-ヘプタノン

(b) 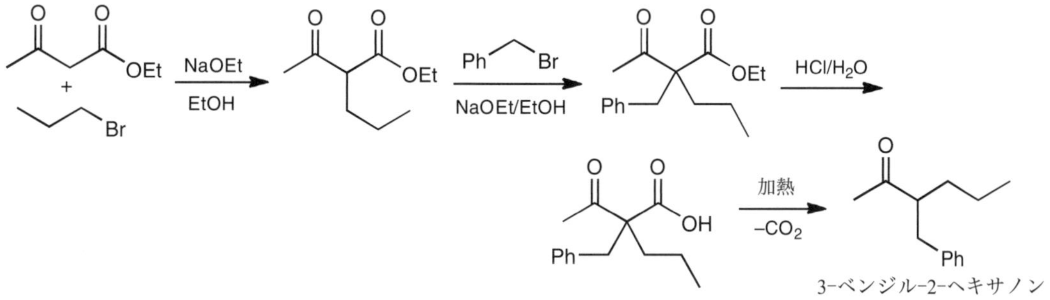
3-ベンジル-2-ヘキサノン

(c) 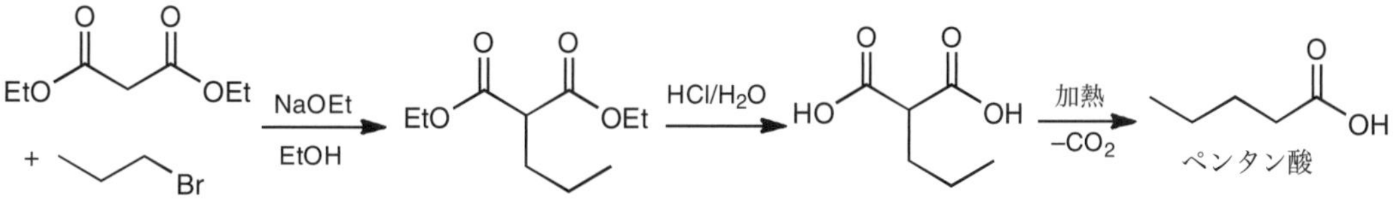
ペンタン酸

(d) 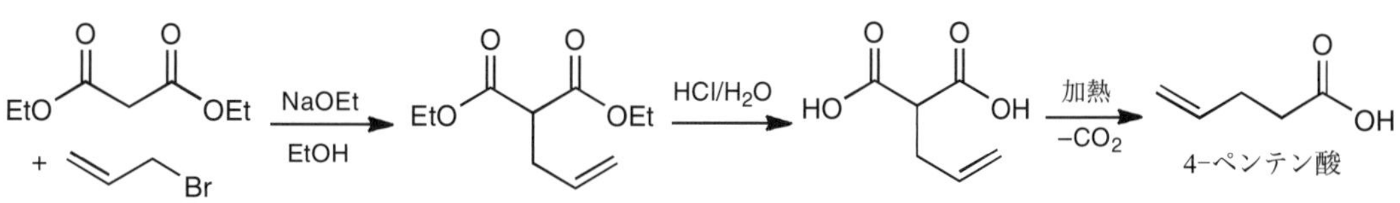
4-ペンテン酸

問題 17.17

(a) 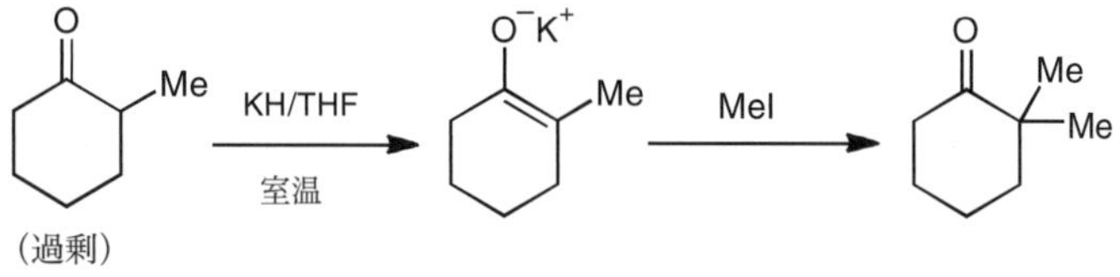
（過剰）

(b)

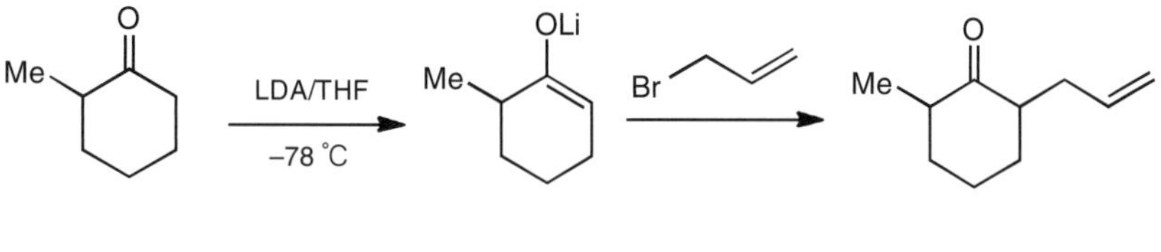

問題 17.18

(a)

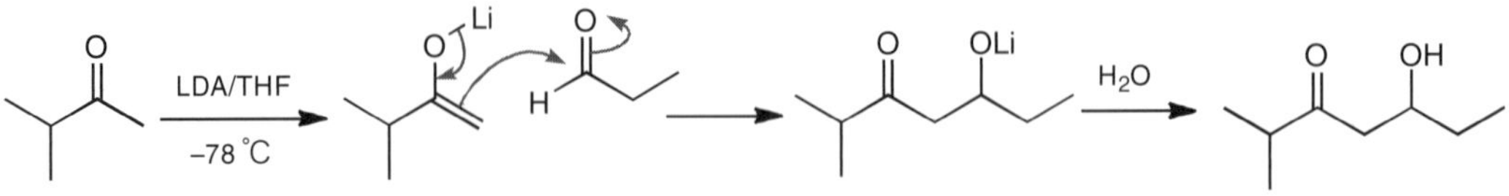

(b)

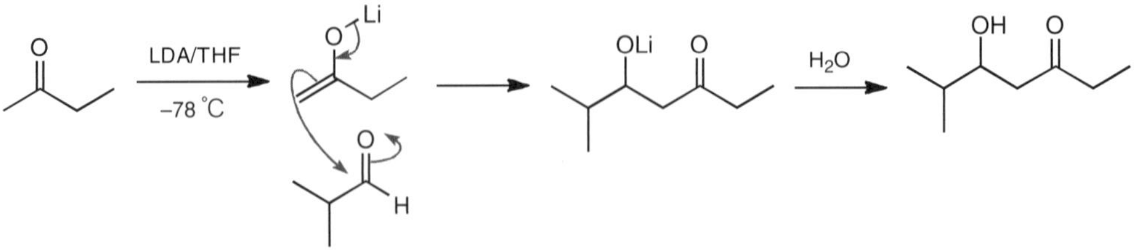

章末問題解答

問題 17.19

(a) 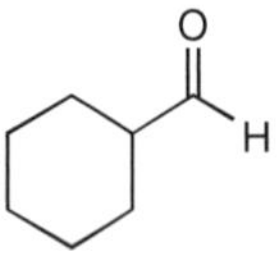   (b) 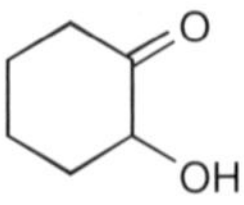   (c) 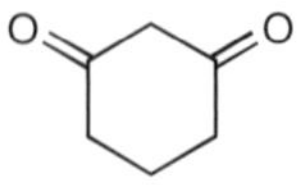   (d) 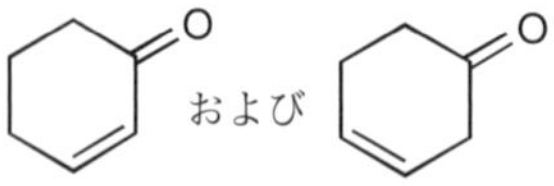 および

問題 17.20

より安定で多く生成するのは，多置換 [(a)と(c)] あるいは共役安定化したエノラートで立体ひずみの小さいものである．(f)の（　）に示した橋頭位に二重結合をもつエノラートは結合角ひずみが大きいので生成しない．

(a)

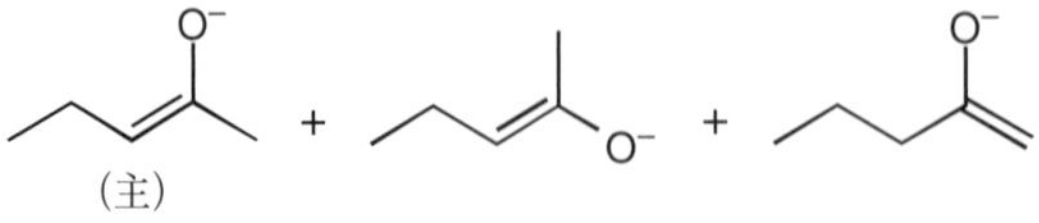

(b)

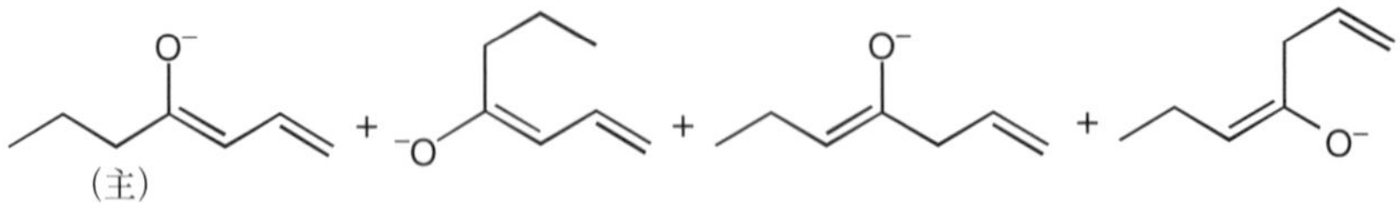

(c) 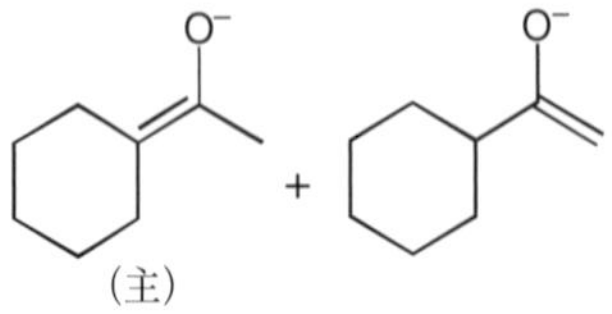   (d)

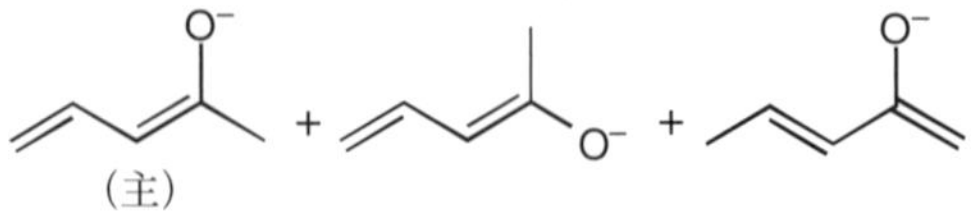

(e) 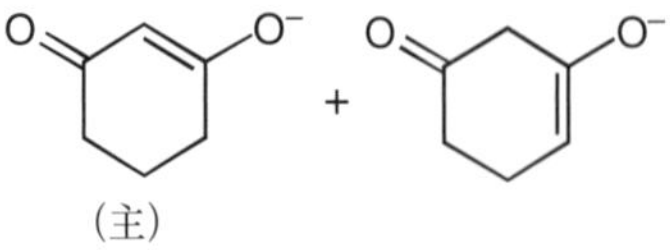   (f)

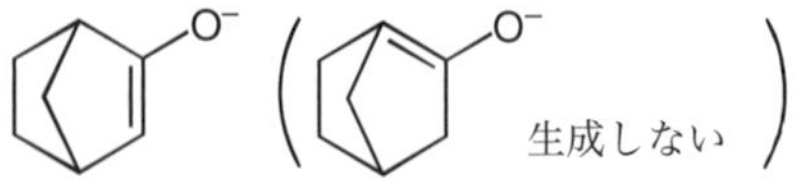

問題 17.21

フェニルエタナールから生成するエノールは下に示すように，エノール二重結合がフェニル基と共役できるために安定であり，平衡はそれだけエノールに偏っている．

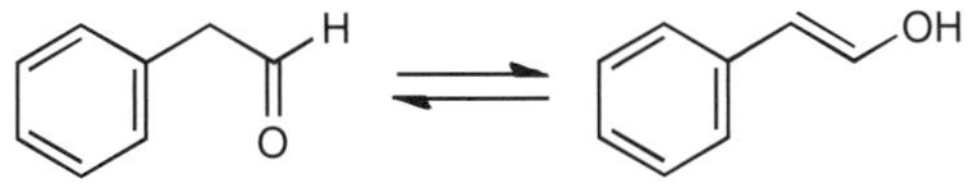

フェニルエタナール

問題 17.22

(a)

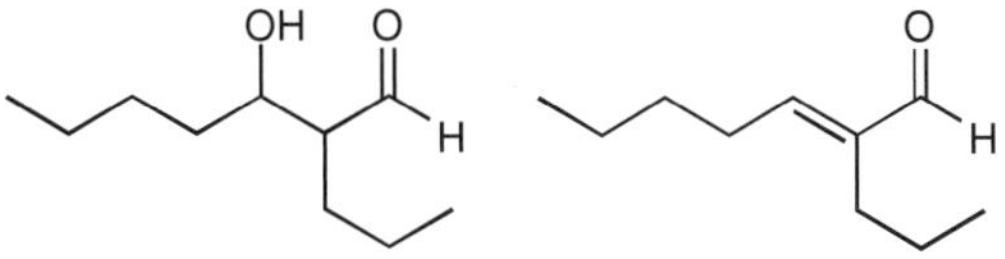

(b)

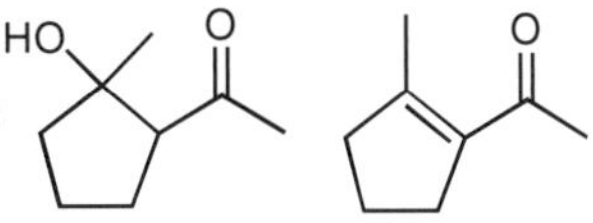

(c)

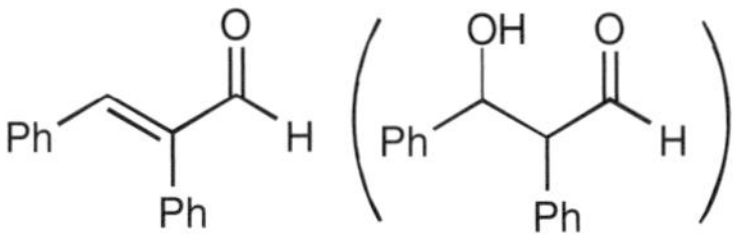

問題 17.23

(a)

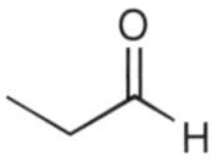

(b)

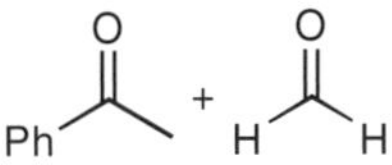

(c)

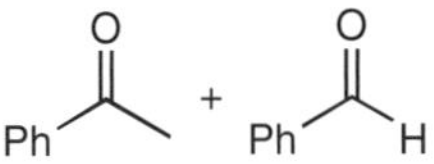

(d)

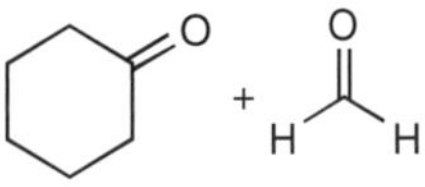

問題 17.24

(a)

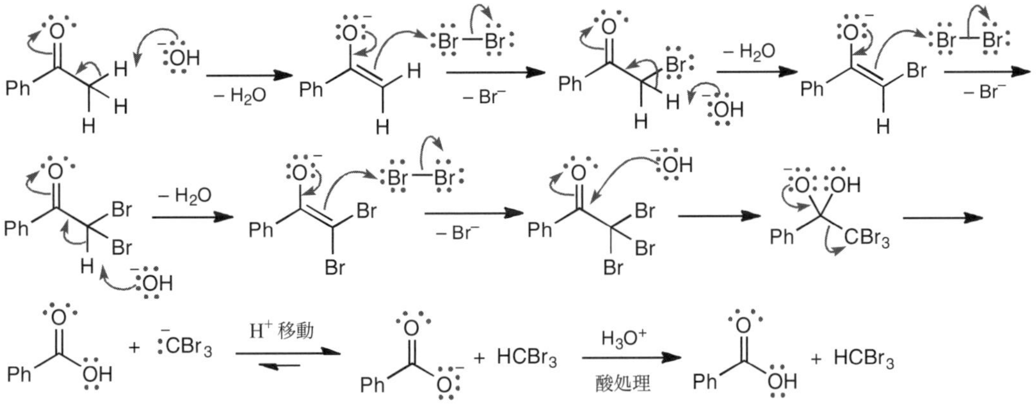

(b)

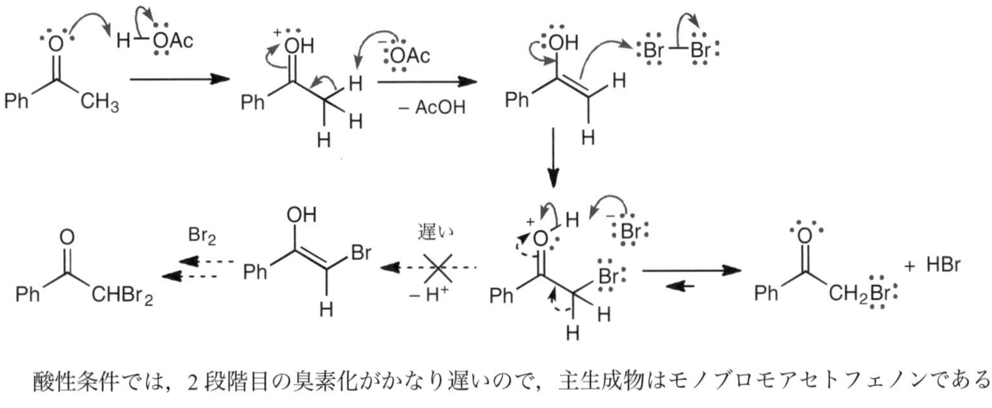

酸性条件では，2段階目の臭素化がかなり遅いので，主生成物はモノブロモアセトフェノンである．

問題 17.25

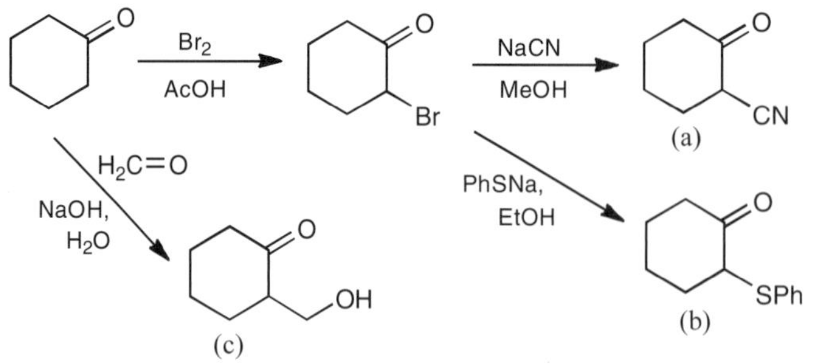

(a), (b) α-臭素化で得られたブロモケトンの S_N2 反応, (c) 交差アルドール反応.

問題 17.26

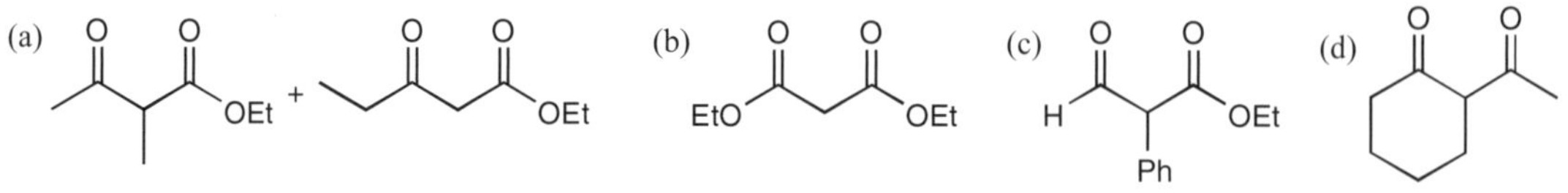

(a)   (b)   (c)   (d)

問題 17.27

A   **B**   **C**   **D**

E   **F**   **G**   **H**

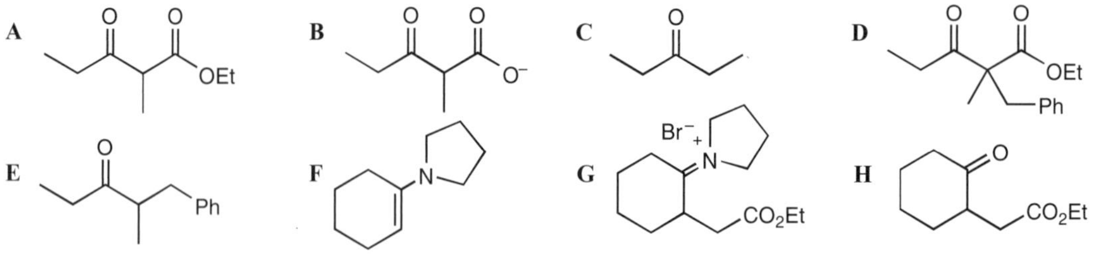

(a)の反応では, Claisen 縮合, 加水分解, 脱炭酸, およびアルキル化後, 加水分解・脱炭酸の工程を示している. (b)の反応では, エナミン生成, アルキル化, 加水分解が起こる.

問題 17.28

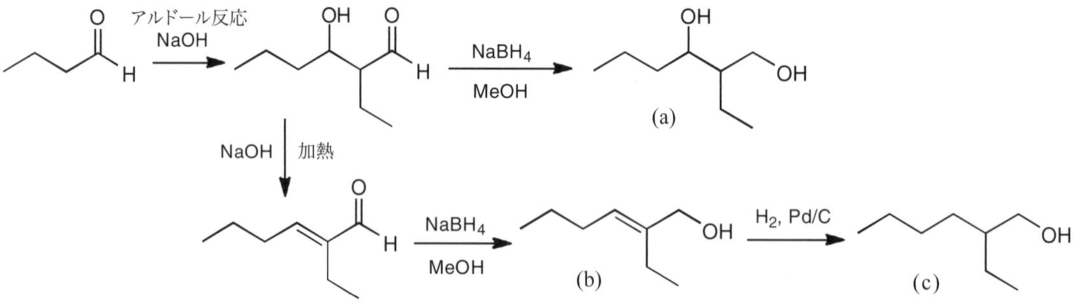

問題 17.29

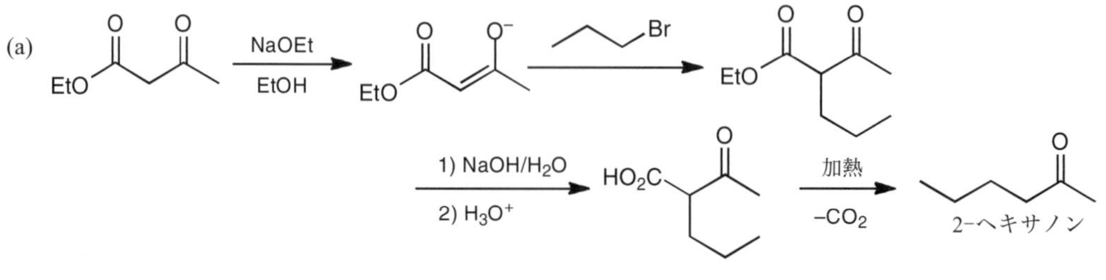

(a)

2-ヘキサノン

(b)

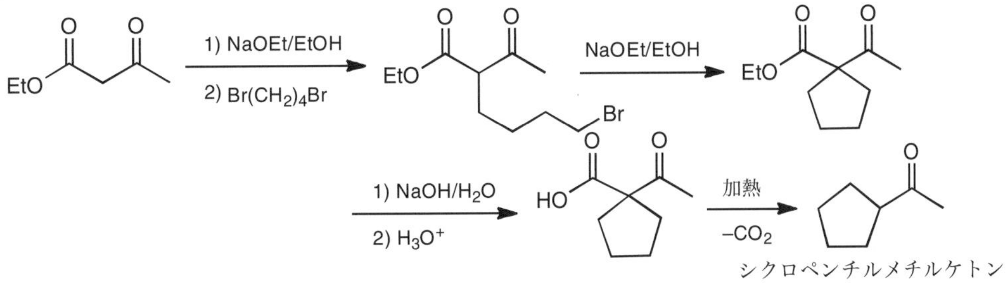

(c)

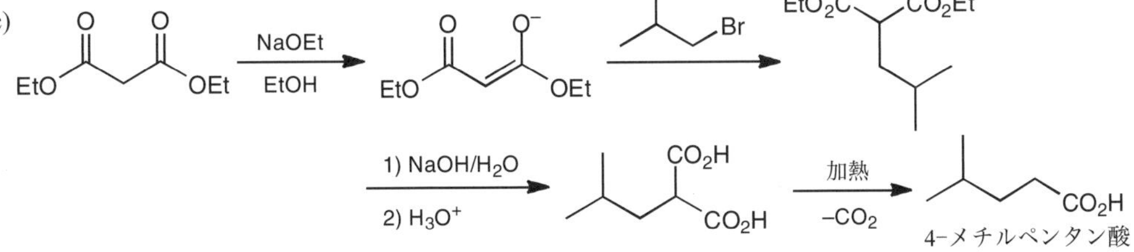

4-メチルペンタン酸

(d)

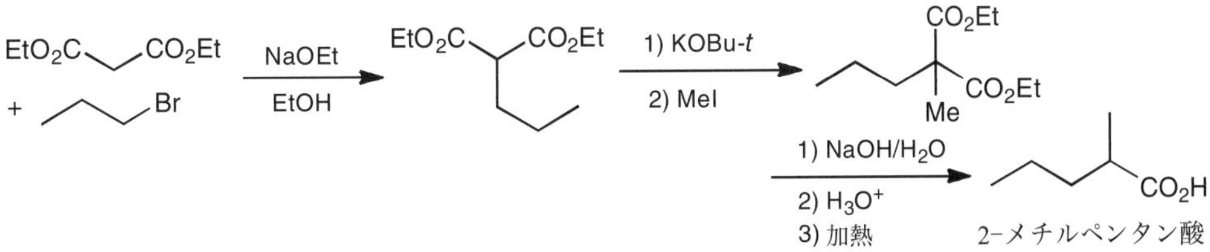

2-メチルペンタン酸

問題 17.30

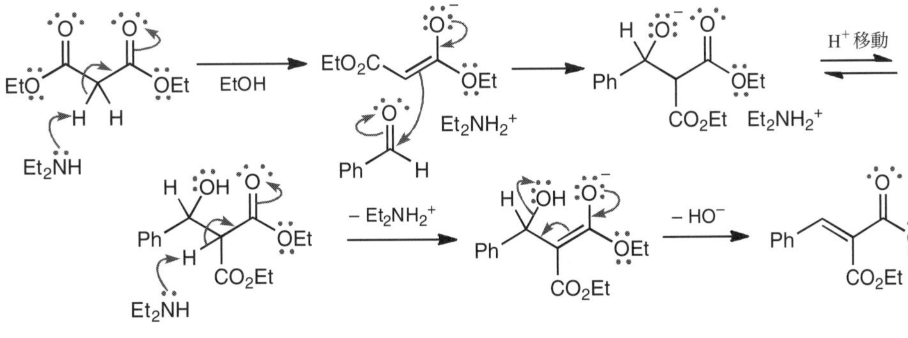

演 習 問 題

17.01　次のカルボニル化合物から生成し得るエノラートイオンの構造をすべて示し，平衡状態で得られるおもなエノラートがどれになるか答えよ．

(a) 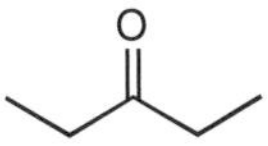 　(b) 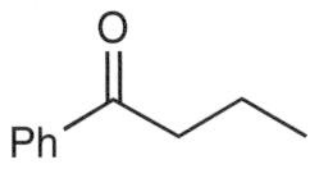 　(c) 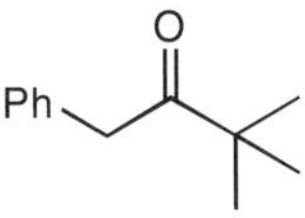 　(d)

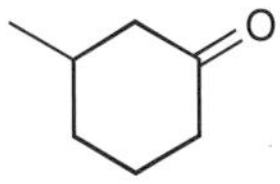

17.02 問題 17.01 のカルボニル化合物を塩基性の D_2O 溶液中で十分反応させたときに得られる重水素化物の構造式を書け.

17.03 次のカルボニル化合物を酸性条件で Br_2 と反応させたとき得られるおもな臭素化生成物の構造を示せ.

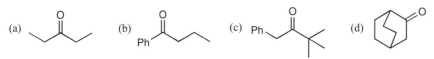

17.04 ケト–エノール互変異性の平衡定数 K_E($=$[エノール形]/[ケト形])が, プロパノン($K_E=4.7\times10^{-7}$)とアセトフェノン($K_E=1.1\times10^{-7}$)であまり違わないのはなぜか.

17.05 シクロヘキサノンのエノール化の反応機構を, (a) 酸触媒による場合と(b) 塩基触媒による場合について示せ.

17.06 シクロヘキサノンのエノールの(a) 酸触媒ケト化と(b) 塩基触媒ケト化の反応機構を書け.

17.07 次の二環性ジケトンの酸性度が非環状の 1,3–ジケトンよりもかなり小さいのはなぜか.

17.08 アセトフェノンは, 酸性の D_2O–EtOD 中で重水素化されて分子式 $C_8H_5D_3O$ の生成物を与える. 反応機構を書いて生成物の構造を示せ.

17.09 光学活性な 2–メチルシクロヘキサノンを(a) 酸性あるいは(b) 塩基性の水–アルコール混合溶媒に溶かして放置すると, 徐々に旋光度が失われていった. それぞれの条件におけるラセミ化の反応機構を書け.

17.10 3–シクロヘキセノンの 2–シクロヘキセノンへの異性化は(問題17.5 でみたように)塩基性条件だけでなく, 酸性条件でも起こる. この酸触媒異性化の機構を書け.

17.11 シクロヘキサン–1,2–ジカルボン酸ジエチルのシス異性体をナトリウムエトキシドのエタノール溶液に溶かすと, 異性化が起こる. この異性化反応の機構を示せ.

17.12 2–メチル–2–シクロペンテノン(**1**)と 5–メチル–2–シクロペンテノン(**2**)は酸性あるいは塩基性条件で互いに相互変換する. **1** から **2** への(a)酸触媒異性化と(b)塩基触媒異性化の機構を書け.

17.13　ケトン官能基をもつ糖(ケトース)は容易にアルデヒド基をもつ糖(アルドース)に異性化する．D-フルクトースから D-グルコースへの塩基触媒異性化の機構を書け．

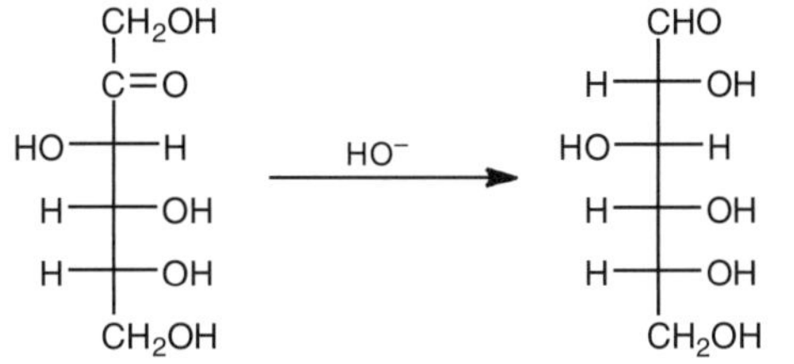

D-フルクトース　　　　D-グルコース

17.14　NaOH 水溶液中においてアセトフェノンと I_2 の反応がどのように起こるか反応機構を示し，十分時間をかけて反応させたときに得られる最終生成物の構造式を書け．

17.15　次のカルボニル化合物の等モル混合物の交差アルドール反応によって得られるアルドール生成物と脱水生成物の構造を示せ．

(a) プロパノン ＋ メタナール

(b) ブタナール ＋ フラン-2-カルボアルデヒド(フルフラール)

(c) シクロヘキサノン ＋ ベンズアルデヒド

17.16　プロパノンと 2 モル当量のベンズアルデヒドに NaOH 水溶液を加えて反応したとき得られる最終生成物は何か．段階的な反応式を書いて示せ．

17.17　次のケトアルデヒドは 3 種類のエノラートイオンを生成する可能性があるが，NaOH を作用させたときに主生成物として得られるのは下に示す分子内アルドール縮合生成物であった．生成可能な生成物の構造を示し，この反応の選択性を説明せよ．

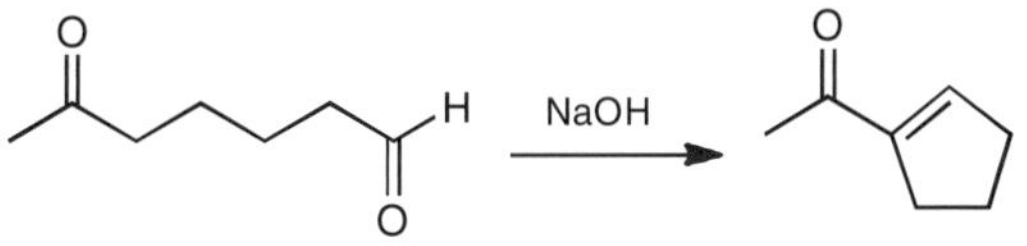

17.18　次に示す交差 Claisen 縮合の反応機構を書け．

17.19　次の反応の主生成物は何か．

(a)

(b)

(c)

(d)

(e) $NCCH_2CO_2Me + PhCH_2Br \xrightarrow[\text{2) } H_3O^+]{\text{1) NaOMe/MeOH}}$

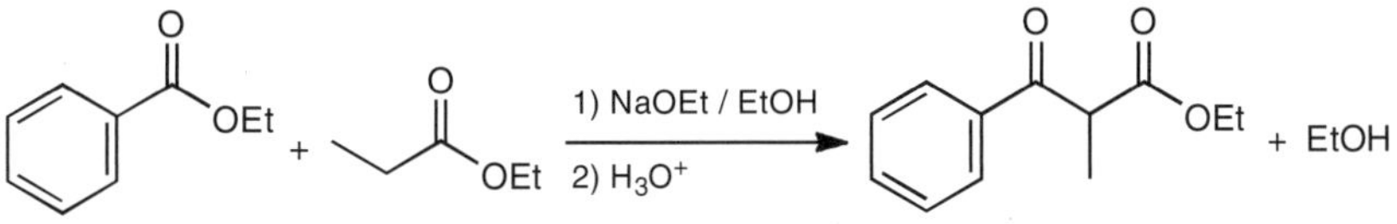

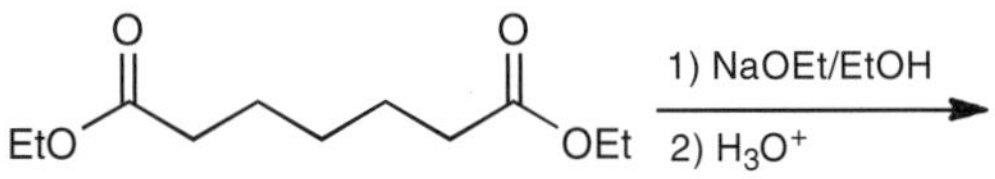

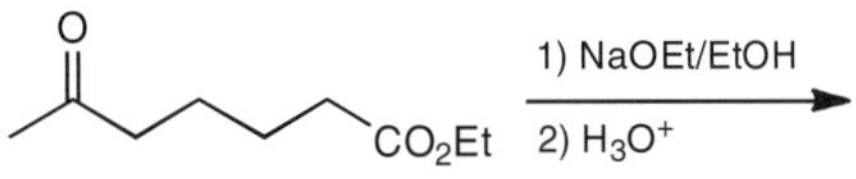

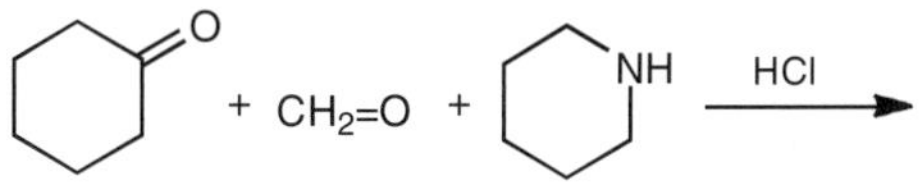

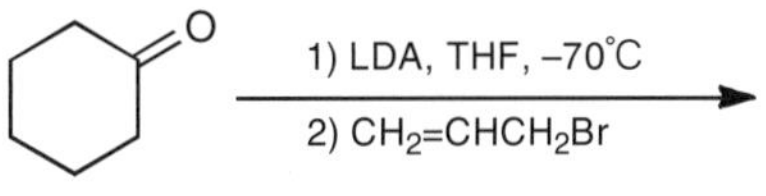

17.20 エステルのリチウムエノラートはアルデヒドとアルドール型の反応を起こす．エタン酸エチルのエノラートとエタナールの反応機構を示せ．

17.21 炭素数 5 以下のケトンと適当なアルキル化剤を用いて，次のケトンを合成するための反応を示せ．

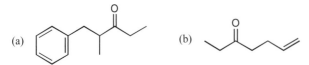

17.22 エタナールをホルマリン(メタナール水溶液)溶液中アルカリ条件で反応すると，まず 3 当量のメタナールがエタナールと反応し，その生成物がさらにメタナールと Cannizzaro 反応(10.3 節)を起こし，ペンタエリトリトールとよばれるテトラオールを生成する．この変換の全反応機構を示せ．

17.23 次のカルボン酸はプロパン二酸ジエチルのアルキル化(マロン酸エステル合成)によって合成できるか．可能な場合はその合成のための反応を書き，不可能な場合はその理由を説明せよ．
(a) 4-メチルペンタン酸　　(b) 2-メチルペンタン酸　　(c) 3,3-ジメチルペンタン酸
(d) 2,2-ジメチルペンタン酸　　(e) シクロペンタンカルボン酸

17.24 3-オキソブタン酸エチルのアルキル化(アセト酢酸エステル合成)によって次のケトンを合成するための反応を書け．
(a) 4-フェニル-2-ブタノン
(b) 3-メチル-5-フェニル-2-ペンタノン
(c) シクロヘキシルメチルケトン

17.25 次の反応の機構を示せ．

(a) PhCHO + PhCH$_2$CN $\xrightarrow[\text{EtOH}]{\text{NaOEt}}$

(b) $\xrightarrow[\text{加熱}]{\text{NaOH, H}_2\text{O}}$

17.26 アリのフェロモンをして知られるマニコン(manicone)は，3-ペンタノンのエノールシリルエーテルを用いて合成された．この合成反応を示せ．

マニコン

17.27 塩基性条件における次の二つのカルボニル化合物の反応は，交差アルドール反応を経て 90% 以上の収率で環状生成物を与える．この反応の機構を示せ．

求電子性アルケンと芳香族化合物の求核反応

ま と め
Summary

- ❏ **求電子性アルケン**は C=O，CN，NO₂ などの電子求引基と共役したアルケンであり，求核種が β 炭素を攻撃して**共役付加**を起こす（➡ 18.1，18.2 節）.
- ❏ 共役付加の生成物は単なる C=C 結合付加物である.
- ❏ α,β-不飽和カルボニル化合物は，共役付加(1,4-付加)とカルボニル付加(1,2-付加)を競争的に起こす（➡ 18.1 節）.
- ❏ カルボニル付加は可逆であり，ふつう共役付加の生成物のほうがより安定なので熱力学支配では共役付加生成物が得られる（➡ 18.1.1 項）.
- ❏ α,β-不飽和カルボニル化合物は HX や ROH の酸触媒共役付加も起こす（➡ 18.1.2 項）.
- ❏ 求核種となるのは，アミン，CN⁻，RO⁻，HO⁻，RSH，RS⁻，それに金属水素化物や有機金属化合物，エノラートイオンである.
- ❏ 求電子性アルケンへの求核付加の中間体はカルボアニオンであり，**アニオン重合**を起こすものもある（➡ 18.3 節）.
- ❏ エノラートイオンの共役付加は Michael 反応とよばれる.（➡ 18.4 節）
- ❏ ニトロ基のような電子求引基をオルトまたはパラ位にもつハロベンゼンは，**求核付加-脱離**により**芳香族求核置換反応**を起こす（➡ 18.6 節）.
- ❏ 活性化されていないハロベンゼンも，強力な塩基性条件では脱離反応を受け，**ベンザイン**を経て，**脱離-付加**の結果として求核置換反応を起こす（➡ 18.7 節）.
- ❏ **アレーンジアゾニウム塩**は，非常に優れた脱離基 N₂ をもつので，フェニルカチオンを生成し S$_N$1 反応を受ける（➡ 18.8 節）.
- ❏ アニリン類の NH₂ はジアゾニウム塩を経て，OH，I，Br，Cl，F，CN や H にも変換できる（➡ 18.8 節）.

反応例

求電子性アルケンへの求核付加（➡ 18.1 節）：

［速度支配と熱力学支配］

速度支配生成物 ⇌ （カルボニル付加 NaCN, HCl, H₂O 5 ℃） → （共役付加 NaCN, HCl, H₂O 80 ℃）→ 熱力学支配生成物

［共役付加］

Ph〜COPh → KCN, EtOH, AcOH 還流, 5 h → 収率 94%

KCN, MeOH, H₂O 還流, 1 h → 収率 93%

〜CO₂Et → 0.5 MeNH₂ EtOH 室温, 6 日 → Me—N(CH₂CH₂CO₂Et)₂ 収率 85%

シアノエチル化 〜CN → PhNH₂ 180 ℃, 2.5 h → PhHN〜CN 収率 75%

反 応 例

酸触媒共役付加 (➡ 18.1.2 項)：

有機金属化合物とヒドリドの付加 (➡ 18.1.3 項)：

　［ヒドリド還元］

	カルボニル付加	共役付加
LiAlH₄/THF	14%	86%
NaBH₄/MeOH	0%	100%
NaBH₄, CeCl₃/MeOH	97%	3%

　［Grignard 反応］

　（アルデヒドへのカルボニル付加）

　（ケトンへの競争的付加）

　［有機リチウムと銅塩］

エノラートの共役付加 (➡ 18.4 節)：

　［Michael 反応］

反 応 例

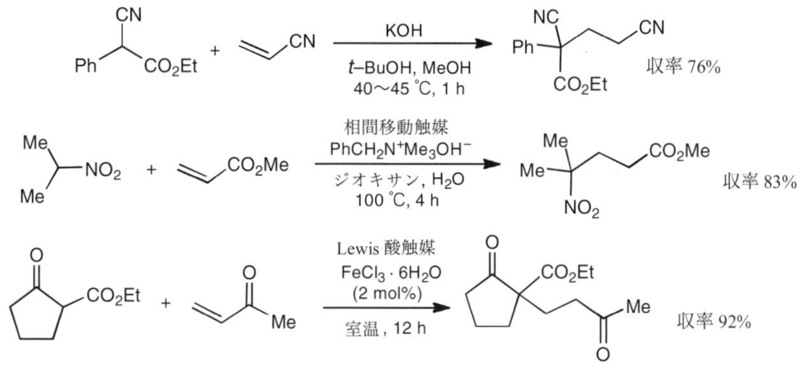

[エノール等価体]

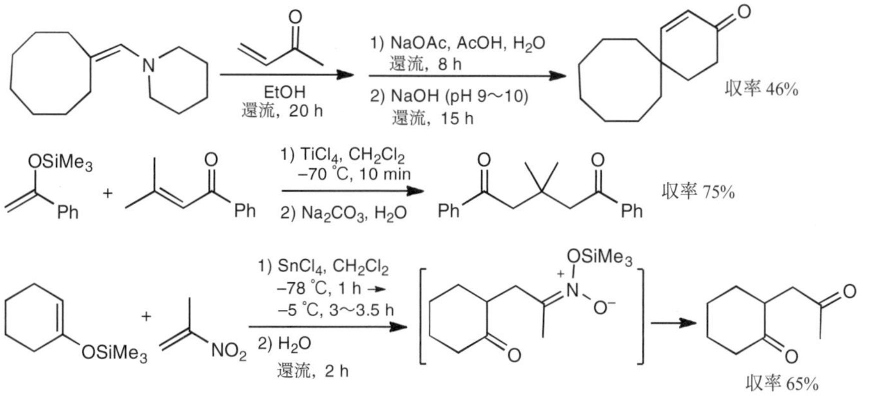

[Robinson 環化と関連反応]

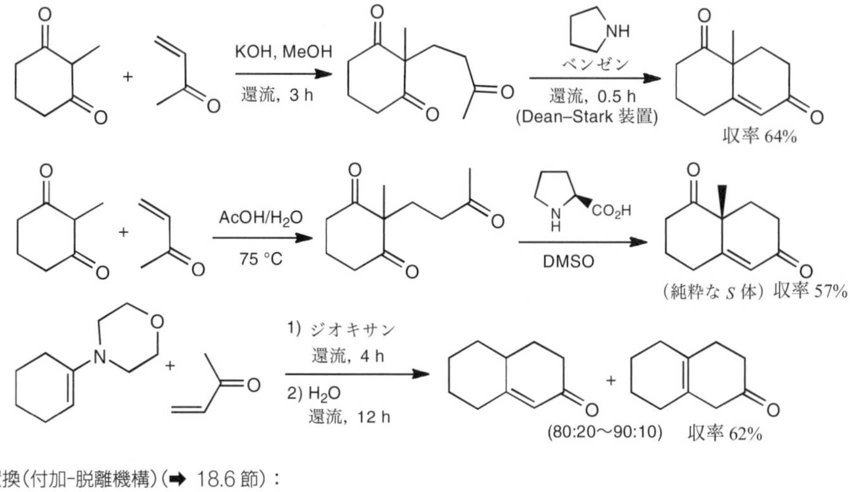

芳香族求核置換（付加-脱離機構）（➡ 18.6 節）：

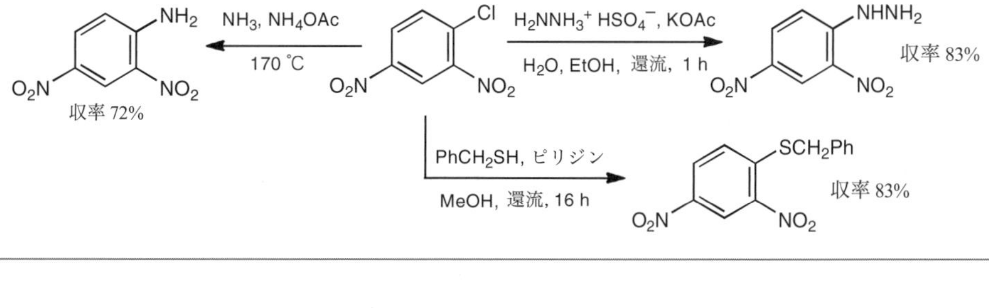

収率 76%

収率 83%

収率 92%

収率 46%

収率 75%

収率 65%

収率 64%

（純粋な S 体）収率 57%

（80:20〜90:10） 収率 62%

収率 72%

収率 83%

収率 83%

反 応 例

芳香族求核置換（脱離-付加機構）（➡ 18.7 節）：

芳香族ジアゾニウム塩の反応（➡ 18.8 節）：

■■■■ 問題解答

問題 18.1

(a) 　　(b)

問題 18.2

問題 18.3

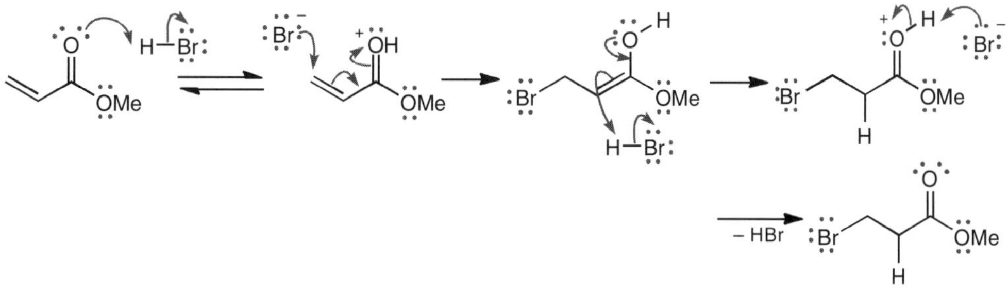

問題 18.4

(a)

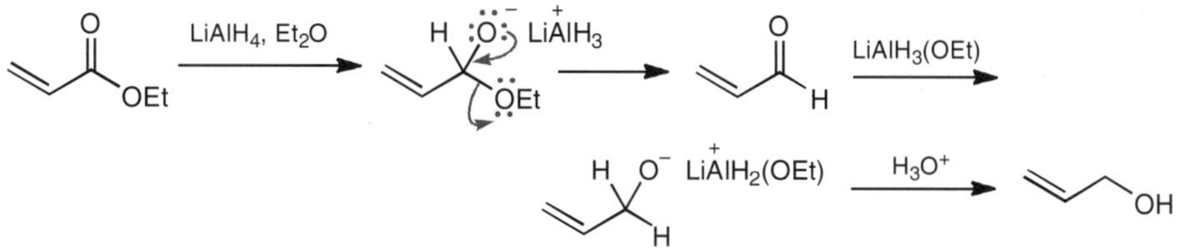

(b)

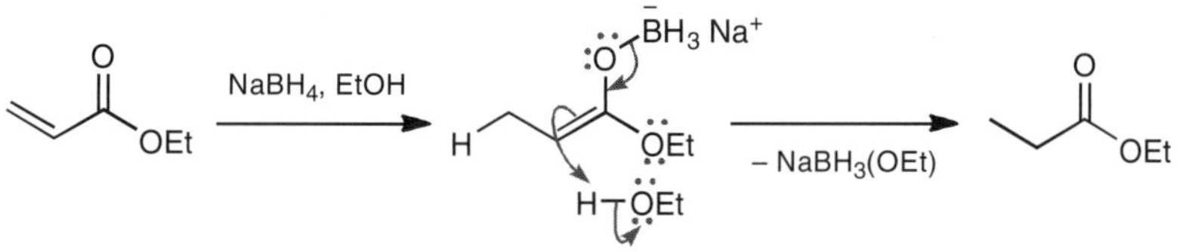

問題 18.5

(a)

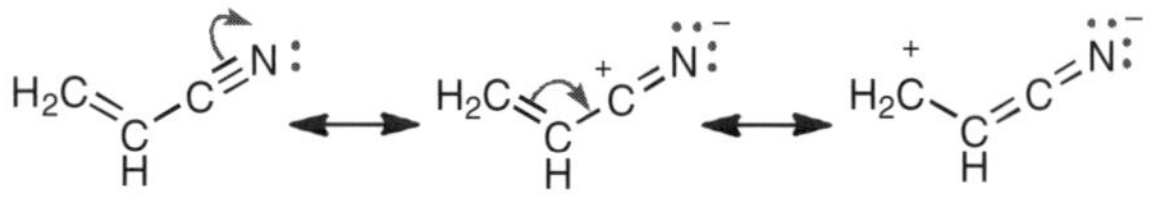

(b)

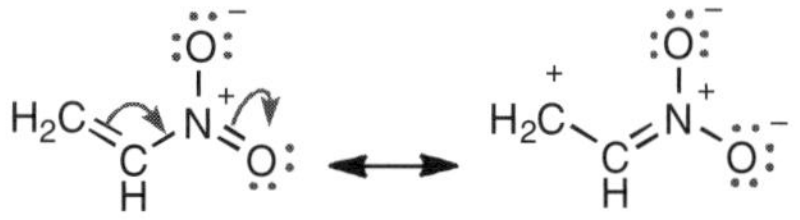

問題 18.6

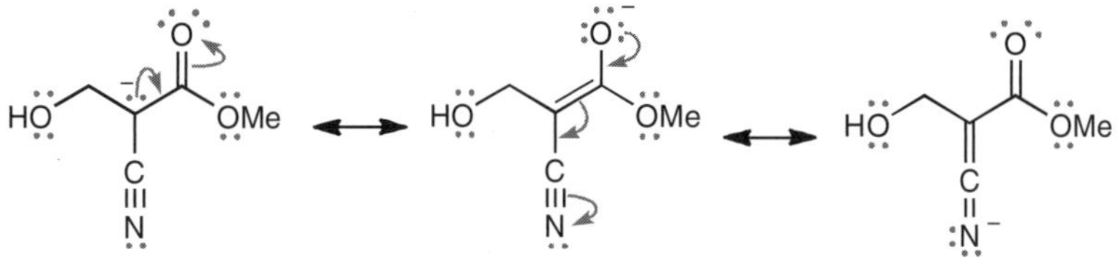

問題 18.7

(a)

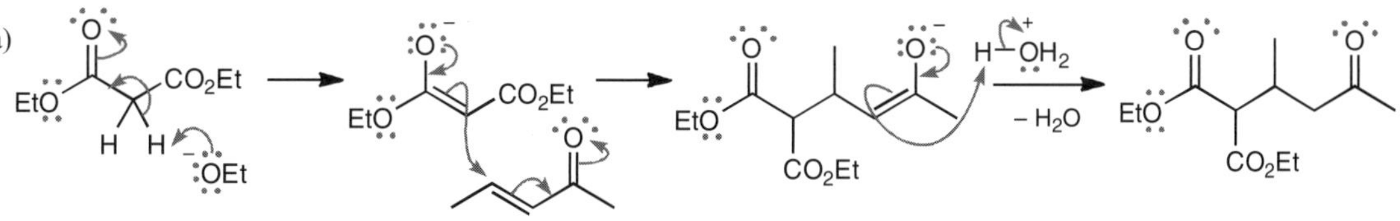

(b)

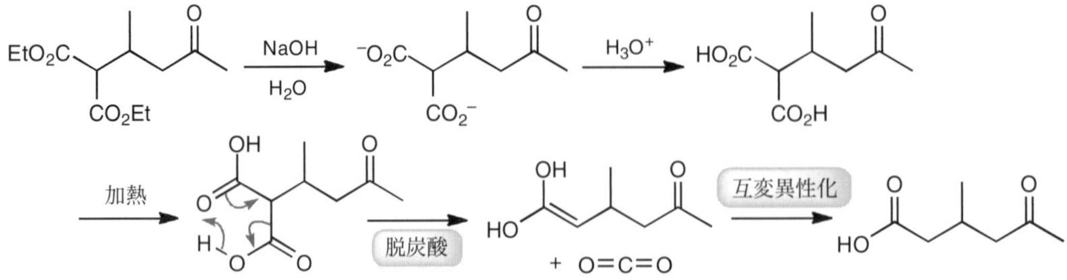

問題 18.8

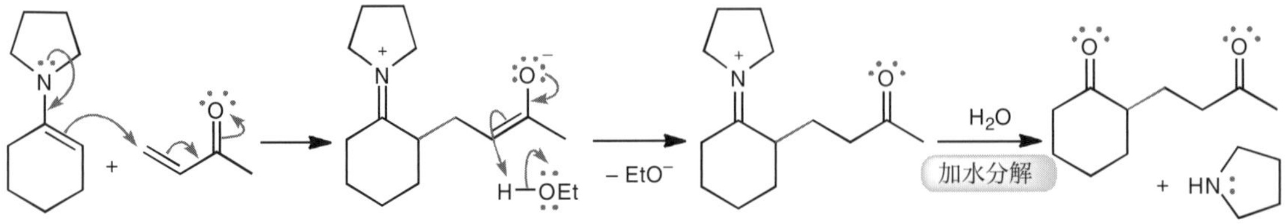

問題 18.9

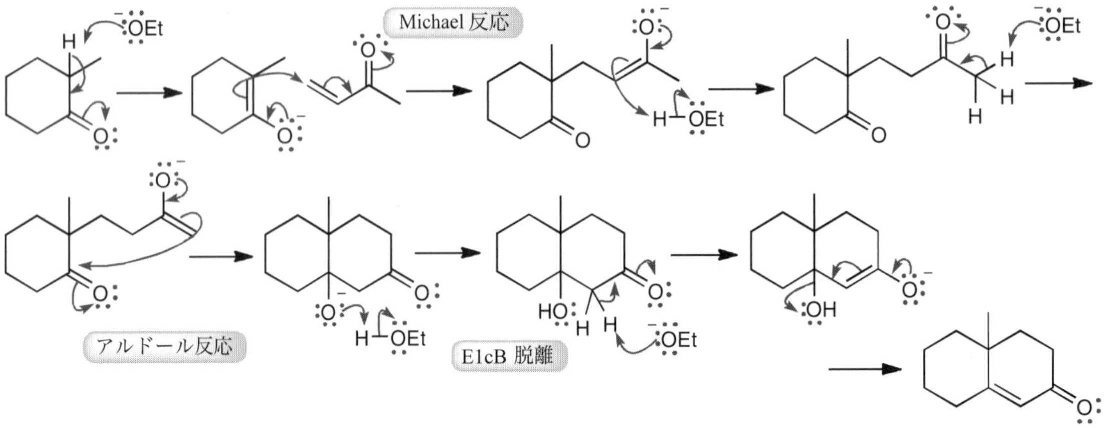

問題 18.10

　この求核置換反応は，メトキシドイオンが付加して生じるカルボアニオン中間体（反応 18.5）の構造に似た遷移状態（TS）を経て進む．このアニオン中間体を安定化する因子は TS のエネルギーを下げる．4位と2位のニトロ基は共役によって強くアニオンを安定化するが，3-ニトロ基は共役に関与できないので効果は小さい．したがって，このアニオンの安定性が遷移構造にも反映され，反応性は示されたような序列になる．

問題 18.11

(a)

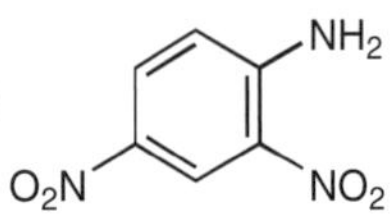

(b)

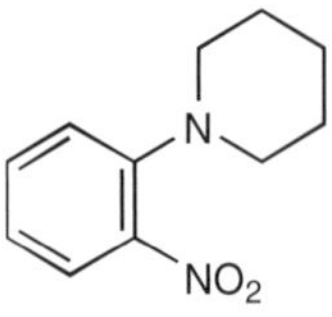

(c)

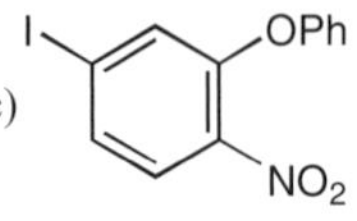

(d)

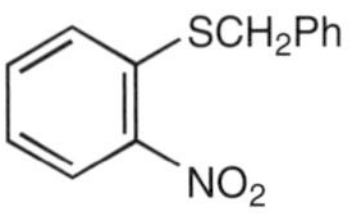

問題 18.12

　求核付加されないような単純なハロベンゼンでも，強塩基性条件で脱離によりベンザイン中間体ができれば求核置換を受ける．しかし，この化合物はハロゲン（臭素）置換基のオルト位が両方ともメチル基で塞がれているため脱離されないので，ベンザインを生成することができない．

問題 18.13

(a) （構造式：o-クロロトルエン, Me, Cl）

(b) （構造式：O_2N, OH）

(c) （構造式：Br, F）

(d) （構造式：CN, MeO）

章末問題解答

問題 18.14

(a) （構造式：CN, O, Ph, Ph）

(b) （構造式：CN, Ph, Ph, CN）

(c) （構造式：MeN, CO_2Et, CO_2Et）

(d) （構造式：S, CO_2Me, CO_2Me）

問題 18.15

(a) （構造式：Ph, OH）

(b) （構造式：Ph, O, Ph）

(c) （構造式：Ph, OH, Ph）

(d) （構造式：O）

問題 18.16

(a) （構造式：O, O, O）

(b) （構造式：NC, CO_2Et, CO_2Et）

(c) （構造式：MeO_2C, CN, CO_2Me）

(d) （構造式：O, O, Ph, Ph）

問題 18.17

(a) （構造式：NHNH_2, O_2N, NO_2）

(b) （構造式：OPh, MeO_2C, NO_2）

(c) （構造式：H_2N, NH_2, O_2N, NO_2）

問題 18.18

(a) （構造式）→ NaCN, H_2O, EtOH →（構造式：O, CN）→ 1) NaOH, H_2O 加熱 2) H_3O^+ →（構造式：O, CO_2H）

(b) （構造式）→ CO_2Et, NaOEt, EtOH →（構造式：O, O, CO_2Et）→ 1) NaOH, H_2O 2) H_3O^+ 3) 加熱 →（構造式：O, O）

(c) （構造式：CO_2Et）→ H_2C(CO_2Et)_2, NaOEt, EtOH →（構造式：EtO_2C, CO_2Et, CO_2Et）→ 1) NaOH, H_2O 2) H_3O^+ 3) 加熱 →（構造式：HO_2C, CO_2H）

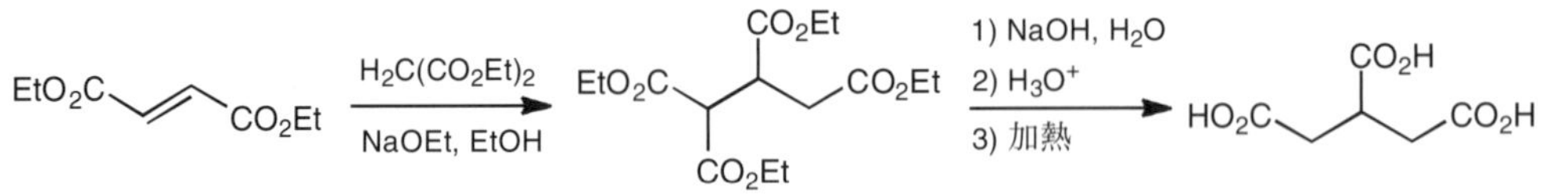

問題 18.19

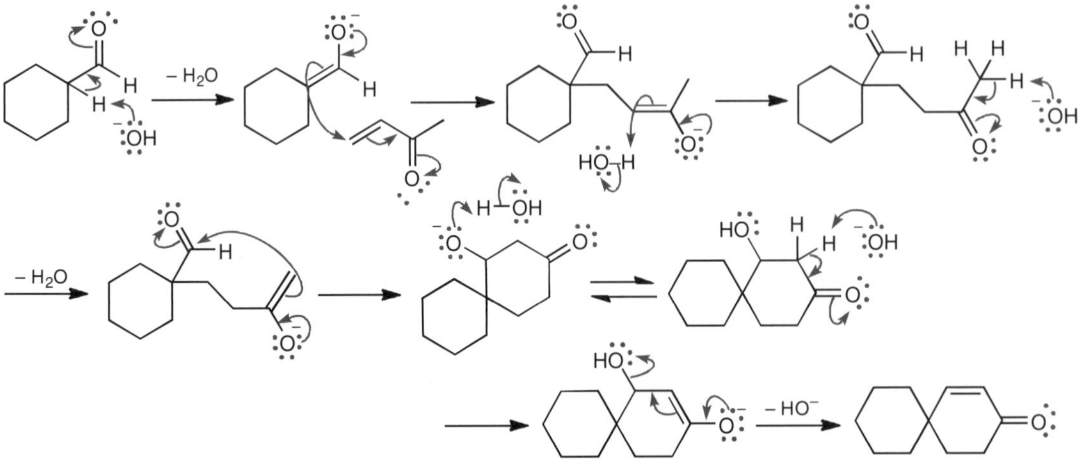

問題 18.20

(a) 電子求引(活性化)効果は 3-NO$_2$ < 2-NO$_2$ であり，その両方が結合しているものはさらに反応性が高い.

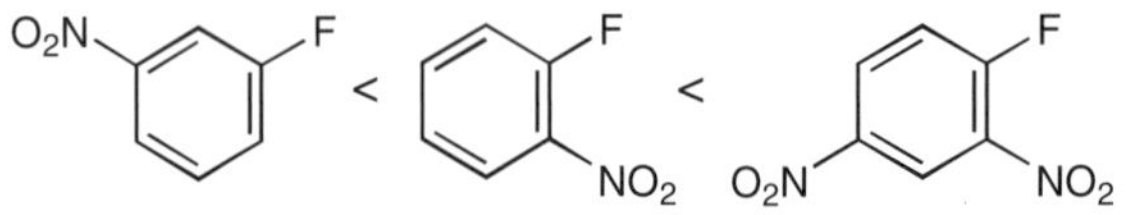

(b) 律速段階はハロゲンが結合している C への求核攻撃であり，ハロゲンの電子求引性(電気陰性度)が大きいほど，すなわち Br < Cl < F の順に反応は速くなる.

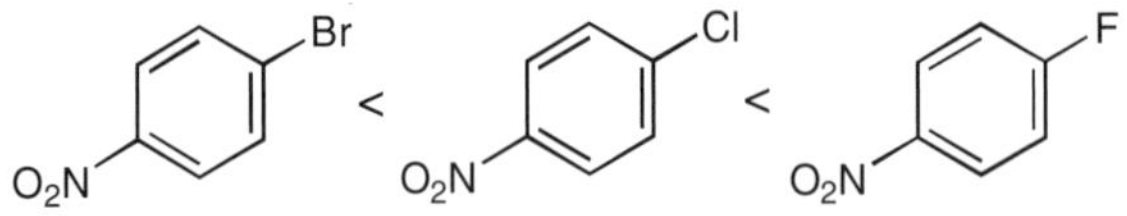

(c) 置換基の電子求引(活性化)効果は，MeO < MeC(O) < NO$_2$ の順に大きくなる.

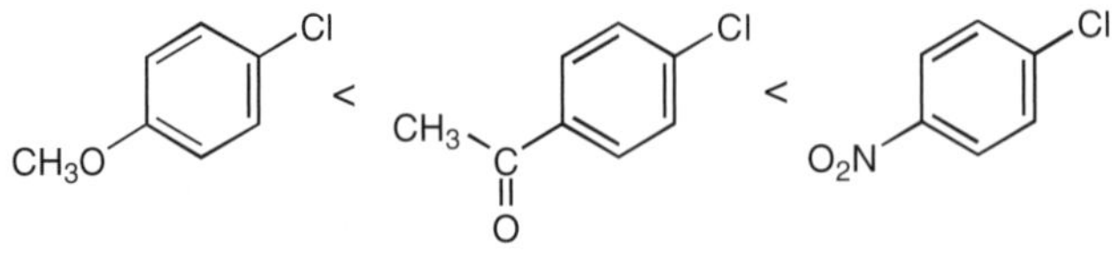

問題 18.21

(a) 3-NO$_2$ よりも 2-NO$_2$ のほうが求核付加によって生成するアニオン中間体を強く安定化するので，NO$_2$ の 2(オルト)位の Cl の位置で反応する.

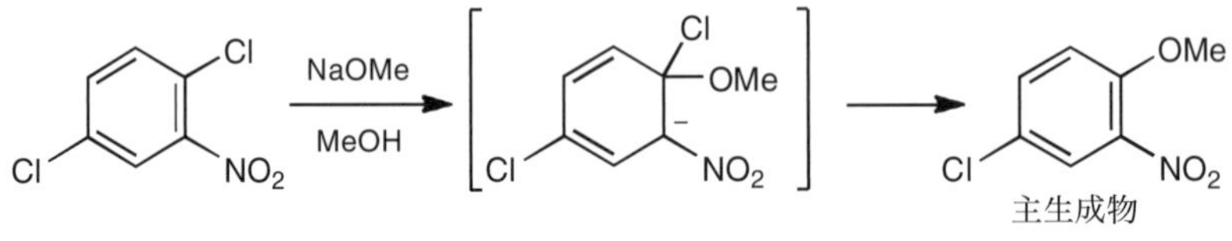

(b) ハロゲンが結合している C への求核攻撃が律速であり，Br よりも F のほう電子求引効果が大きいので，その位置に起こりやすい．

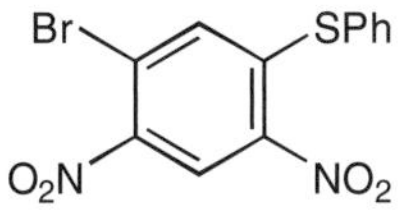

問題 18.22

(a) 2 種類のベンザインが生成するので，3 種類の生成物が可能である．

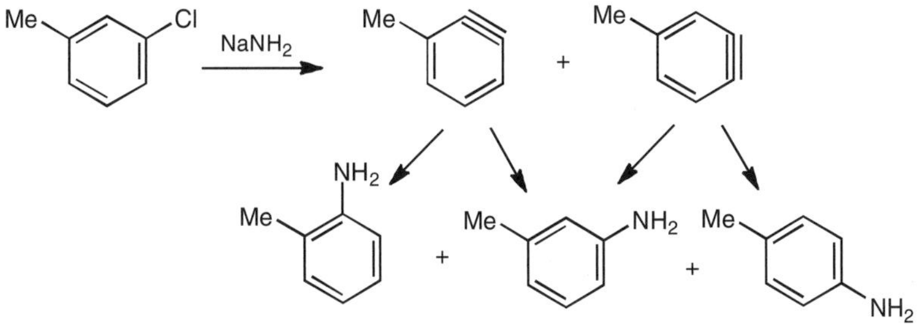

(b) 中間体のベンザインへの求核付加が CF₃ 基から遠いほうに優先的に起こる．生成するアニオンが電子求引基の CF₃ に近いほうが有利だからである．

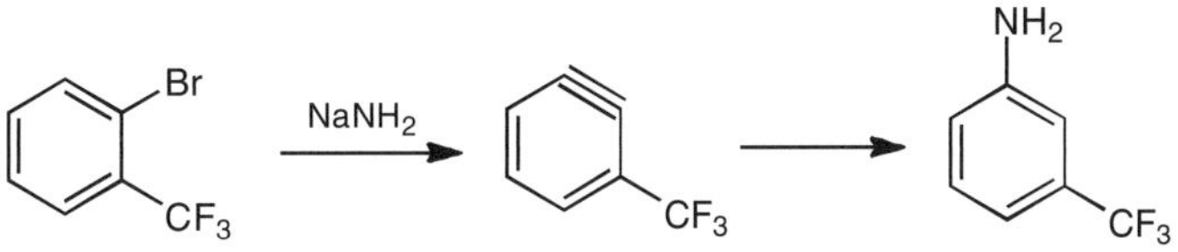

(c) 2 種類のベンザインが生成し，求核付加は電子求引基としてはたらく MeO 基から遠い位置で起こる．

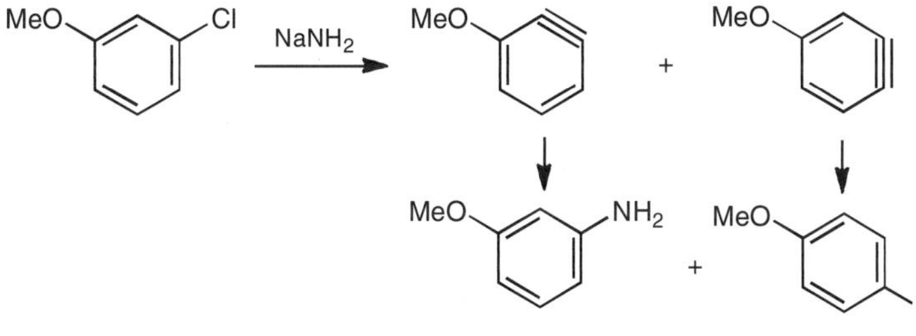

問題 18.23

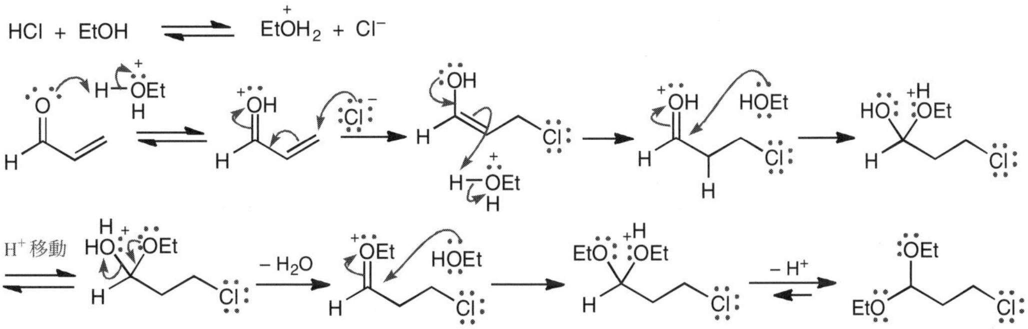

問題 18.24

(a)

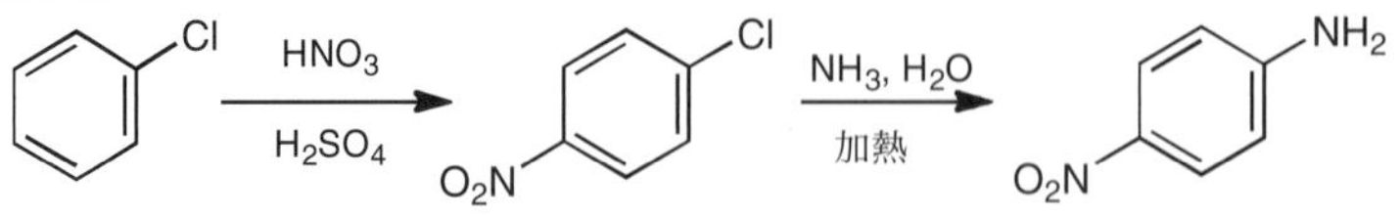

(b)

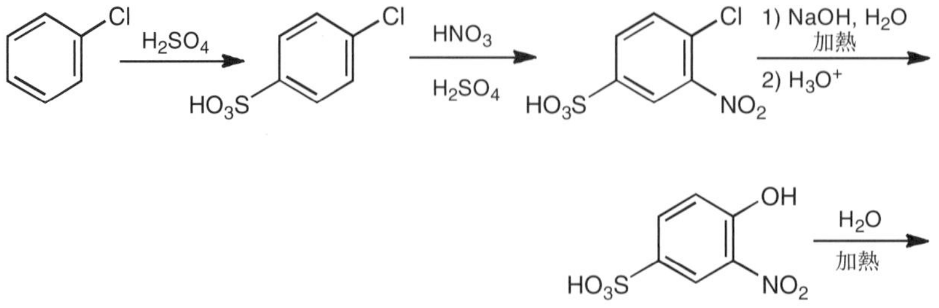

問題 18.25

(a)

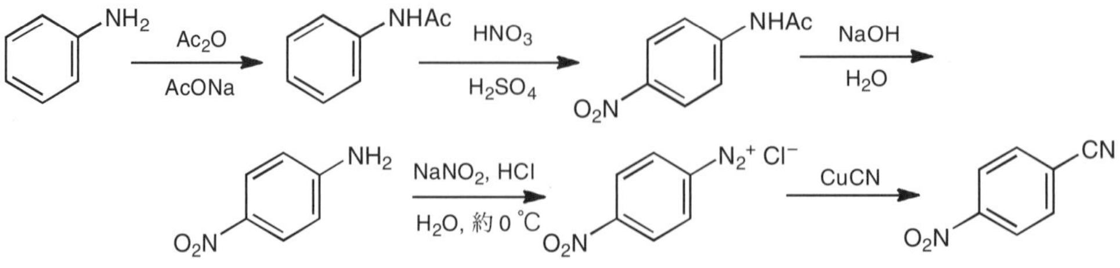

(b)

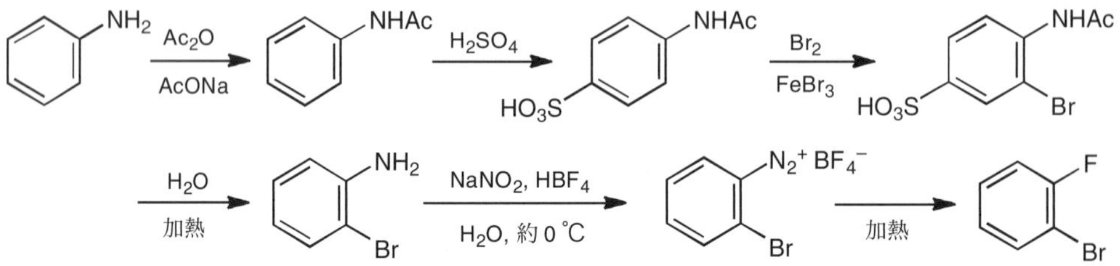

問題 18.26

(a)

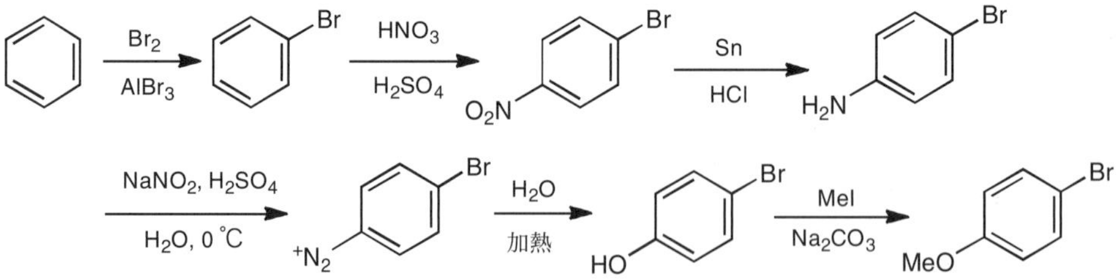

(b)

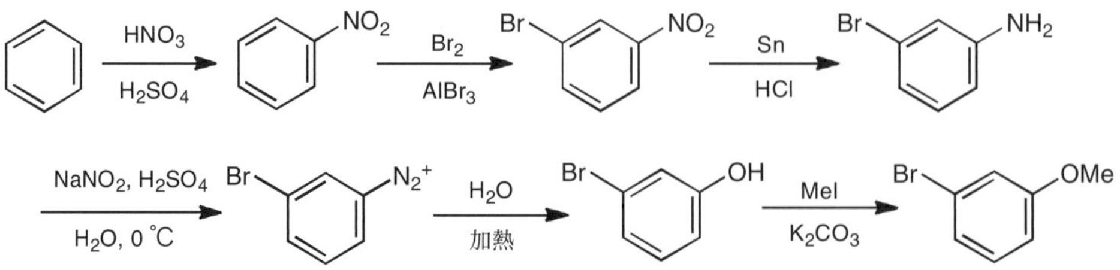

演習問題

18.01　次の反応の主生成物は何か．

(a) + Me₂NH → H₂O

(b) + NaCN → H₂O

(c) + PhMgBr → 1) Et₂O　2) H₃O⁺

(d) + HO⌒SH → EtOH

(e) + MeOH → NaOMe / MeOH

(f) + MeOH → TsOH / MeOH

18.02　次の反応の主生成物は何か．

(a) + EtO⌒CO⌒OEt → 1) NaOEt, EtOH　2) H₃O⁺

(b) + → 1) NaOEt, EtOH　2) H₃O⁺

(c) + → 1) NaOEt, EtOH　2) H₃O⁺

(d) + → 1) 加熱　2) H₃O⁺

18.03　次のアルケン酸エステルに過剰量のブチルリチウムを反応させたとき得られる生成物は何か．反応式を書いて答えよ．

1) BuLi, THF　2) H₃O⁺

18.04　3-ブテン-2-オンへの HCN のカルボニル付加と共役付加の反応機構を書け．反応は NaCN 水溶液に酸を加えて反応するものとする．

18.05　ブチルリチウムを開始剤としてスチレンのアニオン重合を行ったとき，反応がどのように進むか反応式で示せ．

18.06　次の反応式において A, B, C の構造を示し，反応がどのように進むか巻矢印を用いて示せ．

+ → NaOEt / EtOH → A → 1) NaOH, H₂O　2) HCl, H₂O → B → 加熱 → C

18.07　次の反応の機構を書け．

+ NaNO₂ → AcOH / H₂O, THF → O₂N⌒CHO

18.08 次の Robinson 環化反応の生成物は何か. 反応式を書いて構造を示せ.

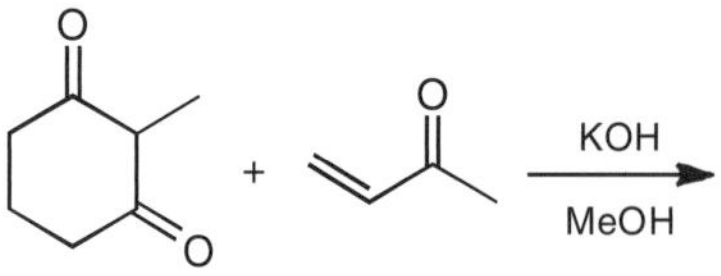

18.09 次の Robinson 環化反応の生成物は何か.

(a)

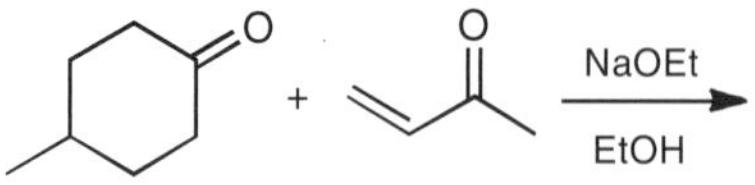

(b)

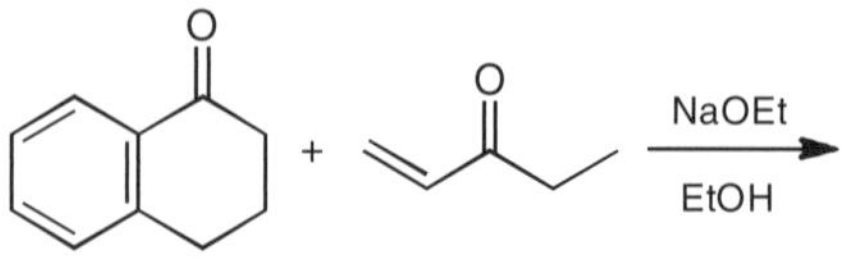

(c)

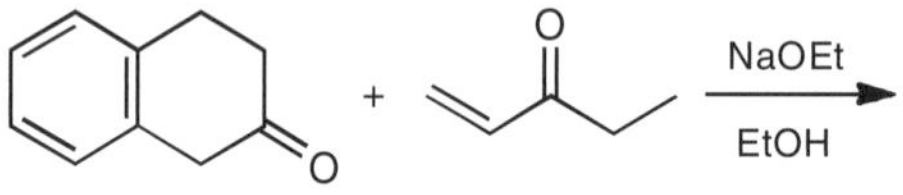

18.10 次に示す反応について次の問に答えよ.

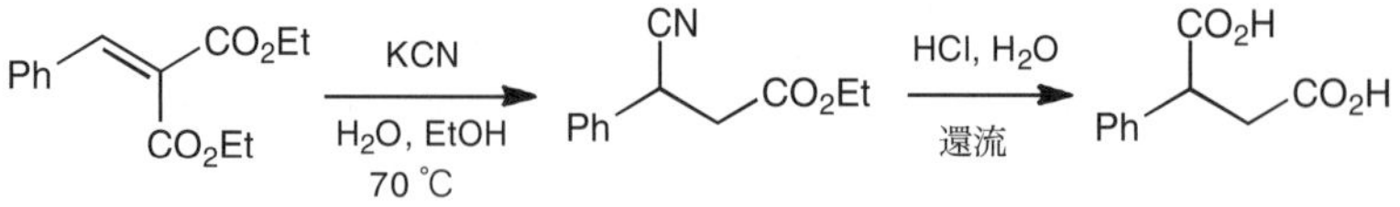

(a) 出発物の不飽和ジカルボン酸のジエステルはどのようにして合成すればよいか. 反応式で示せ.

(b) このジエステルをエタノール–水溶液中で KCN と反応させると β–シアノカルボン酸が得られ, つ いで塩酸水溶液とともに還流するとジカルボン酸が得られる. この変換反応がどのように起こった か反応式を書いて説明せよ.

18.11 3–ペンテン–2–オンから二つの異性体生成物(**A**)または(**B**)を選択的に得るためには, それぞれど のように反応すればよいか.

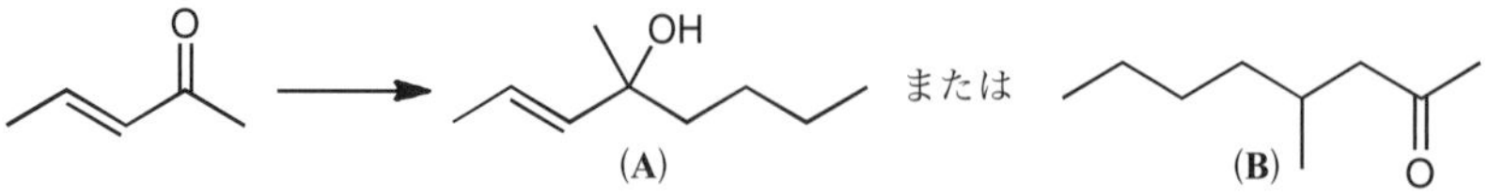

18.12 次の反応では 2 種類の生成物が得られる. 反応がどのように進むか, 段階的な反応式を書いて説 明せよ.

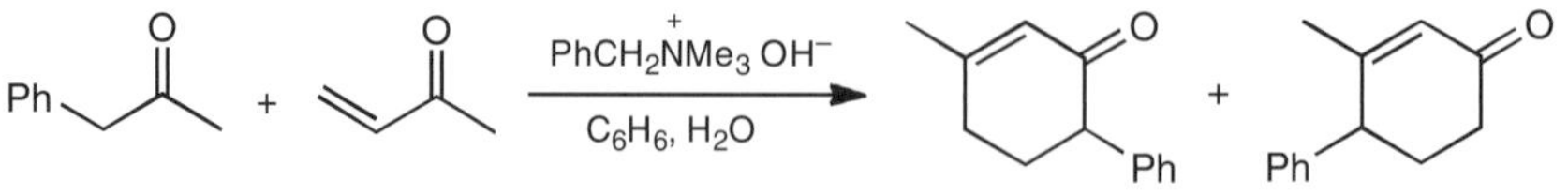

18.13 次の変換反応の各段階に必要な反応剤を書き, 反応がどのように進むか段階的な反応式で示せ.

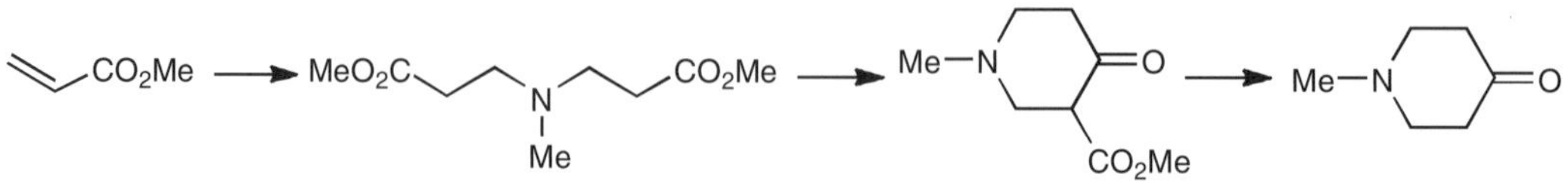

18.14 次の反応がどのように進むか段階的な反応式で示せ.

Ph—CH=CH—CO—CH=CH—Ph ＋ NC—CH₂—CO₂Et　$\xrightarrow[\text{EtOH}]{\text{NaOEt}}$　(2,6-ジフェニル-4-オキソシクロヘキサン-1-カルボニトリル-1-カルボン酸エチル)

18.15 プロペン酸エチルから次に示すような生成物を得るにはどうしたらよいか，反応式で示せ.

CH₂=CH—CO₂Et　⟶　HO—C(CH₃)₂—CH₂CH₂—S—CH₂CH₂—C(CH₃)₂—OH

18.16 次の反応は2種類の生成物を与える可能性がある．それらは何か．主生成物を与える反応の機構を書き，反応選択性を説明せよ.

CH₂=CH—CN ＋ (2-フェニルシクロヘキサノン)　$\xrightarrow[\text{2) H}_2\text{O}]{\text{1) NaNH}_2,\ \text{NH}_3}$

18.17 α,β-不飽和カルボニル化合物はアルドールの脱水あるいはα-ハロゲン化カルボニル化合物の脱離反応によって合成できる．次の化合物を合成するための反応を示せ.

(a) (2-メチル-2-ペンテナール)　(b) (1-フェニル-2-プロペン-1-オン)　(c) (1,3-ジフェニル-2-プロペン-1-オン)　(d) (2-シクロヘキセン-1-オン)

18.18 次の反応の機構を書け.

Ph—CH=CH—CO—Ph ＋ Ph—CO—CH₃　$\xrightarrow{\text{HBF}_4,\ \text{Et}_2\text{O}}$　Ph—CO—CH₂—CH(Ph)—CH₂—CO—Ph

18.19 次の反応の主生成物は何か.

(a) (1-フルオロ-2,4-ジニトロベンゼン) ＋ (ピロリジン) NH　$\xrightarrow{\text{EtOH}}$

(b) (1,4-ジクロロ-2-ニトロベンゼン) ＋ MeONa　$\xrightarrow{\text{MeOH}}$

(c) (1-フルオロ-2,4-ジニトロベンゼン) ＋ (フェノール) OH　$\xrightarrow[\text{DMF}]{\text{K}_2\text{CO}_3}$

(d) (2-フルオロ-4-ヨード-1-ニトロベンゼン) ＋ (フェノール) OH　$\xrightarrow[\text{DMF}]{\text{K}_2\text{CO}_3}$

18.20 アミンによる求核置換反応における反応性は，次の化合物の組合せではどちらが大きいか説明せよ.

(a) (1-フルオロ-2,4-ジニトロベンゼン) と (1-ブロモ-2,4-ジニトロベンゼン)　(b) (1-クロロ-2,4-ジニトロベンゼン) と (2-クロロ-5-ニトロベンゾニトリル)

18.21　次の反応の主生成物は何か.

(a) 　(b) 　(c)

(d) 　(e) 　(f)

18.22　1,2-ジクロロ-4-ニトロベンゼンをメタノール中過剰のナトリウムメトキシドと反応させると，ただ1種類の生成物が得られる. その生成物の構造を示し，ほかのメトキシ体やジメトキシ体が生成しない理由を述べよ.

18.23　2-クロロトルエンを，加圧下にNaOH水溶液とともに360℃に加熱すると，メチルフェノール(クレゾール)のオルトとメタ異性体がほぼ等量得られた. この結果を，反応式を書いて説明せよ.

18.24　次の反応の機構を書け.

18.25　ベンゼンから直接フェノールを合成するのはむずかしいが, アニリンを経由する一連の反応によって合成できる. 必要な反応剤とおもな反応条件を示して，この一連の反応を書け.

18.26　ベンゼンから次の化合物を合成する方法を示せ.
（a）4-t-ブチルフェノール　　（b）3-t-ブチルフェノール

18.27　アニリンから選択的に2-ニトロフェノールを合成する方法を示せ.

18.28　4-ヒドロキシ安息香酸メチルをトルエンから合成する方法を反応式で示せ. この化合物は，メチルパラベンという名称で食品や化粧品に防腐剤として添加されている.

18.29　次の化合物を指定された出発物から合成する方法を示せ.

(a) 　(b)

(c) 　(d)

(e) 　(f)

18.30　次の反応の機構を書け.

18.31　塩基による 1–フルオロ–2–ニトロベンゼンと 2–アミノ–2–フェニルエタノールとの反応は, 塩基の種類によって異なる生成物を与える. DMF 溶媒中で, (a) K_2CO_3 あるいは (b) NaH を用いて得られる主生成物の構造を示し, その結果になる理由を説明せよ.

18.32　次に示すベンゼン誘導体の変換反応のスキームに必要な反応剤を, 矢印のところに書いて完成せよ.

多環芳香族化合物と芳香族ヘテロ環化合物

19

ま と め
Summary

❑ **多環芳香族化合物**は二つ以上のベンゼノイド環からなり，場合によっては非ベンゼノイド環も含む(➡ 19.1.1 項).

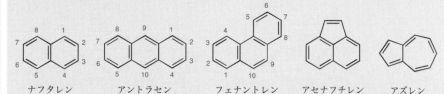

ナフタレン　　　　アントラセン　　　　フェナントレン　　アセナフチレン　　アズレン

❑ ナフタレンは 1 位に，アントラセンとフェナントレンは 9 (10) 位に**求電子置換**を起こしやすい(➡ 19.1.2 項).

❑ 最も一般的な**芳香族ヘテロ環化合物**は N，O，S を含む五員環と六員環であり，ベンゼノイド環が縮合したものもある(➡ 19.2 節).

❑ 芳香族ヘテロ五員環の代表はピロール，フラン，チオフェンであり，その構造はシクロペンタジエニドイオンと等電子的である．芳香族ヘテロ六員環の代表はピリジンで，ベンゼンと等電子的である(➡ 19.2 節).

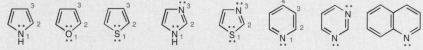

ピロール　　フラン　　チオフェン　　イミダゾール　　チアゾール　　ピリジン　　ピリミジン　　キノリン

❑ ピロールは塩基性を示さない(➡ 19.3 節).

❑ 芳香族ヘテロ五員環ではヘテロ原子の非共有電子対が供与的にはたらくので，求電子置換に対して高い反応性をもつ(➡ 19.4.1 節).

❑ ピリジンでは N が電子求引的にはたらくので，求電子種に対する反応性が低く，脱離基をもつ誘導体は求核置換反応を受けやすい(➡ 19.4.2 節).

反 応 例

多環芳香族化合物の反応(➡ 19.1.2 項)：

［求電子置換］

ナフタレン → Br$_2$, CCl$_4$ 還流 12～15 h → (1-ブロモナフタレン) 収率 74%

(2-ナフチルアセトアミド) → HNO$_3$, AcOH < 40 ℃ → (ニトロ体) 収率 48%

(アセチル-メトキシナフタレン) ← AlCl$_3$, CS$_2$ < 0 ℃ (低温) ← (2-メトキシナフタレン) + Me—C(=O)—Cl → AlCl$_3$, PhNO$_2$ 約12 ℃, 2 h 室温, 12 h → (6-メトキシナフタレン体) 収率 46%

反 応 例

（速度支配生成物）　　　　　　　　　　　　　　　　　　　（熱力学支配生成物）

収率 65%

収率 85%

収率 92%

収率 82%

［その他の反応］
（酸　化）

収率 80%　　　　　　　　　　　　　　　　収率 94%

収率 46%

（ベンザイン中間体との Diels–Alder 反応）

トリプチセン
収率 28%

芳香族ヘテロ五員環化合物（➡ 19.4.1 項）：
［求電子置換］

（Vilsmeier 反応）収率 78%　　　　　収率 78%

（Mannich 反応）
収率 72%

反 応 例

チオフェン + HNO$_3$, Ac$_2$O, AcOH, 10 ℃→室温, 2 h → 2-ニトロチオフェン 収率 80%

(a) MeCOCl, SnCl$_4$, ベンゼン, 0 ℃→室温 または (b) Ac$_2$O, H$_3$PO$_4$, 還流, 2 h → 2-アセチルチオフェン 収率 80%

I$_2$, HNO$_3$/H$_2$O, 室温→還流, 0.5 h → 2-ヨードチオフェン 収率 70%

CH$_3$CHO, HCl, 10 ℃, 25 min → 1-クロロエチルチオフェン （ピリジン（脱離） → 2-ビニルチオフェン 収率 55%）

[求電子付加など]

フラン + Br$_2$, MeOH, Na$_2$CO$_3$, ベンゼン, −5〜0 ℃, 3 h → [Br―OMe] (S$_N$1) → MeO―OMe 収率 77%

2,5-ジメチルフラン + H$_2$O, H$_2$SO$_4$ 触媒, H$_2$O, AcOH （加水分解） → ジケトン

フラン + CO$_2$Me・CO$_2$Me アセチレン, 加熱 （Diels–Alder 反応） → CO$_2$Me, CO$_2$Me 付加体

[インドールの求電子置換と S$_N$2 反応]

インドール 1) DMF, POCl$_3$ 2) NaOH, H$_2$O → 3-ホルミルインドール （Vilsmeier反応）収率 97%

インドール (a) 1) KOH, DMSO, 室温, 5 min 2) PhCH$_2$Cl, 25 ℃, 45 min または (b) 1) NaH, HMPA, 25 ℃, 5 h 2) PhCH$_2$Cl, 0→25 ℃, 一晩 → 1-ベンジルインドール 収率 90%

ピリジン（➡ 19.4.2 項）：

[求核置換]

ピリジン 1) NaNH$_2$, 液体 NH$_3$ 2) H$_2$O （Chichibabin 反応） → 2-アミノピリジン + H$_2$ 収率 75%

4-クロロピリジン NaOMe, MeOH → 4-メトキシピリジン 収率 75%

2-アミノピリジン NaNO$_2$, HCl/H$_2$O, 約 0 ℃ （ジアゾ化） → 2-ヒドロキシピリジン ⇄ 2-ピリドン

[求電子置換]

ピリジン 発煙硫酸 (20% SO$_3$/H$_2$SO$_4$), 230 ℃, 24 h → 3-スルホン酸ピリジン 収率 71%

2-アミノピリジン 1) Br$_2$, AcOH, 20→50 ℃ 2) NaOH, H$_2$O → 5-ブロモ-2-アミノピリジン 収率 65% 1) HNO$_3$, H$_2$SO$_4$, 0→60 ℃ 2) NaOH, H$_2$O → 5-ブロモ-3-ニトロ-2-アミノピリジン 収率 80%

(S$_N$2) ピリジン + MeI → N-メチルピリジニウム ヨージド 収率 100%

反 応 例

[ピリジン N-オキシド]

（合成反応）　ピリジン　$\xrightarrow[\text{AcOH, 85 ℃, 1 h}]{\text{40\% MeCO}_3\text{H}}$　ピリジン N-オキシド·AcOH　$\xrightarrow{\text{減圧蒸留}}$　ピリジン N-オキシド　収率 80%

$\xrightarrow[\text{2) NaOH, H}_2\text{O}]{\substack{\text{1) HNO}_3\text{, H}_2\text{SO}_4 \\ \text{90 ℃, 14 h}}}$　4-ニトロピリジン N-オキシド　収率 90%　$\xrightarrow[-\text{P(O)Cl}_3]{\text{PCl}_3}$　4-ニトロピリジン

[キノリンとイソキノリン]

キノリン　$\xrightarrow[\substack{\text{H}_2\text{SO}_4 \\ 15\sim20\,℃, 5\,\text{h}}]{\text{発煙 HNO}_3}$　5-ニトロキノリン　収率35%　＋　8-ニトロキノリン　収率43%

イソキノリン　$\xrightarrow[\substack{\text{H}_2\text{SO}_4 \\ 0\,℃, 0.5\,\text{h}}]{\text{HNO}_3}$　5-ニトロイソキノリン　収率72%　＋　8-ニトロイソキノリン　収率8%

イソキノリン　$\xrightarrow[-20\,℃, 5\,\text{h}]{\substack{\text{NBS} \\ \text{濃 H}_2\text{SO}_4}}$　5-ブロモイソキノリン　収率 49%　$\xrightarrow[-10\,℃, 1\,\text{h}]{\substack{\text{KNO}_3 \\ \text{濃 H}_2\text{SO}_4}}$　5-ブロモ-8-ニトロイソキノリン　全収率 49%

問題解答

問題 19.1

アントラセン

フェナントレン

問題 19.2

　1 位における反応と 2 位における反応で生成するカチオン中間体の共鳴を比べると，1 位における反応で生成したカチオンのほうが安定であり，この反応が優先的に起こると予想される．前者には七つの共

鳴構造式が書け，そのうち四つは完全なベンゼン環を保持しているのに対し，後者には六つの共鳴構造式が書けるがそのうちの二つだけしかベンゼン環を保持していない．すなわち，前者のほうが安定で生成しやすい．

1 位反応：

2 位反応：

問題 19.3

アントラセンの 9 位あるいは 1 位における求電子種の反応で生成するカチオンは次のように書ける．前者は二つの独立したベンゼン環を保持しているのに対して，後者はナフタレン環を保持している．このことは前者のほうが共鳴エネルギーをより多く保持しており，失われるエネルギーが小さいことを示す．すなわち，後者よりも生成しやすい．

問題 19.4

O は電気陰性度が大きいので，テトラヒドロフランの双極子は O のほうが負電荷末端になっている．フランでは，共鳴式で示すように O の非共有電子対が環のほうに流れるように非局在化しているので，誘起効果による電子の偏りが π 電子の非局在化で弱められており，双極子が小さくなっている．

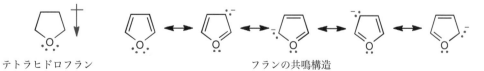

テトラヒドロフラン   フランの共鳴構造

問題 19.5

イミダゾールの NH 上の非共有電子対は 2p 軌道に入っており芳香族 6π 電子系に含まれているので，プロトン化されると芳香族系を壊す．一方，もう一つの N 上の非共有電子対は sp^2 軌道に入っており π 電子系とは直交しているので，プロトン化されても芳香族系に影響を及ぼさない．

問題 19.6

2 位における反応で生じたカチオンは三つの共鳴構造式で表されるが，3 位における反応で生じたカチ

オンは二つしか共鳴構造式をもたない．したがって，2位反応による中間体のほうが安定である．

2位反応による中間体：   3位反応による中間体：

問題 19.7

3位反応によって生じたカチオンはNの非共有電子対と直接共役できるが，2位反応によってできたカチオンはベンゼン環を通してNの非共有電子対と共役するとベンゼン環が壊れた構造になる．したがって，前者の中間体カチオンのほうが安定で，3位反応が優先されるものと考えられる．

3位反応による中間体：   2位反応による中間体：

問題 19.8

問題 19.9

2-クロロピリジンから生成したアニオンは，電気陰性なN上に負の形式電荷がある共鳴構造式をもち，このアニオンの安定化に寄与している．3-クロロピリジンから生成したアニオンも三つの共鳴構造式をもつが，負の形式電荷はいずれもC上にあり，2-クロロ体から生成したアニオンほど安定ではない．

問題 19.10

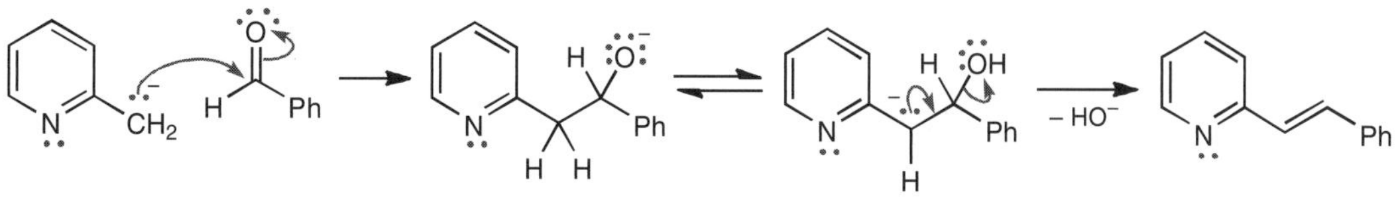

章末問題解答

問題 19.11

(a) 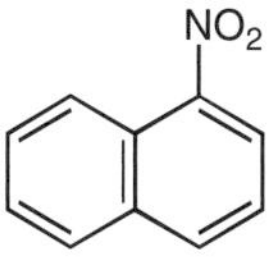   (b) 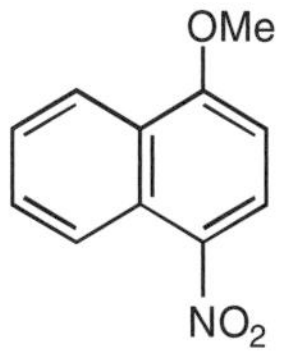   (c) 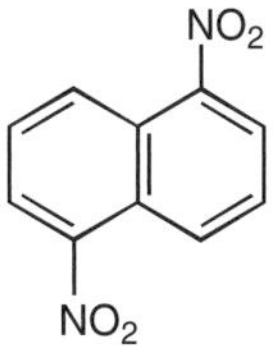   (d)

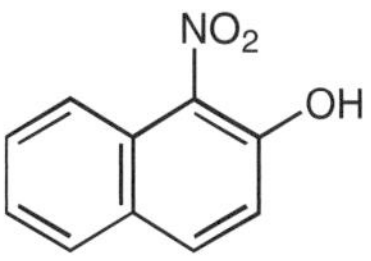

問題 19.12

(a) 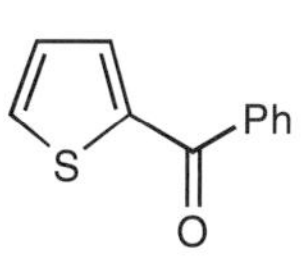   (b) 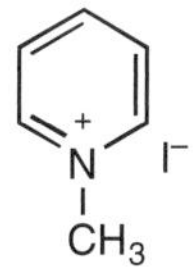   (c) 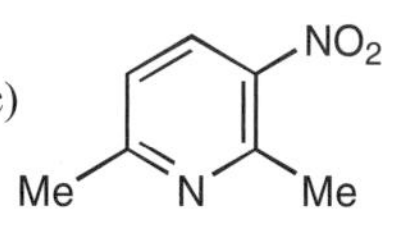   (d)

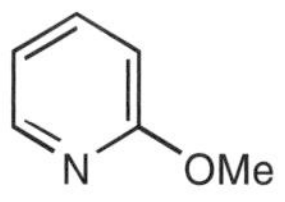

問題 19.13

　N–プロトン化した構造では，形式電荷をもつ N が sp³ 混成になっているので，正電荷は非局在化できない．*C*–プロトン化した構造は共鳴式で示すように正電荷が非局在化できるので安定化されている．

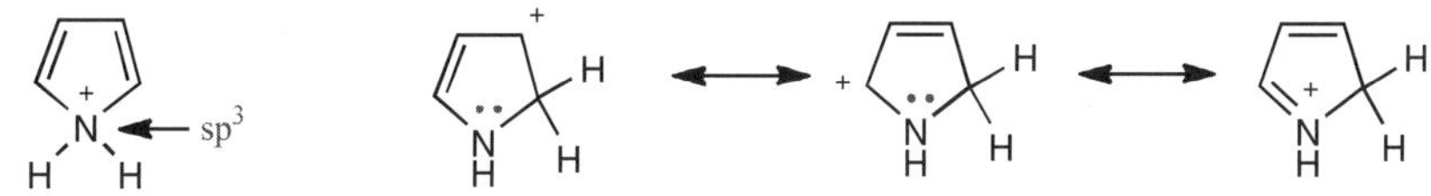

N–プロトン化体　　　*C*–プロトン化体

問題 19.14

　4–ジメチルアミノピリジンの共役酸は，ピリジン環の N にプロトン化したほうが，ジメチルアミノ基にプロトン化したよりも共鳴により強く安定化されている．この共鳴安定化は，無置換のピリジンやジメチルアニリンの共役酸よりも大きい．

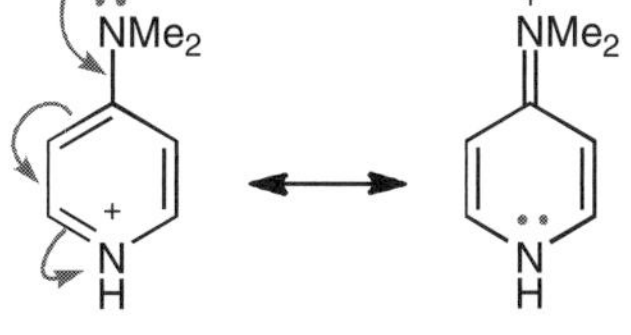

問題 19.15

　ピリジン環は電気陰性な N のために求電子種の反応に対しては不活性化されている．そして，ピリジン環はベンゼン環の電子求引性置換基として作用するので，主反応はベンゼン環のメタ位に起こる．

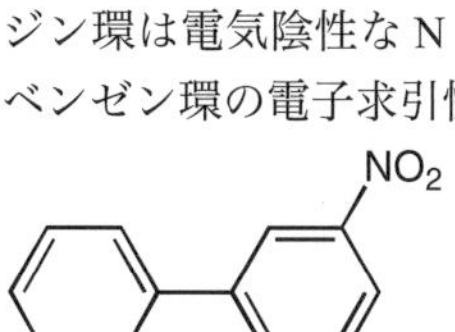

問題 19.16

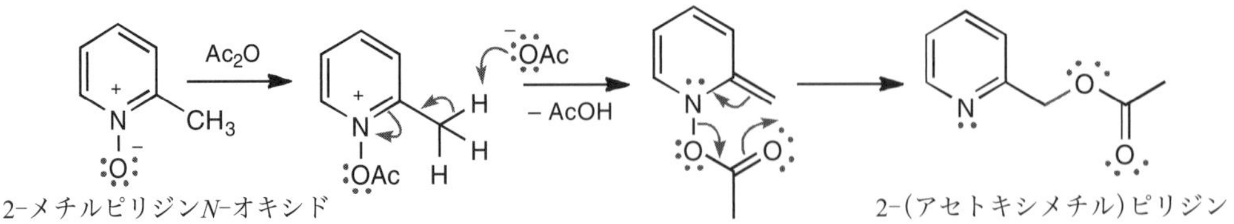

2-メチルピリジンN-オキシド　　　　　　　　　　　　　　　　　　　　　　　2-(アセトキシメチル)ピリジン

問題 19.17

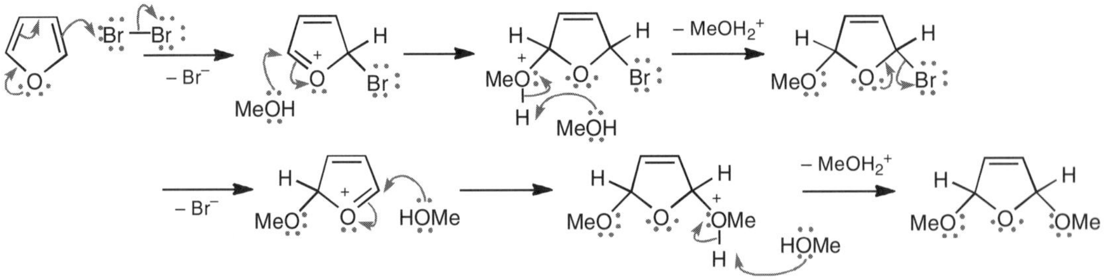

問題 19.18

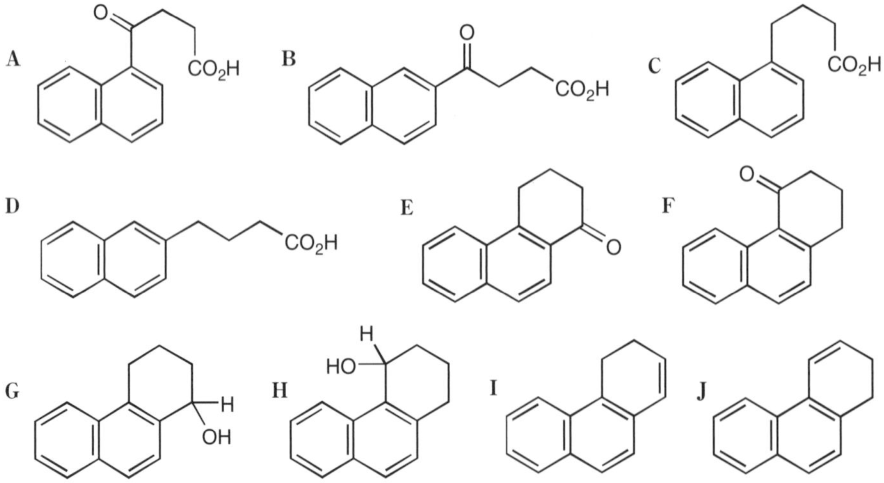

A　　　　　　　　B　　　　　　　　C

D　　　　　　　　E　　　　　　　　F

G　　　　H　　　　I　　　　J

問題 19.19

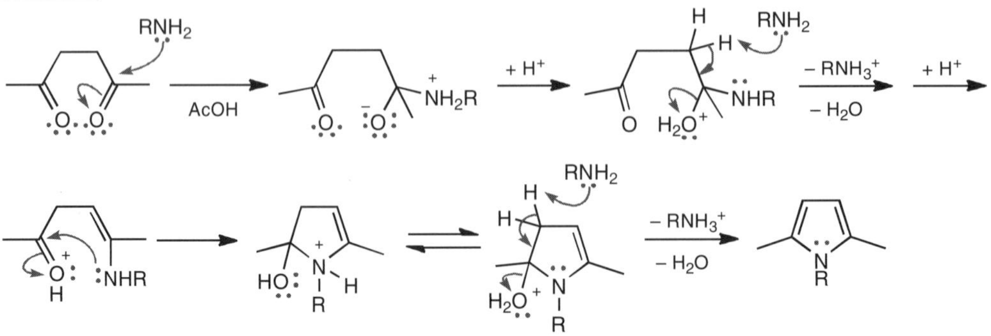

問題 19.20

演習問題

19.01　アントラセンの 1,2 結合(137 nm)は 2,3 結合(142 nm)よりも短い．共鳴を用いてこの違いを説明せよ．

19.02　アントラセンとフェナントレンはいずれも容易に還元されてジヒドロ化合物になる．それぞれから生成するジヒドロ化合物の構造を予想せよ．

19.03　次の反応の主生成物は何か．

(a) $\xrightarrow[\text{CCl}_4]{\text{Br}_2}$

(b) $\xrightarrow[\text{AcOH}]{\text{HNO}_3}$

(c) $\xrightarrow[\text{ベンゼン}]{\begin{array}{c}\text{CH}_3\text{COCl}\\\text{AlCl}_3\end{array}}$

(d) $\xrightarrow[\text{HCl}]{\text{HCHO}}$

(e) $+\ \text{Cl}_2\ \xrightarrow[\text{加熱}]{\text{AlCl}_3}$

(f) $+\ \text{HOOAc}\ \xrightarrow[\text{AcOH}]{}$

19.04　ベンザインの生成法の一つとして，THF 中における 1-ブロモ-2-フルオロベンゼンと金属 Mg の反応がある．この反応をアントラセン存在下に行うと，Diels–Alder 反応によりトリプチセンとよばれる多環性化合物を与える．トリプチセンの生成を段階的な反応で示せ．

19.05　イミダゾールの二つの窒素原子上の非共有電子対の一つは π 電子系に含まれ，もう一つは孤立している．それぞれの電子対を収容している原子軌道がどのようなかたちになっているか概略図で示せ．

19.06　イミダゾールはピロールと比べると塩基性も酸性も強い．その理由を説明せよ．

イミダゾール　pK_a　14.5　　pK_{BH^+}　7.0

ピロール　pK_a　16.5　　pK_{BH^+}　−3.8

19.07 ピロール–2–カルボン酸は加熱すると脱炭酸を起こす．この反応は，双性イオン中間体を経て，次式に示すように進むと考えられる．この中間体の非共有電子対をすべて書いて，脱炭酸における電子の動きを巻矢印で示せ．

19.08 ピリジンの求電子置換反応を強い条件で進めると，3 位での置換生成物が得られる．この位置選択性を，求電子付加中間体の安定性を比較することによって説明せよ．

19.09 2–アミノピリジンの互変異性体の構造を示し，これらの異性体の相対的な安定性を，2–ヒドロキシピリジンとピリドンの場合と比較して説明せよ．

19.10 次に示す 2–ピリドンとヨードメタンの反応の機構を書け．

19.11 ピロールとピロリジンの双極子を比べると，後者では電気陰性度から予想されるように窒素原子は負末端になっているのに対して前者では窒素は正末端になっている．（a）この双極子の違いを説明せよ．（b）ピロールの 3,4–ジクロロ置換基は双極子モーメントの大きさに対してどのように影響するか説明せよ．

19.12 ピリジンとピロールの水溶性を比べると，ピリジンのほうが大きい．その理由を説明し，イミダゾールの水溶性はこれらと比べてどうなるか予想せよ．

19.13 ピロールは H_2SO_4 のような強酸を加えると重合して電気伝導性をもつポリマーを生成する．この重合反応の機構を示せ．

19.14 ピロールと酸無水物 $(RCO)_2O$ との反応生成物は，中性条件と塩基性条件で異なる．（a）両者が直接反応した場合と，（b）トリエチルアミン存在下に反応した場合の生成物をそれぞれ予想し，その結果を説明せよ．

19.15 β–ケトエステル 2 分子とアルデヒドの縮合反応によりピリジン誘導体を生成する反応は Hantzsch ピリジン合成として知られている．この合成反応の機構を示せ．

19.16 次に示すインドールの反応は Mannich 反応とよばれる反応の一つである．この反応の機構を示せ．

19.17 4-ジメチルアミノピリジン(DMAP)は優れた求核触媒になる(問題 19.14 参照). DMAP 触媒によるエタン酸フェニルの加水分解の反応機構を示せ.

19.18 次の変換反応の各段階の機構を書け.

19.19 次の反応はベンズイミダゾールの合成の概略を示している. この反応の機構を示せ.

ベンゼン-1,2-ジアミン　　　　　　　ベンズイミダゾール

19.20 1976 年にイタリアで起きた化学工場事故は, 1,2,4,5-テトラクロロベンゼンから 2,4,5-トリクロロフェノールを製造する過程における過熱のために毒性の強いダイオキシンを大量に放出し, 深刻な環境汚染をもたらした. トリクロロフェノールからダイオキシンが生成する反応が, 強塩基性の高温条件でどのように起こったか反応機構で示せ.

1,2,4,5-テトラクロロベンゼン　　　2,4,5-トリクロロフェノール　　　2,3,7,8-テトラクロロジベンゾジオキシン
（ダイオキシン）

ラジカル反応 **20**

ま と め
Summary

❑ 共有結合の**ホモリシス**によって不対電子をもつラジカルが生じる（➡ 20.1 節）.

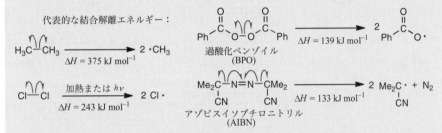

代表的な結合解離エネルギー：

過酸化ベンゾイル
(BPO)

アゾビスイソブチロニトリル
(AIBN)

❑ 過酸化物のような弱い結合をもつ化合物は，**ラジカル連鎖反応**の開始剤に用いられる. BPO と AIBN は代表的なラジカル開始剤である（➡ 20.1 節）.

❑ アルキルラジカルの相対的安定性は，カルボカチオンと似ていて，第三級＞第二級＞第一級の順である.

❑ ラジカル連鎖反応には，アルカンのハロゲン化（置換 ➡ 20.3 節），アルケンへの付加（➡ 20.5 節），ラジカル重合（➡ 20.6 節），自動酸化（➡ 20.8 節）などがある.

❑ **アリル位**と**ベンジル位**のハロゲン化は選択的に起こりやすく，臭素化には NBS が用いられる（➡ 20.3.3 項）.

❑ Bu₃SnH による脱ハロゲンは有用なラジカル反応である（➡ 20.4 節）.

❑ アルケンへのラジカル的 HBr の付加は逆 Markovnikov 配向になる（➡ 20.5 節）.

❑ **β 開裂**はラジカルの分子内反応の一つである（➡ 20.7 節）.

❑ **自動酸化**は空気中の酸素による酸化であり，アリル位で起こりやすい（➡ 20.8 節）.

❑ ラジカル種は**一電子移動**によっても生成する. 一電子移動を含む反応には，ラジカルアニオンやラジカルカチオンが含まれる（➡ 20.9 節）.

反 応 例

アルキル基のハロゲン化（➡ 20.3 節）：
［選択性］

	X = Cl	70	:	30
	Br	98	:	2

	X = Cl	81	:	19
	Br	～100	:	～0

反 応 例

[ベンジル位ハロゲン化]

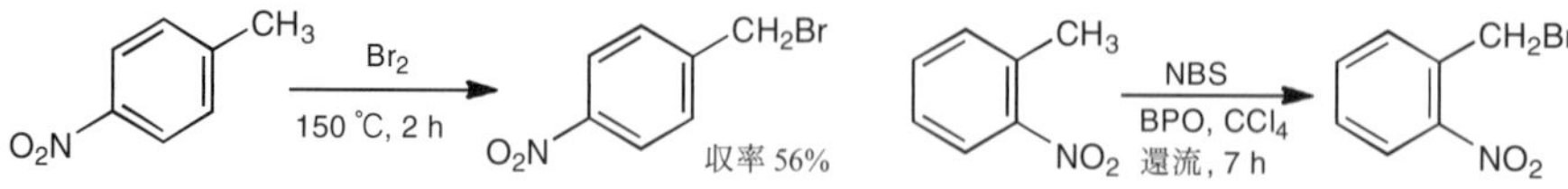

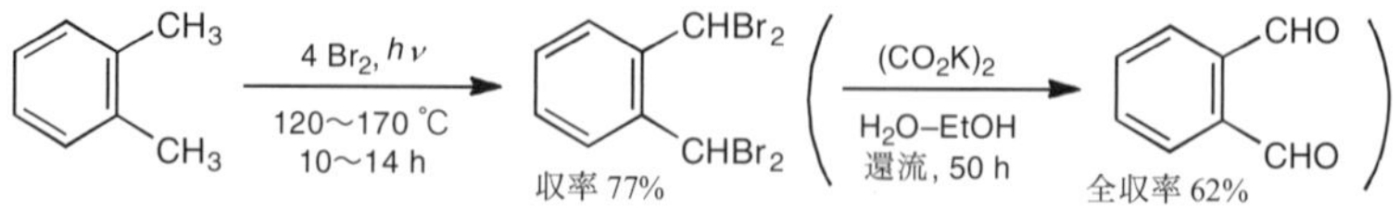

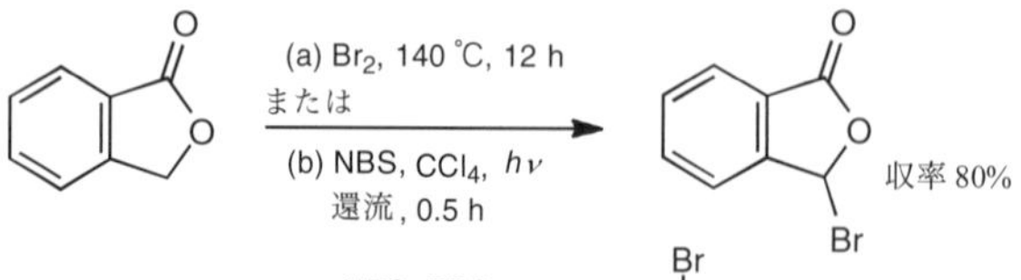

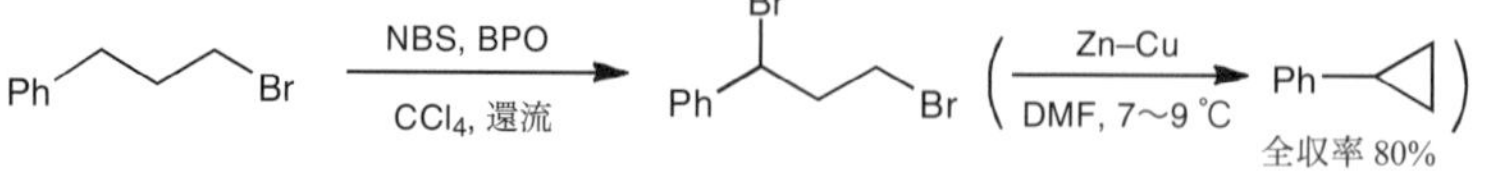

p-ニトロトルエン $\xrightarrow[\text{150 ℃, 2 h}]{\text{Br}_2}$ 生成物　収率 56%

o-ニトロトルエン $\xrightarrow[\substack{\text{BPO, CCl}_4 \\ \text{還流, 7 h}}]{\text{NBS}}$ 生成物

o-キシレン $\xrightarrow[\substack{\text{120〜170 ℃} \\ \text{10〜14 h}}]{4\,\text{Br}_2,\,h\nu}$ (CHBr$_2$)$_2$体　収率 77% $\xrightarrow[\substack{\text{H}_2\text{O−EtOH} \\ \text{還流, 50 h}}]{(\text{CO}_2\text{K})_2}$ (CHO)$_2$体　全収率 62%

フタリド
(a) Br$_2$, 140 ℃, 12 h
または
(b) NBS, CCl$_4$, $h\nu$
　還流, 0.5 h
→ ブロモ体　収率 80%

Ph 基−CH$_2$−CH$_2$−CH$_2$−Br $\xrightarrow[\text{CCl}_4,\,\text{還流}]{\text{NBS, BPO}}$ Ph−CHBr−CH$_2$−CH$_2$−Br $\left(\xrightarrow[\text{DMF, 7〜9 ℃}]{\text{Zn−Cu}} \text{Ph−シクロプロパン　全収率 80%}\right)$

[アリル位ハロゲン化]

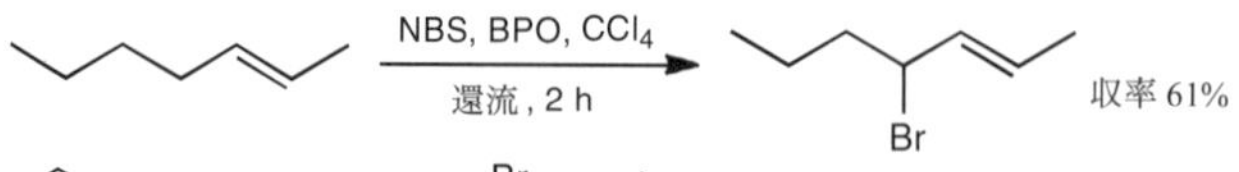

2-ヘプテン $\xrightarrow[\text{還流, 2 h}]{\text{NBS, BPO, CCl}_4}$ 4-ブロモ-2-ヘプテン　収率 61%

ジヒドロピラノン $\xrightarrow[\text{還流, 1.5 h}]{\text{NBS, BPO, CCl}_4}$ ブロモ体 $\left(\xrightarrow[\text{還流, 15 min}]{\text{Et}_3\text{N}} \text{ピラノン　全収率 70%}\right)$

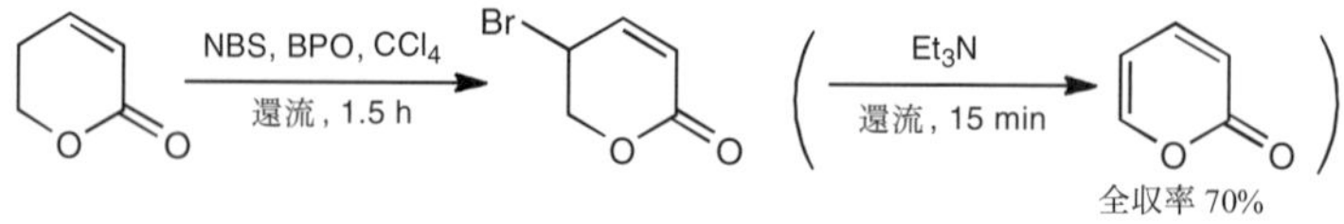

水素化スズによる脱ハロゲン(➡ 20.4 節):

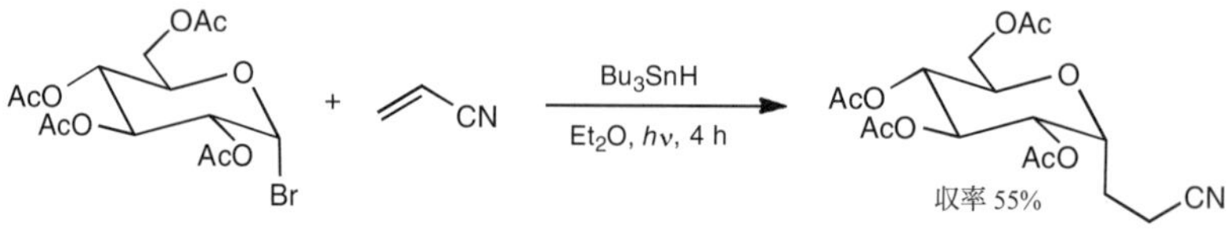

Ph−CH$_2$−CH$_2$−Br + Bu$_3$SnH $\xrightarrow{\text{AIBN}}$ Ph−CH$_2$−CH$_3$ + Bu$_3$SnBr

糖ブロモ体 + CH$_2$=CH−CN $\xrightarrow[\text{Et}_2\text{O},\,h\nu,\,\text{4 h}]{\text{Bu}_3\text{SnH}}$ 生成物　収率 55%

ラジカル付加(➡ 20.5 節):

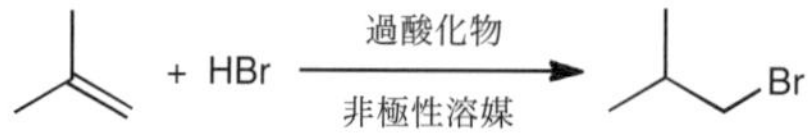

イソブテン + HBr $\xrightarrow[\text{非極性溶媒}]{\text{過酸化物}}$ イソブチルブロミド　(逆 Markovnikov 付加物)

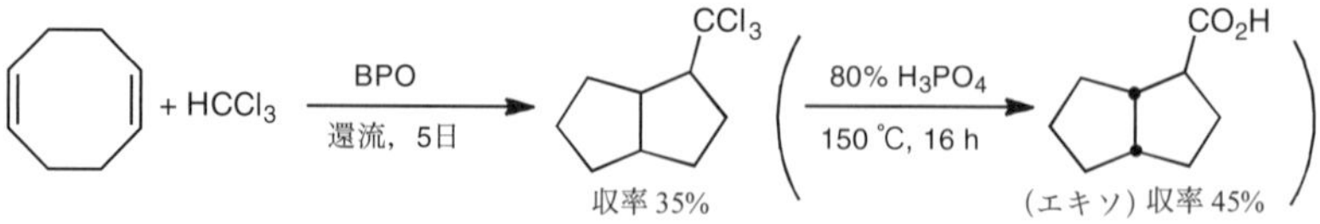

シクロオクタジエン + HCCl$_3$ $\xrightarrow[\text{還流, 5日}]{\text{BPO}}$ CCl$_3$体　収率 35% $\left(\xrightarrow[\text{150 ℃, 16 h}]{\text{80% H}_3\text{PO}_4} \text{CO}_2\text{H体　(エキソ) 収率 45%}\right)$

一電子移動(➡ 20.9 節):

[溶解金属還元]
(Birch 還元)

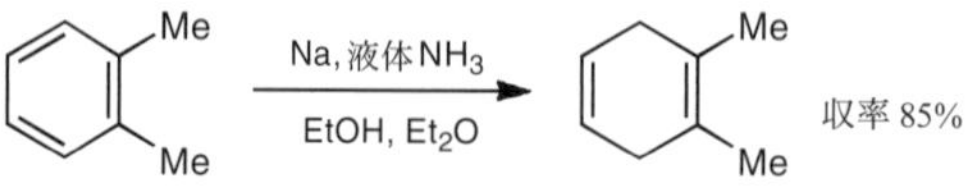

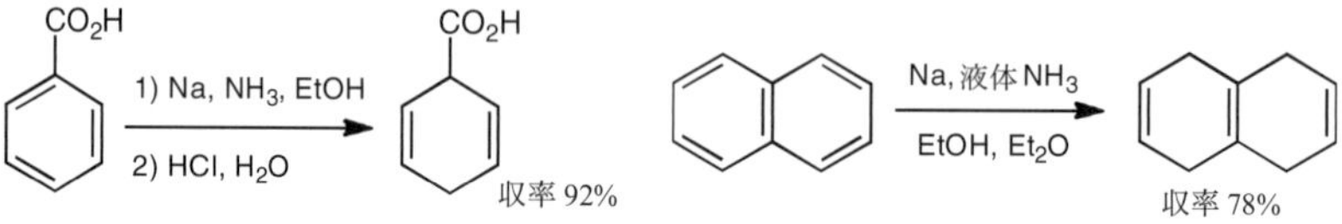

o-キシレン $\xrightarrow[\text{EtOH, Et}_2\text{O}]{\text{Na, 液体 NH}_3}$ ジヒドロ体　収率 85%

安息香酸 $\xrightarrow[\text{2) HCl, H}_2\text{O}]{\text{1) Na, NH}_3,\,\text{EtOH}}$ ジヒドロ体　収率 92%

ナフタレン $\xrightarrow[\text{EtOH, Et}_2\text{O}]{\text{Na, 液体 NH}_3}$ テトラヒドロ体　収率 78%

反 応 例

［カルボニル化合物の還元的カップリング］

2 Me-CO-Me $\xrightarrow[\text{ベンゼン 80 ℃, 2 h}]{\text{Mg, HgCl}_2}$ (Me₂C(O-Mg-O)CMe₂) $\xrightarrow{\text{H}_2\text{O}}$ Me₂C(OH)—C(OH)Me₂　収率 48%

2 (ブチル酸エチル) $\xrightarrow[\text{キシレン, Et}_2\text{O 還流}]{\text{Na}}$ （アシロイン縮合）NaO—C=C—ONa $\xrightarrow[\text{H}_2\text{O}]{\text{H}_2\text{SO}_4}$ (ケトール)　収率 68%

(ジエチルスクシナート) CO₂Et / CO₂Et $\xrightarrow[\text{還流, 6 h}]{\text{Na, トルエン}\ \text{Me}_3\text{SiCl}}$ [シクロブテン ONa/ONa] → [シクロブテン OSiMe₃/OSiMe₃]　収率 78% $\xrightarrow[24～30\ \text{h}]{\text{MeOH}}$ (シクロブタノン OH)　収率 80%

［S_{RN}1 反応］

Ph—I + (EtO)₂PO⁻Na⁺ $\xrightarrow[\text{液体 NH}_3\ 1\ \text{h}]{h\nu}$ Ph—P(=O)(OEt)₂　収率 90%

O₂N—C₆H₄—C(Me)₂Cl + N(アザビシクロ) $\xrightarrow[\text{室温, 10 h}]{\text{DMSO}}$ O₂N—C₆H₄—C(Me)₂—N⁺(アザビシクロ) Cl⁻　収率 90%

ラジカル開裂（➡ 20.7 節）:

（Barton 脱炭酸）

脂肪酸クロリド + (2-チオピリジン N-ONa) $\xrightarrow{\text{CHCl}_3,\ h\nu}$ [アシルオキシピリジンチオン]

[アシルオキシラジカル + ピリジンチオラジカル] $\xrightarrow{-\text{CO}_2}$ アルカン—CH₃　収率 90%

問題解答

問題 20.1

問題 20.2

CH₃CH=CHĊH₂ > CH₃CH₂Ċ(CH₃)CH₃ > CH₃CH₂ĊHCH₃ > CH₃CH(CH₃)ĊH₂ > H₃C·

アリル型　　　　第三級　　　　第二級　　　　第一級　　　　メチル

問題 20.3

　2-メチルプロパンには第一級水素9個と第三級水素1個がある．第三級アルキルラジカルが第一級アルキルラジカルよりもずっと安定であるために，Br・ラジカルによって第三級水素が引き抜かれ，2-ブロモ-2-メチルプロパンが生成物として得られる．メチル水素が引き抜かれると第一級ラジカルを経て，1-ブロモ体が生成するが，これはほとんど得られない．

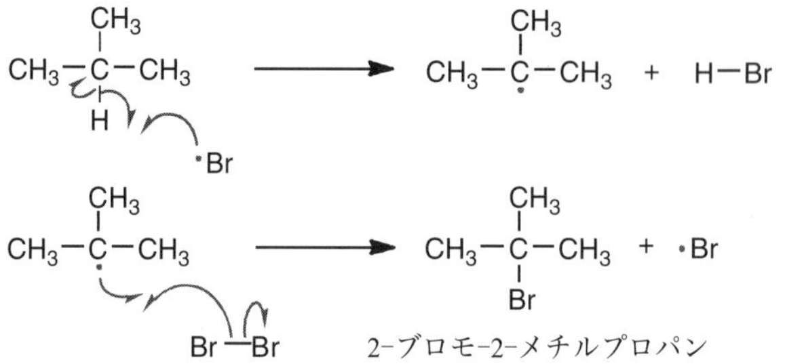

問題 20.4

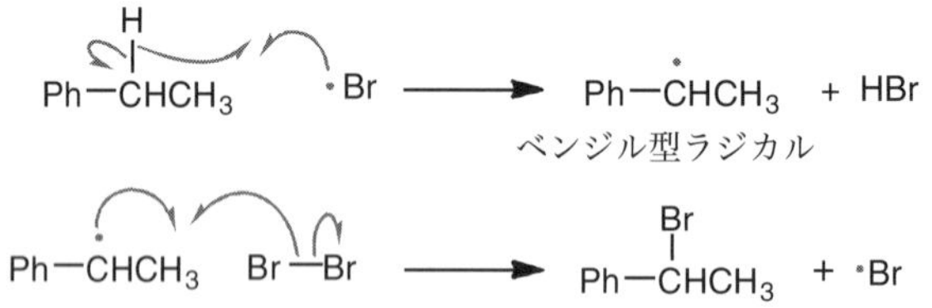

問題 20.5

(a)　PhCH$_2$Br　　(b) 　　(c)

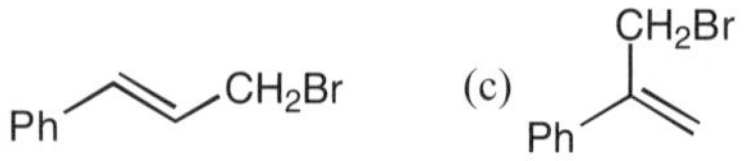

(d)

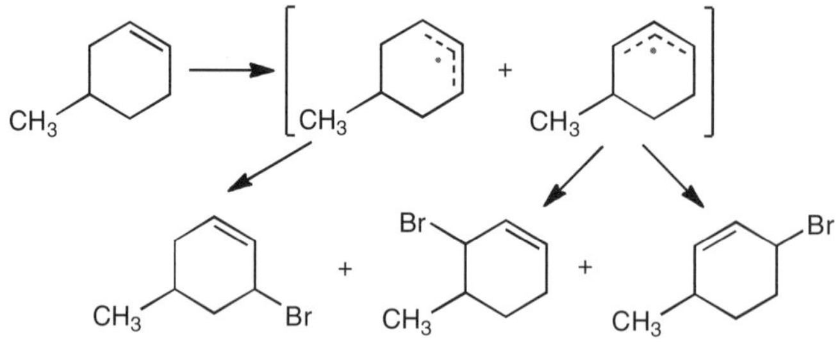

　(d)からは2種類のアリル型ラジカルが生成し，3種類の生成物が得られる(各生成物はシスとトランス異性体の混合物になる)．

問題 20.6

　スズラジカルは反応 20.5b（教科書 p. 340）によって生成し，連鎖成長段階は三つの反応からなる．

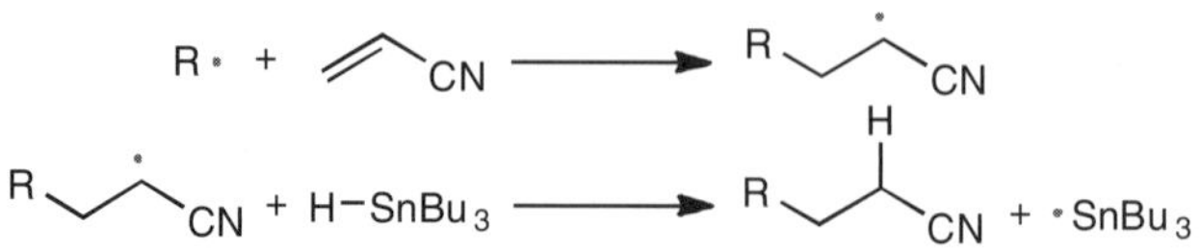

問題 20.7

(a) 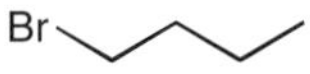 Br に連なる直鎖

(b) 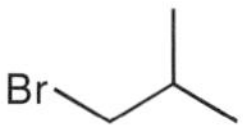 Br に連なる分岐鎖

(c) 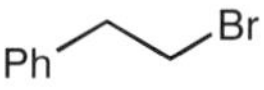 Ph—CH2CH2—Br

(d) 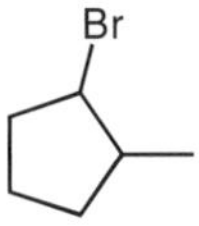 シクロペンタン環（Br とメチル）

問題 20.8

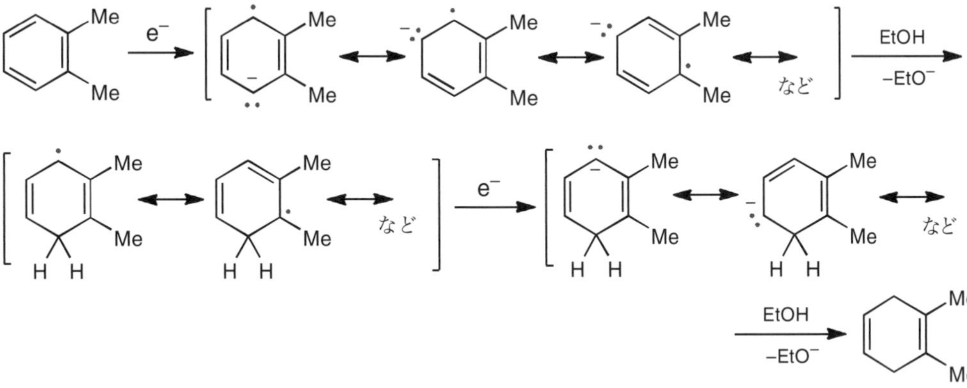

問題 20.9

(a) 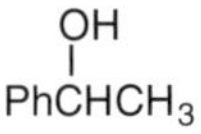
OH
PhCHCH3

(b) 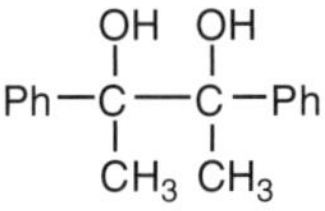
OH OH
Ph—C—C—Ph
CH3 CH3

(c)
OH O
Ph—C—C—Ph
H

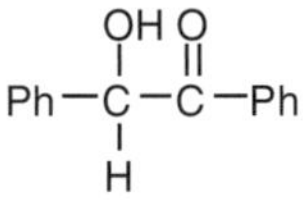

章末問題解答

問題 20.10

(a)　H—CH3　>　H—CH2CH3　>　H—CH(CH3)2　>　H—C(CH3)3

(b)　(CH3)2CHCH2CH2̇　>　(CH3)2CHĊHCH3　>　(CH3)2ĊCH2CH3

(c)　H3C—F　>　H3C—Cl　>　H3C—Br　>　H3C—I

　(a)と(b)では，アルキルラジカルの安定性がメチル＜第一級＜第二級＜第三級の順に増大するので，結合解離エネルギーはこの順に小さくなる．(c)ではC—Xの結合エネルギーがX＝F＞Cl＞Br＞Iの順に弱くなる．Cの原子軌道とハロゲンのp軌道との重なりがこの順に小さくなるからである．

問題 20.11

開始段階：　Br—Br　$\xrightarrow{h\nu}$　2 Br·

成長段階：　Br· H—CH2CH3　⟶　Br—H ＋ ·CH2CH3

　　　　　　CH3CH2· Br—Br　⟶　CH3CH2–Br ＋ Br·

停止段階：　CH3CH2· ·CH2CH3　⟶　CH3CH2–CH2CH3

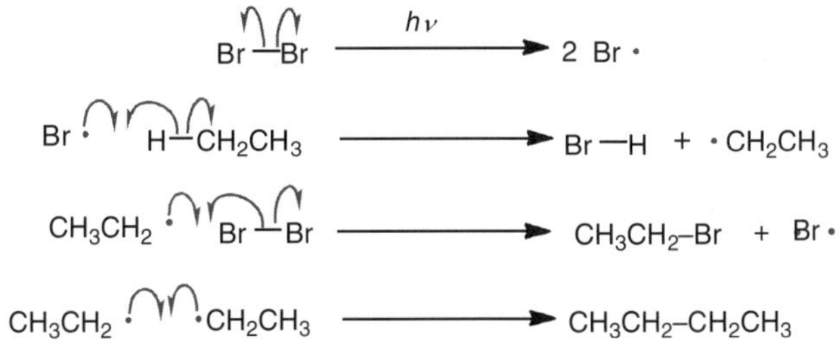

問題 20.12

プロパンには第一級水素が 6 個，第二級水素が 2 個あるので，生成物比から第一級/第二級水素の反応性比は $(43/6)$：$(57/2)＝1$：4.0 となる．

問題 20.13

この反応の選択性は，水素引抜き段階で決まる．Cl_2 を加えると，Br・と Cl・ラジカルの両方がラジカル生成にかかわるが，生成したラジカルは生成の由来にかかわらず Br_2 あるいは Cl_2 と反応してハロゲン化物を与える．Cl・による水素引抜きの選択性は低く，生成したアルキルラジカルの生成比が臭素化生成物の比率にも反映される．

問題 20.14

(a) $CH_3CH_2CH_2\overset{\text{Br}}{CH}CH_3$ (主生成物) ＋ $CH_3CH_2\overset{\text{Br}}{CH}CH_2CH_3$ ＋ $CH_3CH_2CH_2CH_2CH_2Br$

(b) $CH_3\overset{\text{CH}_3}{\underset{\text{Br}}{C}}CH_2CH_3$ (主生成物) ＋ $CH_3\overset{\text{CH}_3}{\underset{\text{Br}}{CH}}CHCH_3$ ＋ $BrCH_2\overset{\text{CH}_3}{CH}CH_2CH_3$ ＋ $CH_3\overset{\text{CH}_3}{CH}CH_2CH_2Br$

(c) (主生成物) ＋

(d) (主生成物) ＋   ＋   ＋

＋   ＋

問題 20.15

(a)   (b)   (c)   (d)

(e)

問題 20.16

$$AIBN \xrightarrow{\text{加熱}} 2\ \underset{\text{CN}}{Me_2C\cdot} + N_2$$

PhS—H + Me₂C·（CN） → PhS· + Me₂CH（CN）

（構造式：シクロプロピルビニル + PhS· → シクロプロピル-CH₂CH₂·-SPh）

（構造式：ラジカル開環反応 → 開環生成物-SPh）

（構造式：ラジカル-SPh + PhSH → 生成物-SPh + PhS·）

問題 20.17

問題 20.18

電子移動

2 シクロペンタノン $\xrightarrow[\text{C}_6\text{H}_6]{\text{Mg}}$ 2 ラジカルアニオン·Mg²⁺ → （Mg²⁺架橋二量体） → （Mg含有環状体） $\xrightarrow[-\text{Mg}^{2+}]{+2\text{H}^+}$ ジオール（OH OH）

問題 20.19

（構造式）$\xrightarrow[h\nu]{\text{Cl}_2}$

(R)-2,2,3-トリメチルペンタン

(a) （3種の第一級塩化物の構造式）

(b) （2種の構造式）　ジアステレオマー　(c) （2種の構造式）　ラセミ体

(a) 第一級塩化物で，新しいキラル中心を生じないので単一エナンチオマーである．
(b) 第二級塩化物で，新しいキラル中心ができるのでジアステレオマーになっている．
(c) キラル中心からＨが引き抜かれて生成したラジカルは容易にキラリティーを失うので生成物はラセミ体になる．

問題 20.20

(a) $O{=}N{-}Cl \xrightarrow{h\nu} O{=}N\cdot + \cdot Cl$

このラジカル反応は連鎖機構ではない．最後の段階はラジカルカップリングだが，NO が安定なラジカルで濃度が高いために起こる．

(b)

(b)はイオン的な反応である．

演習問題

20.01 2–メチルブタンから水素引抜きで生成するラジカルを安定性の高いものから順に書け．

20.02 クロロメタンと Cl_2 から光照射によりジクロロメタンが生成する反応の連鎖成長過程を書け．

20.03 問題 20.02 の反応でクロロメチルラジカルと塩素原子の再結合反応が重要な反応にならない理由を説明せよ．

20.04 メチルプロパンの光塩素化による二つの生成物の比率は次に示すようになっている．この結果から，第一級水素と第三級水素の相対的反応性を計算せよ．

20.05 ブタンと Br_2 から 2–ブロモブタンを生成するラジカル反応の連鎖成長過程を書け．

20.06 ハロゲン原子によるアルカンの水素引抜き反応は，第一級，第二級，第三級 C–H の順に起こりやすくなる．その選択性はハロゲンの種類による．次の表にまとめた結果を説明せよ．

ハロゲン原子による水素引抜き反応の相対的反応性

ハロゲン	第一級 C–H	第二級 C–H	第三級 C–H
F·	1.0	1.2	1.4
Cl·	1.0	4	6
Br·	1.0	200	19 000

20.07　3-メチルシクロヘキセンを NBS で臭素化したときに得られるモノブロモ化合物の構造を示し，どれが主生成物になるか説明せよ．

20.08　アルケンのアリル位臭素化が Br₂ を用いるよりも NBS を用いたほうが効率よく進む理由を説明せよ．

20.09　次のラジカル反応の主生成物は何か．

(a) [構造式] + HBr → (BPO / CCl₄)

(b) [構造式] + NBS → (AIBN / CCl₄)

(c) [構造式] + NBS → (AIBN / CCl₄)

(d) Ph⌇ + [シクロヘキシル-Br] → (Bu₃SnH / AIBN)

20.10　次の反応の機構を書いて主生成物の構造を示せ．

⌇Ph + PhSH —BPO→

20.11　アルコール ROH を塩基性条件で CS₂ と反応させたあと，ヨウ化メチルで処理するとキサントゲン酸エステル(ジチオ炭酸エステル)が生成する．この生成物を水素化トリブチルスズ Bu₃SnH と AIBN で処理すると対応するアルカン RH が得られる．中間体エステルから RH が生成する反応のラジカル連鎖機構を書け．この反応はハロゲン化アルキルの脱ハロゲンと同じように進行する．

R–OH —(1) NaOH, CS₂ / 2) CH₃I)→ R–OCSCH₃ —(Bu₃SnH / AIBN)→ R–H + Bu₃SnSCSCH₃

20.12　ラジカル重合の停止反応の一つは不均化である．ポリマーラジカルを次のように書いて不均化反応を表せ．

2 RO⊢CH₂CH⊣ₙCH₂CH• →
　　　　　│　　　　│
　　　　　Z　　　　Z

20.13　エテンのラジカル重合において，1,5-水素移動が起こるとポリマーにブチル側鎖ができてくる．この反応がどのように起こるか示せ．

20.14　次の反応のラジカル連鎖機構を示せ．

(a) [シクロヘキサン環 OMe, Br] —(Bu₃SnH / AIBN)→ [シクロヘキサン環 OMe]

(b) Ph⌇ + Cl₃CBr —hν→ Ph–CHBr–CH₂CCl₃

20.15　AIBN 存在下に 1-アルキン RC≡CH と Bu₃SnH を反応させると，1-アルケニルスズ化合物が得られる．この反応のラジカル連鎖機構を書け．

20.16　2,2–ジメチルヘキサンを Cl_2 で光塩素化するとモノクロロ体として 2–クロロ–5,5–ジメチルヘキサンが生成する．この第二級アルキル誘導体が主生成物になる理由を説明せよ．注意：塩素化の選択性は低く，ラジカル転位も起こり得る．

20.17　エタノールを含む液体アンモニア中でアニソール(メトキシベンゼン)をリチウムと反応させると，1–メトキシ–1,4–シクロヘキサジエンが生成する．この生成物は酸加水分解するとエノンになる．この全変換反応を反応式で示せ．

20.18　次の反応のラジカル連鎖成長過程を書け．

(a)

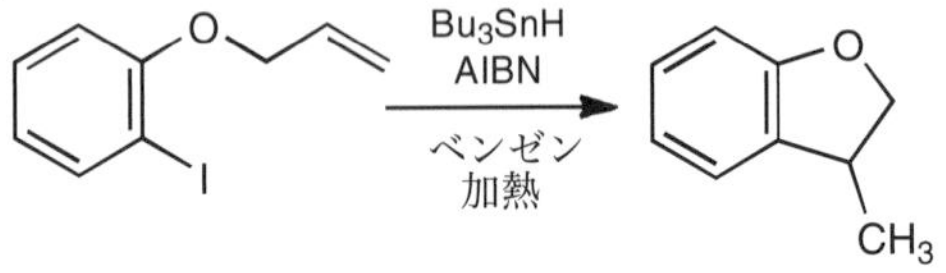

O
I
Bu3SnH
AIBN
ベンゼン
加熱
O
CH3

(b)

Br
O
Bu3SnH
AIBN
ベンゼン
加熱
O

20.19　3–メチル安息香酸の Birch 還元を行い，ただちにヨードメタンを加え，そのあとに酸処理すると，次に示す生成物が得られる．この反応がどのように進むか示せ．

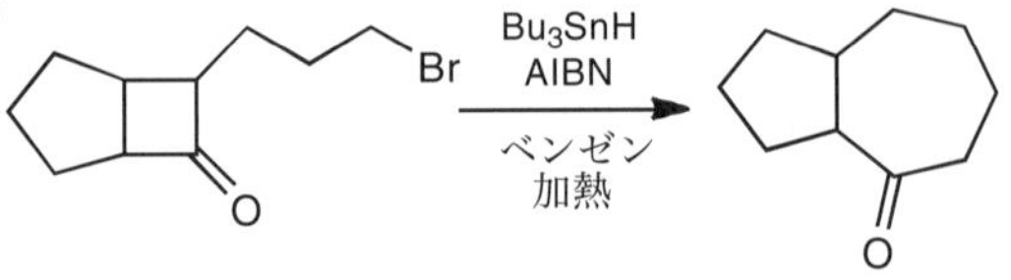

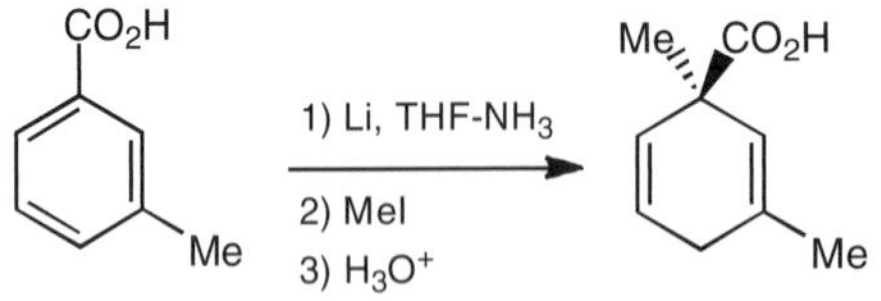

CO2H
Me
1) Li, THF-NH3
2) MeI
3) H3O+
Me
CO2H
Me

20.20　6–メチル–2–シクロヘキセノンの Birch 還元に続いてヨードメタンを加えると，分子式 $C_8H_{14}O$ の生成物を与える．反応がどのように進むか示し，主生成物の構造式を書け．

ま と め
Summary

❑ **1,2-転位**は，電子不足な原子に向けて隣接位から H，アルキル，アリール基が結合電子対とともに 1,2-移動することで起こる(➡ 21.1 節).

❑ 電子不足の炭素としては，**カルボカチオン**(➡ 21.1.1 項)，生成過程にあるカルボカチオン(➡ 21.1.2 項)，**カルボニル炭素**(➡ 21.1.5 項)，**カルベン**(➡ 21.4.1 項)がある.

❑ **ピナコール転位**は 1,2-ジオールの酸触媒転位でオキソニウムイオンを生成する(➡ 21.1.4 項).

❑ 窒素や酸素への 1,2-移動も可能であり，Baeyer-Villiger 転位(➡ 21.2 節)や Beckmann 転位(➡ 21.3 節)，そしてニトレン(➡ 21.4.2 項)を含む転位がある.

❑ これらの 1,2-転位は 2 電子系の芳香族性遷移構造を経て協奏的に進んでおり，シグマトロピー転位に分類できる(➡ 21.1.3 項).

❑ **シグマトロピー転位**と**電子環状反応**はおもに 6 電子芳香族性遷移構造の関与する協奏反応である(➡ 21.5 節).

シグマトロピー転位：

電子環状反応：

反 応 例

炭素への 1,2-転位(➡ 21.1 節)：

［ピナコール転位と関連反応］

反応例

[カルボニル炭素への転位(塩基性条件)]
(ベンジル酸転位)

Ph-C(=O)-C(=O)-Ph ベンジル   1) NaOH/H₂O,加熱 2) H₃O⁺   →   ベンジル酸

NaBrO₃, NaOH, H₂O
85～90 ℃, 5～6 h
Ph...CO₂⁻Na⁺ 収率87%

[エポキシドの転位]

(a) BF₃·Et₂O, ベンゼン
室温, 1 min
または
(b) MeAlAr₂, CH₂Cl₂
−20 ℃, 4 h

(a) 収率78%
(b) 収率87%

$\left(Ar = \right.$ *t*-Bu, Br, *t*-Bu $\left.\right)$

(Favorskii 転位)

NaOMe, Et₂O
還流, 2.5 h
収率58%

1) KHCO₃
(1 mol dm⁻³)
2～3 h
2) H₃O⁺
収率73%

窒素への1,2-転位(➡ 21.3節):
(Beckmann 転位)

85% H₂SO₄/H₂O
加熱

$\left(\begin{array}{l} \text{1) NaOH/H}_2\text{O} \\ \text{10 ℃} \\ \text{2) PhC(O)Cl} \end{array} \rightarrow \text{PhCNH-(CH}_2)_5-\text{CO}_2\text{H} \right)$
全収率70%

+ H₂NOSO₃H   HCO₂H (95～97%)
還流, 5 h
収率72%

酸素への1,2-転位(➡ 21.2節):

$\left(\right.$ H₂O₂,
H₂SO₄
H₂O,
5～10 ℃ $\left. \right)$ 過酸化物
OOH
70% H₂SO₄
15～25 ℃
OH   +
収率40%

(Baeyer–Villiger 転位)

MeCO₃H
H₂SO₄, AcOH
O₂N-
収率95%

MeO
MCPBA
NaHCO₃
CH₂Cl₂
MeO
収率95%

PhCO₃H
CH₂Cl₂
25 ℃
収率81%

カルベンの転位(➡ 21.4.1項):

Me, Me
Ph-C(Me)₂-CH₂Cl   *t*-BuOK
t-BuOH
$\left[\text{Me, Me} \atop \text{Ph-CH} \right]$
→   Me, Me, H, Ph

反 応 例

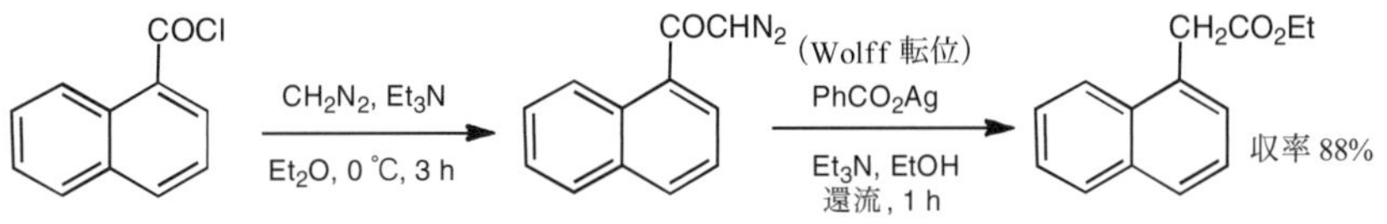
COCl
CH_2N_2, Et_3N
Et_2O, 0 ℃, 3 h
$COCHN_2$
(Wolff 転位)
$PhCO_2Ag$
Et_3N, EtOH
還流, 1 h
CH_2CO_2Et
収率 88%

ニトレンの転位(➡ 21.4.2 項)：

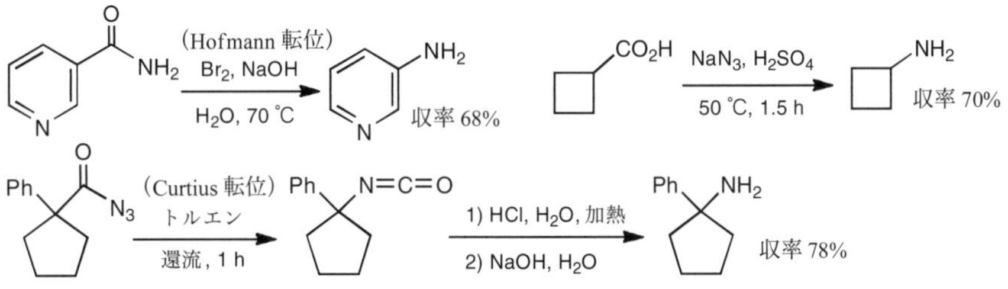
O
NH_2
N
(Hofmann 転位)
Br_2, NaOH
H_2O, 70 ℃
NH_2
N
収率 68%
CO_2H
NaN_3, H_2SO_4
50 ℃, 1.5 h
NH_2
収率 70%
Ph
O
N_3
(Curtius 転位)
トルエン
還流, 1 h
Ph
N=C=O
1) HCl, H_2O, 加熱
2) NaOH, H_2O
Ph
NH_2
収率 78%

シグマトロピー転位(➡ 21.5 節)：

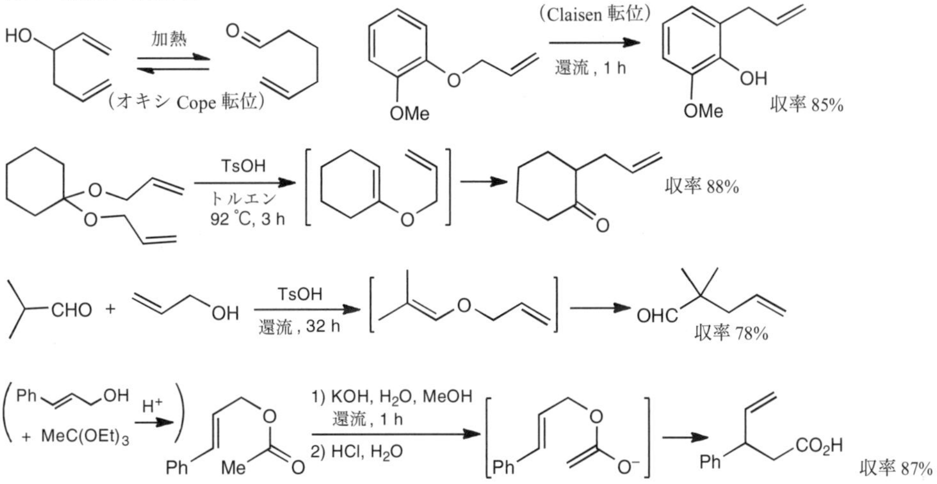
HO
加熱
O
(オキシ Cope 転位)
O
OMe
(Claisen 転位)
還流, 1 h
OH
OMe
収率 85%
O
O
TsOH
トルエン
92 ℃, 3 h
O
O
収率 88%
CHO
+
OH
TsOH
還流, 32 h
O
OHC
収率 78%
Ph
OH
+ $MeC(OEt)_3$
H^+
O
Ph
Me
O
1) KOH, H_2O, MeOH
還流, 1 h
2) HCl, H_2O
O
Ph
O^-
Ph
CO_2H
収率 87%

電子環状反応(➡ 21.5 節)：

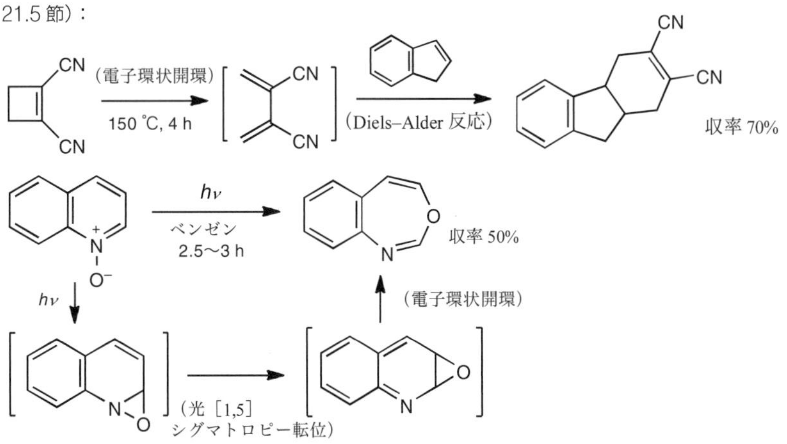
CN
CN
(電子環状開環)
150 ℃, 4 h
CN
CN
(Diels–Alder 反応)
CN
CN
収率 70%
N^+
O^-
$h\nu$
ベンゼン
2.5〜3 h
O
N
収率 50%
$h\nu$
(電子環状開環)
N
O
(光 [1,5]
シグマトロピー転位)
O
N

問題解答

問題 21.1

第一級カルボカチオンは生成できないので I⁻ の脱離と協奏的に転位が起こる.

問題 21.2

(a)

(b)

（a）ピナコール転位：最初のカルボカチオンから二つの 1,2-移動が可能である．（b）第一級アルキルジア
ゾニウムイオンから N_2 が脱離すると同時に（O の非共有電子対からのプッシュで）1,2-移動が起こる.

問題 21.3

カルボニル基に過酸が求核付加したあと，アセチルペルオキシ基から酢酸イオンが外れると同時に酸
素への 1,2-移動により環が拡大する．生成物はラクトンである.

問題 21.4

酸触媒によりオキシム酸素がプロトン化され，H_2O の脱離と同時に 1,2-移動により環拡大が起こり，プロ
トン移動を繰り返してラクタムが生成する.

[問題 21.5]

ブタンアミドはニトレンを経て転位生成物の 1-プロパンアミン（プロピルアミン）を生成する.

N-メチルブタンアミドの *N*-ブロモ生成物は，N 上に H をもたないので α 脱離できず，ニトレンを生成できない. そのために *N*-ブロモ-*N*-メチルアミドは，それ以上反応しない.

[問題 21.6]

Claisen 転位はアリル型置換基の反対側から六員環遷移構造を経て協奏的に進むので，生成物は 2-(1-メチルアリル)フェノールである. 生成物の構造はこの転位の機構を支持する一つの証拠になる.

章末問題解答

[問題 21.7]

超強酸中では求核性がほとんどないので第一級カルボカチオンも生成可能であり，第二級カチオンからより不安定な第一級カチオンを経て最終的に最も安定な *t*-ブチルカチオンになる.

[問題 21.8]

1,2-移動は分子内求核攻撃とみなせるので，外部からの Br⁻ による求核攻撃と競争的に起こる. 転位を実線で，Br⁻ の攻撃を点線で示している.

2,2-ジメチル-1-プロパノール
（ネオペンチルアルコール）

問題 21.9

いずれもピナコール転位である．(b)では最初により安定なカチオンを生成するように反応する．

(a)

(b)

問題 21.10

(a)では Lewis 酸が触媒になり協奏的に転位を起こす．脱離基が外れるだけでは不安定な結合角ひずみの大きいカチオンになるが，1,2-転位によって酸素によって安定化されたオキソニウムイオンになる．(b)では最初にシクロプロピル基で安定化されたカルボカチオンができるが，1,2-移動でオキソニウムイオンに転位する．

(a)

(b)

問題 21.11

重水素標識が失われないことは，溶媒の H との交換が可能になるようなイオン的な付加-脱離による段階的な機構を除外する．プロトン化アルコールから H_2O が外れて最初に生成した第二級カルボカチオンは，選択的な D の 1,2-移動（D の転位傾向はメチル基よりも大きい）によって，より安定な第三級カルボカチオンになる．ついで，この第三級カルボカチオンが H_2O で捕捉されてアルコール生成物を与える．

問題 21.12

(a)

主生成物

(b)

(c)

(d)

(a) Baeyer–Villiger 反応であり，メチル基よりもシクロプロピル基の方が転位する(カルボカチオンに対する安定化効果の大きい基のほうが転位しやすい)．(b) オキシムの Beckmann 転位．(c) Curtius 転位を含む．(d) ジアゾケトンから生成するカルベンの Wolff 転位を含む．

問題 21.13

問題 21.14

問題 21.15

　第三級カルボカチオンは比較的安定なので，プロトン化オキシムは開裂を起こしてニトリルとカルボカチオンになる．両者が分子間で再結合してアミドを生成するが，この過程で交差生成物もできてくる．カルボカチオンが不安定な場合には開裂を起こさないで，1,2-アルキル移動により通常の Beckmann 転位を分子内で起こす．

再結合反応は次のように起こる.

問題 21.16

(a)   (b)   (c)   (d)

(c)は電子環状反応であり，ほかはシグマトロピー転位である.

問題 21.17

最初の Claisen 転位で生成した化合物が芳香族化できないのでさらに Cope 転位を起こして 4 位生成物になったのちに，エノール化して芳香族になる.

問題 21.18

ジメチルアセタールが酸触媒によりアリル型アルコールとアルコール交換を起こしたのち，メタノールの脱離でアリル型ビニルエーテルを生成し，さらに加熱により Claisen 転位を起こしている.

演習問題

21.01 次の反応がどのように進むか示せ.

21.02 次の変換反応の機構を示せ.

21.03　次の反応がどのように進むか示せ.

21.04　次の反応の機構を書いて主生成物の構造を示せ.

(a)

(b)

21.05　次の反応の機構を書いて主生成物の構造を示せ.

(a)

(b)

21.06　次の反応の機構を示せ.

21.07　次に示す非対称なジオールの酸性条件における転位生成物はアルデヒドであるが，トシラート(4-トルエンスルホン酸エステル)に変換してから中性条件で転位させるとケトンが得られる．転位生成物が異なる理由を説明せよ.

21.08　次の反応がどのように進むか示せ.

21.09　エポキシドは Lewis 酸によって転位を起こす．次の転位反応がどのように起こるか示せ.

(a)

(b)

21.10 酸性条件でイソボルネオールからカンフェンが生成する脱離反応には，C−C 結合の 1,2−移動が含まれている．この転位過程を巻矢印で示せ．

イソボルネオール   カンフェン

21.11 次の反応の機構を示せ．

21.12 次の酸塩化物とジアゾメタンの反応でジアゾケトンが生成し，さらに熱分解によってカルボン酸が生成する反応の過程を段階的に示せ．

21.13 次の反応の主生成物を示せ．

(a)

(b)

(c)

(d)

21.14 次の反応の機構を示せ（この反応は Schmidt 転位とよばれることもある）．

21.15 1,2−ジメチル−1,2−シクロヘキサンジオールのシスとトランス異性体を酸で処理すると，一つの異性体は 2,2−ジメチルシクロヘキサノンを速やかに生成するが，もう一つの異性体はゆっくりと 1−アセチル−1−メチルシクロペンタンを与える．二つの異性体の反応性の違いを説明せよ．

21.16 フェニルプロパノンの二つの α−クロロ誘導体は，塩基性メタノール中で反応させると同じメチルエステルを与える．この Favorskii 転位とよばれる反応は，共通のシクロプロパノン中間体を経て進行すると考えられている．この反応の機構を書け．

21.17　次の変換反応の機構を示せ(この反応はオキシ Cope 転位とよばれる反応の一つである).

21.18　下式はゲラニアール(レモンの香りがする天然物)の工業的合成法を示している. 最後の 2 段階はアリル型エノールエーテルのシグマトロピー転位である. この 2 段階の反応がどのように起こるか巻矢印で示せ.

有 機 合 成

22

ま と め

Summary

- ❏ 有機合成は標的化合物をつくるための有機反応の設計とその実施である.
- ❏ 有機合成計画の手法, **逆合成解析**は, **官能基相互変換**と**結合切断**によって, 標的分子から前駆体へと逆にたどっていく(➡ 22.2 節).
- ❏ **シントン**は結合切断によって得られる仮想的な構造であり, 対応する合成等価体(反応剤)を見つけて合成反応を構築する(➡ 22.2.1 項).
- ❏ 効率的な有機合成には**反応選択性**が重要であり, キラルな化合物の合成には立体選択性が問題になる(➡ 22.3.1 項, 22.5 節).
- ❏ 多官能性化合物を反応させるときには, 官能基の**保護**が必要になる(➡ 22.3.2 項).
- ❏ 一般に**収束型合成**が直線型合成よりも優れている(➡ 22.4 節).

問題解答

問題 22.1

問題 22.2

問題 22.3

結合切断：

合成反応：

問題 22.4

　フェニルプロパノンを塩基で処理すると，フェニル基側のエノラートのほうがより安定で，選択的に生成する．しかも，エノラートの生成は完全には起こらず，アルドール反応を起こしやすいので，アルキル化を起こすのはむずかしい．

問題 22.5

問題 22.6

1-フェニル-2-ペンタノン

問題 22.7

（a）酸触媒で単分子的にカルバミン酸とカルボカチオンになったあと，脱炭酸と E1 脱離を起こす.

（b）E1cB 脱離でアルケンとカルバミン酸イオンを生成し，後者は脱炭酸を起こす.

問題 22.8

保 護：

脱保護：

問題 22.9

問題 22.10

反応 22.12（教科書 p. 372）の **A** または **D** から次の反応で得られる.

$$D \xrightarrow{\text{CH}_2\text{I}_2/\text{Zn}} \quad\quad \xrightarrow[\text{2) H}_3\text{O}^+]{\text{1) KOH/H}_2\text{O}} \quad \underset{\text{Ar}}{\quad}\underset{\text{Ar'}}{\quad} \textbf{(G)}$$

章末問題解答

問題 22.11

(a)

合成反応：　$\xrightarrow{\text{S}_\text{N}2}$

(b)

合成反応：　$\xrightarrow[\text{EtOH}]{\text{S}_\text{N}2}$

(c)

合成反応：　$\xrightarrow{\text{共役付加}}$

問題 22.12

(a)

合成反応：　$\xrightarrow[\text{アルドール反応}]{\text{NaOH}}$

(b)

$\xrightarrow[\text{Claisen 縮合}]{\text{NaOEt}}$

(c)　$\xrightarrow{\text{官能基変換}}$

合成反応：

問題 22.13

(a)

結合切断 ①：

結合切断 ②：

結合切断 ③：

(b)

結合切断 ①：

結合切断 ②：

問題 22.14

問題 22.15

問題 22.16

$$\left(Ar- = \underset{}{\text{ナフチル}} \right)$$

問題 22.17

（a）**B** の合成は 4–メチルアセトフェノンの Grignard 反応を使って行う．必要な Grignard 反応剤を調製するためにカルボニル基を保護する必要がある．

（b）

(c) 形式的には，小さいアルデヒドのリチウムエノラートを用いてアルデヒド **A** とアルドール反応を行えば標的分子になる．しかし，アルデヒドのリチウムエノラートはつくれない(17.9 節参照)ので，エノールシリルエーテルを使って合成反応を進める．

問題 22.18

(a) 段階 (1)：

段階 (2)：

(b)

(c)

Baeyer–Villiger 転位

(d)

加水分解

(A)

(e)

(f) アセチル化による OH 保護のために "Ac₂O＋ピリジン" を用いる．ラジカル反応による脱ヨウ素のために "Bu₃SnH＋AIBN" を用いる（20.4 節参照）．

(g) PCC（第一級アルコールのアルデヒドへの酸化）．

問題 22.19

D. Enders, M.R. M. Hüttel, C. Grondal, G. Raabe, *Nature*, **441**, 861（2006）参照．

問題 22.20

(a) （反応式：ブタジエン + CH₂=CHCO₂CH₂CF₃）

(b) エステルのアンモニアによる求核置換反応.

（反応式）

(c) この反応は不飽和アミドのヨードラクタム化とよばれる反応の一つであるが，シリル基で保護されたアミドからの反応に対応する．シリル基は THF 溶媒分子に結合する．

（反応式）

(d) DBU はアミジン塩基である（6 章参照）．E2 脱離よって引き抜かれる H は，I 脱離基に対してアンチ共平面になることができるものだけである．

（反応式）

(e) ラジカル的なアリル臭素化（20 章参照）．NBS から生成した Br ラジカルと Br₂ が反応に関与する．ラクタム環の立体障害のために立体選択性が生じると考えられる．

（反応式）

(f) エタノール中では CO_3^{2-} の塩基性が十分高いと予測される．

$$EtOH + CO_3^{2-} \rightleftharpoons EtO^- + HCO_3^-$$

（反応式）

（g）この化合物の Br の隣接位には両側に窒素官能基があるが，分子内求核置換を起こすことができるのはトランス位にある AcNH 基だけである．このアミド NH の pK_a はかなり低い（<15）と考えられるので，強塩基により容易に窒素アニオンを生成し，分子内 S_N2 反応を起こして含窒素三員環（アジリジン）を形成する．

Y.-Y. Yeung, S. Hong, E.J. Corey, *J. Am. Chem. Soc.*, **128**, 6310（2006）参照．

演習問題

22.01　次の化合物の逆合成解析と合成反応を示せ．

（a）PhCH$_2$OPh　　（b）　（c）　（d）

22.02　次の標的分子について，波線の位置で結合切断して得られる合理的なシントンと対応する合成反応を示せ．

（a）　　　（b）

22.03　次の逆合成（官能基変換と結合切断）に対応する合成反応を書け．

（a）

（b）

（c）

22.04　次の標的分子の結合切断に対応する二通りの合成反応を提案せよ．

22.05　局所麻酔薬のプロカイン（a）と喘息の吸入薬として使われるサルブタモール（アルブテロールともいう）（b）を，それぞれ指示された出発物から合成する方法を提案せよ．その際，逆合成解析を示してから合成反応を書くこと．

(a)

プロカイン(procaine)

(b)

サルブタモール
salbutamol (albuterol)

22.06 次にビタミン A の合成反応の一部を示す.

ゲラニアール

(A)

β-ヨノン

(c)

(B)

(d)

(C)

ビタミンA

(a) 化合物 **A** の生成反応の機構を示せ.
(b) 化合物 **A** から β-ヨノンが生成する反応の機構を示せ.
(c) β-ヨノンからエノールエーテル **B** への変換に必要な反応剤を示せ.
(d) 中間体 **B** をアルデヒド **C** に変換するための反応条件と反応機構を書け.

22.07 次に示すのは,胃炎や胃潰瘍の治療に用いられるレバミピド(商品名ムコスタ)の合成計画をおもな化合物だけで表したものである.

レバミピド
(rebamipide)

(1)

(2)

(3)

(4)

(5)

(6)

(a) この計画に従って合成反応を提案せよ.
(b) 段階(4)に相当する合成反応の機構を書け.

22.08 次に示す標的分子の合成計画に従って合成反応を提案せよ.

22.09　抗生物質の一つであるクロラムフェニコールの合成法を次に示す.

(a)　中間生成物 **A〜D** の構造を示せ.

(b)　段階(1)の反応機構を書け.

(c)　段階(2)は副反応を起こしやすいので，反応条件を制御する必要がある. 可能な副反応も示して，この反応について説明せよ.

22.10　胃酸抑制薬として胃炎の治療に用いられるシメチジンの合成法を次に示す.

(a)　段階(3)，(4)，(6)の反応に必要な反応剤を示せ.

(b)　段階(1)，(2)，(5)がそれぞれどのように進むか，反応式で示せ.

22.11　五員環が三つ縮環した特徴的な構造をもつ三環式セスキテルペンのイソコメン(isocomene)は，北米大陸の南西部に自生する *Isocoma wrightii*(rayless goldenrod；牛や馬が摂取すると "ふるえ" を起こすキク科の有毒植物)から単離され，次のように合成された(**C** が光照射で環化して **D** を生成する反応は[2+2]付加環化とよばれるペリ環状反応の一つで，この合成反応の鍵段階の一つになっていることにも注意しよう).

(a) **A** から **B** および **D** から **E** を合成するための反応剤(1)および(2)を示せ.

(b) **B** から **C** が生成する反応の機構を書け.

(c) **E** から(±)-イソコメンの生成反応にはカルボカチオン転位が含まれる. その反応機構を書け.

22.12 モネンシン(monensin)は, ストレプトマイセス属の細菌 *Streptomyces cinnamonensis* から単離された ポリ環状エーテル系抗生物質の一つである. 岸義人らにより全合成されているが, その一部を示す.

(a) 合成中間体 **B** の構造を示せ.

(b) **C** から **D** および **D** から **E** を合成するための反応剤(1)および(2)を示せ.

(c) **E** から **F** がどのように生成するか示せ.

(d) **F** から **G** が生成する4段階の反応を書いて **G** の構造を示せ.

(e) **G** から **H** が生成する反応の経路を示せ.

(f) **H** から **I** がどのように生成するか示せ.

生体物質の化学

23

ま と め

Summary

- ❑ **炭水化物**(糖)は単糖を単位とし，二糖，……，多糖があり，最も広くみられるのはデンプンとセルロースである(➡ 23.1.1，23.1.4 項).
- ❑ 単糖はポリヒドロキシカルボニル化合物であり，環状ヘミアセタール構造(六員環または五員環)をとる．もとのカルボニル炭素はアノマー炭素とよばれる(➡ 23.1.2 項).
- ❑ 糖の C1(アノマー炭素)でほかのヒドロキシ化合物と反応したものがグリコシド(アセタール)であり，アミンと反応したものが N-グリコシドである(➡ 23.1.3 項).
- ❑ **核酸**(RNA と DNA)は**ヌクレオチド**の高分子であり，ヌクレオチドは 2-デオキシ-D-リボースまたは D-リボースと核酸塩基(プリンとピリミジン)からなるヌクレオシドにリン酸が結合したものである(➡ 23.2.1 項).
- ❑ 核酸は**相補的**な**核酸塩基対**の水素結合によって二重らせんを形成し，遺伝情報の伝達を担っている(➡ 23.2.2 項).
- ❑ **タンパク質**は **α-アミノ酸**がアミド結合でつながった高分子で，α ヘリックスあるいは β プリーツシート構造からなる(➡ 23.3 節).
- ❑ **油脂**と**リン脂質**はいずれも脂肪酸のエステルであるが，後者は極性のリン酸グループをもち二重層として細胞膜をつくっている(➡ 23.4.1，23.4.2 項).
- ❑ **テルペン**は植物の精油成分でありイソプレン単位からなる．**ステロイド**はホルモンとしてはたらく(➡ 23.4.3 項).
- ❑ **エイコサノイド**は C_{20} の不飽和脂肪酸アラキドン酸の誘導体であり，強い生理作用をもつ(➡ 23.4.4 項).

問題解答

問題 23.1

D-エリトロース　　　L-エリトロース　　　L-トレオース　　　D-トレオース

問題 23.2

β-D-マンノピラノース　　　または　　　α-D-マンノピラノース

問題 23.3

（波線の結合は立体化学を特定しないことを示す．すなわち，α または β アノマーを示す．）

問題 23.4

部分構造 −ACGT− に相補的な DNA 鎖は −TGCA− である．

問題 23.5

α 炭素に結合した基の優先順は示したようになるので，システイン以外は S 配置である．システインは側鎖の硫黄原子のために優先順が高くなり R 配置になる．

問題 23.6

(a) アラニン：pK₁ 2.34，pK₂ 9.69 から，pI =（pK₁+pK₂）/2 = 6.02

(b) アスパラギン：pK₁ 2.02，pK₂ 8.84 から，pI =（pK₁+pK₂）/2 = 5.43

(c) アスパラギン酸：pK₁ 2.09，pK₂ 3.86 から，pI =（pK₁+pK₂）/2 = 2.98

この場合，pK₂ は側鎖のカルボン酸の解離に対応し，次のように3段階の解離を示すが，電気的に中性のかたちは第一解離と第二解離の間に得られるので，上のように計算できる.

アスパラギン酸

問題 23.7

グルタチオンはグルタミン酸，システイン，グリシンからなるトリペプチドである．グルタミン酸は側鎖のカルボン酸でアミド結合をつくっている.

系統的名称は，γ-グルタミルシステイニルグリシンである.

問題 23.8

ホスファチジルセリン

問題 23.9

モノテルペン：ミルセン，リモネン，ゲラニオール，リナロール，カルボン，メントール

セスキテルペン：ファルネソール

ジテルペン：ビタミン A

テトラテルペン：リコペン，β-カロテン

問題 23.10

エストラジオール：キラル中心 5 個，可能な立体異性体 32（2⁵）種類

テストステロン：キラル中心 6 個，可能な立体異性体 64（2⁶）種類

章末問題解答

問題 23.11

問題 23.12

D–グルコースから得られるアルジトール(a)は光学活性であるが，D–ガラクトースから得られるもの (b)はメソ体であり光学不活性である.

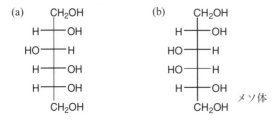

問題 23.13

問題 23.14

問題 23.15

問題 23.16

(後処理では，中和して pH を生成物アミノ酸の等電点に調整し，単離しやすくする.)

問題 23.17

問題 23.18

　第一級アミン RNH₂ は RBr+NH₃ の最初の反応で生成するが，求核性が十分強いのでさらに未反応の RBr と反応して，第二級，第三級アミン，さらには第四級アンモニウム塩まで生成するので，生成物は混合物となり第一級アミンの収率は低くなる．一方，2-ハロカルボン酸から生成したアミノ酸は下に示すような双性イオンになる(NH₃ の量にもよる)ので求核性を失って，さらに反応する可能性は少ない．

問題 23.19

問題 23.20

親油性部位（油と相互作用する）

親水性部位（水と相互作用する）

レシチン

演 習 問 題

23.01　D-フルクトースのフラノース形とピラノース形の構造式を書け．

23.02　酸性メタノール中におけるメチル α-D-グルコピラノシドの β 形への異性化の反応機構を書け．

23.03　キシリトールは虫歯の原因にならない甘味料としてチューインガムなどに使われている．キシリトールは D-キシロースの還元で得られるが，D-キシリトールとよばれないのはなぜか．

キシリトール　　　　　　　D-キシロース

23.04　マルトースやラクトースは還元糖に分類されるのに対して，スクロースは非還元糖である．その理由を説明せよ．

23.05   トレハロースは昆虫の体液やキノコに含まれる二糖の一つであり，D–グルコースがアノマー炭素どうしで $\alpha,\alpha(1{\leftrightarrow}1)$ グリコシド結合でつながってできている．この二糖の構造を示し，これが還元糖であるかどうか述べよ．

23.06   グアニンと 2–デオキシ–D–リボースからできたヌクレオチド 2′–デオキシグアノシン 5′–二リン酸の構造を示せ．

23.07   DNA の二重らせんにおいて一方のペプチド鎖に 5′–ACCTGAATCG–3′ という部分配列がみられた．この部分に相当する相補鎖の配列はどうなっているか．

23.08   プリン塩基の 6 位が硫黄に変わった類似体に 6–メルカプトプリンと 6–チオグアニンがある．これらは抗腫瘍作用をもつので白血病の治療に用いられている．それぞれの互変異性体の構造式を書け．

6–メルカプトプリン   6–チオグアニン

23.09   RNA が DNA よりも不安定であり，アルカリ性溶液中で簡単に環状リン酸エステルを生成して分解する．この反応の機構を書いて，分解しやすい理由を説明せよ．

23.10   ヒスチジンの pK_a は 1.82，6.04，9.17 である．
  （a）ヒスチジンの等電点を計算せよ．
  （b）pH 4，8，11 におけるヒスチジンのおもなかたちを示せ．

23.11   ニンヒドリンはアミノ酸の発色剤として使われる．この発色は，アミノ酸の種類によらず，イミンの生成と脱炭酸を経て，次のような色素を生成することに基づいている．この反応がどのように進むか段階的な反応式で示せ．

ニンヒドリン   紫色

23.12 ペプチドの N 末端アミノ酸残基を決定する方法に Edman 分解がある．この方法では，ペプチドにフェニルイソチオシアナートを反応させる．N 末端アミノ酸残基は，フェニルチオヒダントインとよばれるヘテロ環化合物に組み込まれて外れる．この操作を繰り返せば N 末端から順にアミノ酸配列を決定できる．この反応はチアゾリノン中間体の転位を経て進む．この全反応がどのように起こるか巻矢印で示せ．

フェニルイソ
チオシアナート　　ペプチド鎖

チアゾリノン　　フェニルチオヒダントイン

23.13 次に示すのは代表的な脂質の分子構造である．どの分子がキラル中心をもっているか指摘し，R, S 配置を帰属せよ．

(a) 脂肪

CH$_3$(CH$_2$)$_{14}$CO — H
CH$_2$OC(CH$_2$)$_{14}$CH$_3$
CH$_2$OC(CH$_2$)$_{14}$CH$_3$

(b) レシチン

CH$_3$(CH$_2$)$_7$CH=CH(CH$_2$)$_2$CO — H
CH$_2$OC(CH$_2$)$_{14}$CH$_3$
CH$_2$OPO(CH$_2$)$_2$NMe$_3$

(c) スフィンゴミエリン

CH=CH(CH$_2$)$_{12}$CH$_3$
CH$_3$(CH$_2$)$_{14}$CNH — H
CH$_2$OPO(CH$_2$)$_2$NMe$_3$

23.14 次のテルペンまたはテルペノイドをイソプレン単位に分けよ．

シトロネラール
（レモン）

ジンギベレン
（ショウガ）

ファルネソール
（レモングラス）

α-ピネン
（マツ）

ショウノウ
（クスノキ）

β-セリネン
（セロリ）

23.15 プロスタグランジン F$_{2\alpha}$ にはいくつのキラル中心があり，いくつの立体異性体が可能か．ただし，二重結合のシス・トランス異性は固定されているものとする．

1.01

    (a) 1   (b) 5   (c) 2   (d) 4   (e) 7

1.02

    (a) $[Ne]3s^2$ (b) $[He]2s^22p^6$ (c) $[Ne]3s^23p^1$ (d) $[He]2s^22p^6$ (e) $[He]2s^22p^6$

1.03

    (a) 0   (b) 2   (c) 8   (d) 8   (e) 8

    (c) K や (e) Ca のカチオンは 4s 軌道から電子を失って Ar と同じ電子配置になっており，原子価殻は第三殻とみなせ，8 電子を収容している．

1.04

    (a) ^{79}Br：陽子 35 個，中性子 44 個． ^{81}Br：陽子 35 個，中性子 46 個．

    (b) およその原子量は質量数から計算できる．

        $79 \times 0.507 + 81 \times 0.493 = 80.0$ （正確な原子量は 79.904 である．）

1.05   (d) 以外は電気陰性度の差が 1.5 より小さいので，共有結合になる．

    (d) イオン結合：O と Na の電気陰性度の差＝$3.44 - 0.93 = 2.51$．

1.06

1.07   (b) は C−F の結合モーメントが相殺されるので，双極子をもたない．

1.08

1.09

1.10

    （結合間の角度については 3 章で説明するが，ここでは気にすることはない．(c) と (d) については，解答

例のように書くと実際の分子のかたちに近い表現になるが，結合数と非共有電子対の数を間違わなければ，直線状の結合や直角の結合があっても構わない．)

1.11

(a) 構造式　　(b) 構造式

1.12

構造式

1.13

(a) $(CH_3)_2C=CHCHO$　　分子式：C_5H_8O

(b) 構造式　　分子式：$C_7H_{12}O$

(c) $CH_3CH_2C≡CCH_2CH_2CH_3$　分子式：C_7H_{12}

(d) $CH_3CH_2CH(NH_2)CO_2H$　　分子式：$C_4H_9NO_2$

1.14

(a)　　(b)　　(c)　　(d)

1.15

(a)　　(b)　　(c)　　(d)

1.16

(a) $(CH_3)_3CCH_2CH=CHCOCH_3$　　(b) $(CH_3)_2C=CHN(CH_3)CH_2C(CH_3)=CHCH_2OH$

(c) $C_6H_5OCH_2CH=CHOCH_3$　　(d) $CH_3CH_2CH=CHCH_2CO_2CH_2C≡CCH_3$

2章

2.01

(a) ヒドロキシ，メトキシ，カルボニル(アルデヒド)，ベンゼン環

(b) ヒドロキシ，アミド，ベンゼン環

(c) シアノ，メトキシカルボニル(エステル)，アルケン

(d) アミノ，カルボキシ，アミド，メトキシカルボニル(エステル)，ベンゼン環

(e) アミノ($-NMe_2$，$-NH-$，$-NHMe$)，エーテル(フラン環)，スルフィド，ニトロ，アルケン

2.02

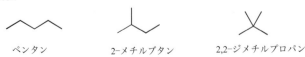

ペンタン　　2-メチルブタン　　2,2-ジメチルプロパン

2.03

シクロブタン　　メチルシクロプロパン

2.04

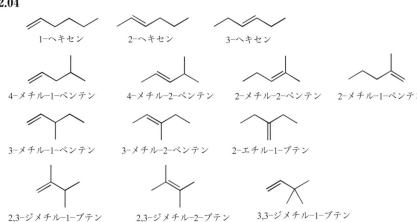

1-ヘキセン　　2-ヘキセン　　3-ヘキセン

4-メチル-1-ペンテン　　4-メチル-2-ペンテン　　2-メチル-2-ペンテン　　2-メチル-1-ペンテン

3-メチル-1-ペンテン　　3-メチル-2-ペンテン　　2-エチル-1-ブテン

2,3-ジメチル-1-ブテン　　2,3-ジメチル-2-ブテン　　3,3-ジメチル-1-ブテン

2.05　アルコールとエーテル異性体がある.

CH₃CH₂CH₂CH₂OH　　(CH₃)₂CHCH₂OH　　(CH₃)₃COH　　CH₃CH₂CH(OH)CH₃

CH₃CH₂OCH₂CH₃　　CH₃OCH₂CH₂CH₃　　CH₃OCH(CH₃)₂

2.06

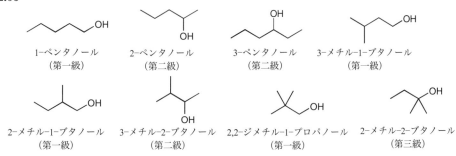

1-ペンタノール（第一級）　　2-ペンタノール（第二級）　　3-ペンタノール（第二級）　　3-メチル-1-ブタノール（第一級）

2-メチル-1-ブタノール（第一級）　　3-メチル-2-ブタノール（第二級）　　2,2-ジメチル-1-プロパノール（第一級）　　2-メチル-2-ブタノール（第三級）

2.07

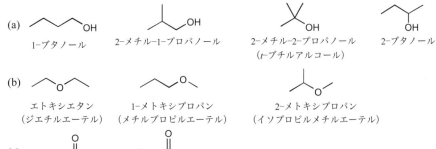

(a) 1-ブタノール　　2-メチル-1-プロパノール　　2-メチル-2-プロパノール（t-ブチルアルコール）　　2-ブタノール

(b) エトキシエタン（ジエチルエーテル）　　1-メトキシプロパン（メチルプロピルエーテル）　　2-メトキシプロパン（イソプロピルメチルエーテル）

(c) ブタン酸　　2-メチルプロパン酸

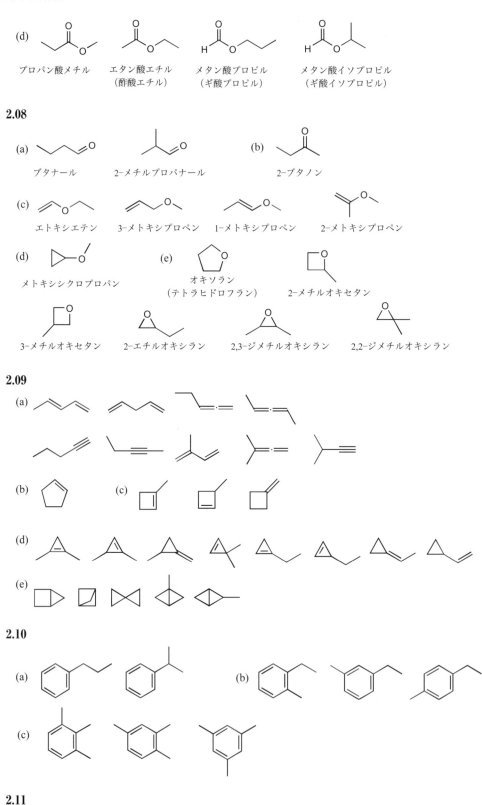

(d) プロパン酸メチル　エタン酸エチル（酢酸エチル）　メタン酸プロピル（ギ酸プロピル）　メタン酸イソプロピル（ギ酸イソプロピル）

2.08

(a) ブタナール　2-メチルプロパナール　(b) 2-ブタノン

(c) エトキシエテン　3-メトキシプロペン　1-メトキシプロペン　2-メトキシプロペン

(d) メトキシシクロプロパン　(e) オキソラン（テトラヒドロフラン）　2-メチルオキセタン

3-メチルオキセタン　2-エチルオキシラン　2,3-ジメチルオキシラン　2,2-ジメチルオキシラン

2.09

(a)

(b)　(c)

(d)

(e)

2.10

(a)　(b)

(c)

2.11

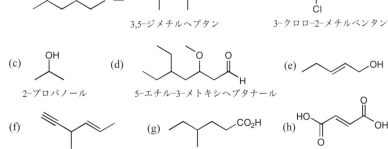

2.12

(a) 4-エチル-3-メチルヘプタン（4-ethyl-3-methylheptane）

(b) 3,4-ジメチル-2-ヘキセン（3,4-dimethylhex-2-ene）

(c) 4-メトキシ-2-ペンタノール（4-methoxypentan-2-ol）

(d) 3-メチル-4-ペンテナール（3-methylpent-4-enal）

(e) 5-メチル-2-ヘキシン（5-methylhex-2-yne）

(f) 4-クロロヘキサン酸（4-chlorohexanoic acid）

（英語名では位置番号を主官能基の語尾の直前に入れたが，日本語名では語幹の前に入れている．2.9.2 項の項目 2 参照．問題 2.13 も同様．）

2.13

(a) 2-ペンタノール（pentan-2-ol）

(b) 3-メチルシクロヘキサノール（3-methylcyclohexanol）

(c) 2-エトキシ-2,4-ヘキサジエン（2-ethoxyhexa-2,4-diene）

(d) 4-クロロ-2-メチルヘキサン（4-chloro-2-methylhexane）

(e) 1-メトキシ-2,4-ヘキサンジオール（1-methoxyhexane-2,4-diol）

(f) 2,3-ジブロモシクロペンタノール（2,3-dibromocyclopentanol）

(g) 2-ブタンアミン（butan-2-amine）または 1-メチルプロピルアミン（1-methylpropylamine），s-ブチルアミン（s-butylamine）

(h) 2,N-ジメチル-1-ブタンアミン（2,N-dimethylbutan-1-amine）または 2,N-ジメチルブチルアミン（2,N-dimethylbutylamine）

2.14

(a) いちばん長い炭素鎖は C_7 である．

(b) 位置番号はあわせてできるだけ小さくする．

(c) 2-プロピルはアルキル名としては正しくない．

アルキル基は常に遊離原子価をもつ炭素から位置番号を始めるので，1-メチルエチルあるいはイソプロピルというべきであり，イソプロピルアルコールは IUPAC 規則で許容された慣用名である．

(d) 接頭語となる置換基名は英語名でアルファベット順にし，それを日本語名に直す．

(f) 二重結合と三重結合の位置番号が小さくなるようにする．

(e)，(g)，(h) の化合物名は正しい．

(a) 〜 3,5-ジメチルヘプタン
(b) 3-クロロ-2-メチルペンタン
(c) 2-プロパノール
(d) 5-エチル-3-メトキシヘプタナール
(e)
(f) 3-メチル-4-ヘキセン-1-イン
(g)
(h)

2.15 1-プロパノールは 2-プロパノールに比べると炭素鎖が長く，表面積も大きい．したがって，分子間の分散力が 1-プロパノールのほうが大きいために，沸点も高くなる．

2.16 ブタナールは極性化合物であり双極子モーメントもかなり大きいので，双極子-双極子相互作用をもって

おり，ペンタンの分散力より大きい．しかし，その分子間相互作用は 1-ブタノールの水素結合相互作用に比べると小さい．このような分子間相互作用の違いが沸点の差に現れている．

2.17 エタノールは分子間で水素結合をつくれるが，ジメチルエーテルはそのような強い分子間相互作用をもたない．したがって，エタノールの沸点はジメチルエーテルよりもずっと高い．

2.18 *cis*-1,2-ジクロロエテンは双極子をもつが，トランス異性体は(対称性のために C−Cl 結合モーメントが打ち消されるので)双極子をもたない．シス体のほうが双極子–双極子相互作用が大きいので，沸点も高い．

2.19 アミンの IUPAC 名は，2-メチル-1-ブタンアミン，*N*-メチル-2-ブタンアミン，*N*-エチル-*N*-メチルエタンアミン(*N*-メチルジエチルアミン)である．
　これらのアミンはかたちも似ているので，分散力はほぼ同じであると考えられる．おもな違いは水素結合能からきている．N の非共有電子対は水素結合受容能をもつが，立体障害が第一級＜第二級＜第三級と順に大きくなり水素結合生成を妨げる．第一級と第二級アミンは水素結合供与体にもなる．水素結合相互作用が弱くなれば沸点は低くなる．

2.20 過塩素酸テトラブチルアンモニウムはイオン性化合物であり，水はカチオンもアニオンも溶媒和できるので水溶性である．しかし，テトラブチルアンモニウムイオンのイオン中心は四つのアルキル基で囲まれており，過塩素酸アニオンの負電荷も四つの酸素に分散しているので，この塩は有機溶媒にも種類によっては溶ける．

3 章

3.01
(a) 同一化合物　　(b) 構造異性体　　(c) 立体異性体　　(d) 構造異性体
(e) 構造異性体　　(f) いずれでもない

3.02 平面構造をもつもの：CH_3^+, H_2O, BF_3, $H_2C=O$

3.03
(a) 109.5°　　(b) 180°　　(c) 120°　　(d) 120°

3.04
(a) sp^2(120°)　　(b) sp^3(109.5°)　　(c) sp^2(120°)　　(d) sp(180°)

3.05 エタンの C−C 結合は二つの sp^3 混成軌道が正面から重なり合ってできる．したがって，分子軌道は C−C 結合について円筒対称であるので σ 軌道である．

3.06

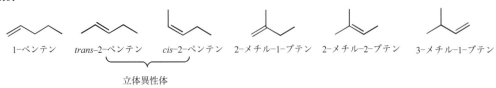

3.07

1-ペンテン　　*trans*-2-ペンテン　　*cis*-2-ペンテン　　2-メチル-1-ブテン　　2-メチル-2-ブテン　　3-メチル-1-ブテン

立体異性体

3.08

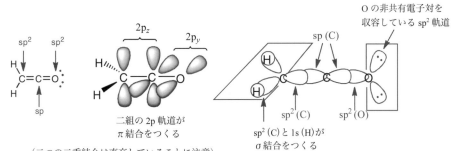

二組の 2p 軌道が
π 結合をつくる

（二つの二重結合は直交していることに注意）

O の非共有電子対を
収容している sp² 軌道

sp² (C) と 1s (H) が
σ 結合をつくる

3.09

(a) $-NH_2$　　(b) $-CH_2OH$　　(c) $-C(O)OCH_3$　　(d) $-Ph$　　(e) $-C≡N$　　(f) $-C≡N$

3.10

(a) Z（優先順の高い基：CH_3 と OCH_3）　　(b) Z（優先順の高い基：CH_2F と CH_2F）

(c) E（優先順の高い基：Cl と CH_2OH）　　(d) Z（優先順の高い基：CH_2OH と $CH=CH_2$）

4 章

4.01

(a), (d)：同一分子　　(b) 炭素数が異なる　　(c) いす形構造はトランス，平面構造はシス異性体を示している．

4.02

ねじれ形

重なり形

ねじれ形

重なり形

4.03

4.04　ねじれ形のほうが重なり形より安定であり，C1 と C2 の Cl どうしはできるだけ離れているほうが安定である．次に示した順に安定性は低くなる．

1,1,2-トリクロロエタン

ねじれ形

重なり形

4.05

3-メチルペンタン

4.06

(a)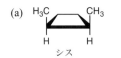

    シス   トランス

(b)

    シス   トランス

4.07

エクアトリアル形   アキシアル形

1,3-ジアキシアル相互作用がないので，エクアトリアル形のほうが安定である．

4.08 $K=[エクアトリアル]/[アキシアル]=e^{23\,000/(8.314\times298)}=e^{9.283}=10\,757$

   [エクアトリアル形]/[アキシアル形]の平衡比は約 11 000 となる．

4.09 $\Delta G=-RT\ln K=-8.314\times298\ln(95/5)=-7295\,(\mathrm{J\,mol^{-1}})$

   Gibbs エネルギー差は約 7.3 kJ mol^{-1} である．

4.10

4.11 t-ブチル基はかさ高いのでエクアトリアル位を占める．3-メチル基はシス体ではエクアトリアルになり，トランス体ではアキシアルになる．両方の置換基がエクアトリアル位をとれるシス体のほうがトランス体より安定である．

    シス体   トランス体

4.12 cis-1,4-ジメチルシクロヘキサンのいす形ではメチル基がエクアトリアルとアキシアルになる．トランス体ではともにエクアトリアルになるかともにアキシアルになるかであるが，ジアキシアル形は不安定である．

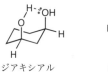

  cis-1,4-ジメチルシクロヘキサン $trans$-1,4-ジメチルシクロヘキサン

4.13 いす形の cis-1,3-ジヒドロキシシクロヘキサンの OH 基は，どちらもエクアトリアルになるかアキシアルになるかである．cis-1,3-ジヒドロキシ基がともにアキシアルの場合には，それらが分子内水素結合を形成して六員環をつくるために安定化され，ジエクアトリアル配座よりも安定になる．

ジアキシアル   ジエクアトリアル

   cis-1,3-ジヒドロキシシクロヘキサン

4.14

5章

5.01 (a), (b), (d), (f), (g)

(f)の CH$_3$O－は O の非共有電子対が二重結合と共役できる.

5.02

(a), (b) 共鳴構造式の組合せを示している.

(c) 二つ目の構造は N が五つの結合をもち不可能な構造である.

(d) 二つ目の構造には H が加わり, 負電荷がなくなっている.

5.03

5.04

5.05

5.06

(a) 芳香族：酸素の非共有電子対を含めて 6π 電子系になっている.

(b) 芳香族：酸素はプロトン化されても, もう一組の非共有電子対があるので 6π 電子系を保持している.

(c) 芳香族：NH の非共有電子対を含めて 6π 電子系になっている.

(d) 非芳香族：N はプロトン化されると非共有電子対をもたず, sp^3 混成になって環状 π 電子系を切断している.

5.07

(a) 非芳香族：sp³ 混成の CH₂ が環状 π 電子系を切断している.

(b) 芳香族：CH⁺ には空の p 軌道があり，七員環 6π 電子系になっている.

(c) 芳香族ではない：O の非共有電子対を含めると 8π 電子系になる.

(d) 芳香族ではない：プロトン化酸素には非共有電子対があり，8π 電子系になる.

(e) 芳香族ではない：NH の非共有電子対を含めると 8π 電子系になる.

(f) 非芳香族：sp³ 混成の N⁺H₂ が環状 π 電子系を切断している.

5.08

(a) ほとんど芳香族性をもたない：環状の 10π 電子系ではあるが，環内に出た二つの H が互いに反発して平面構造を保てない.

(b) 芳香族：環状 10π 電子系をもつ．橋架けした酸素が平面性を保ち，その非共有電子対は環状 π 電子系には関係しない.

(c) 芳香族：14π 電子系.

(d) 芳香族：18π 電子系.

5.09

(a) 芳香族性をもつ：おもな共鳴構造で示すように環状 2π 電子系を形成できる.

(b) 芳香族性をもたない：環内に正電荷をもつ構造は環状 4π 電子系で反芳香族である.

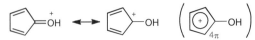

(c) 芳香族性をもつ：おもな共鳴構造で示すように環状 6π 電子系を形成できる.

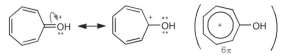

5.10　アズレンには次のような電荷分離した共鳴構造式の寄与があるので，双極子モーメントをもっている．この構造はシクロヘプタトリエニルカチオンとシクロペンタジエニドイオンが縮環した構造になっており，それぞれの環は 6π 電子系の芳香族である(全体としても環状 10π 電子系となり芳香族とみなせる).

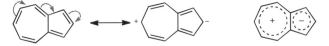

6章

6.01

(a) HO⁻   (b) H₂N⁻   (c) CH₃CO₂⁻   (d) HC≡C⁻   (e) N≡C⁻

6.02

(a) H₃O⁺   (b) NH₄⁺   (c) HONH₃⁺   (d) (CH₃)₂OH⁺   (e) (CH₃)₂C=OH⁺

6.03

Lewis 酸：(a)，(d)，(e)   Lewis 塩基：(b)，(c)

6.04

(c) $:\overset{..}{\underset{..}{Br}}-\overset{..}{\underset{..}{Br}}:$ $\quad :\overset{..}{\underset{..}{Br}}-\overset{..}{\underset{..}{Br}}:$ $\longrightarrow$ $:\overset{..}{\underset{..}{Br}}-\overset{+}{\underset{..}{Br}}-\overset{..}{\underset{..}{Br}}:$ $+ :\overset{..}{\underset{..}{Br}}:^{-}$　　(d) $CH_3CH_2\overset{..}{\underset{..}{Br}}:$ $FeBr_3$ $\longrightarrow$ $CH_3CH_2-\overset{+}{\underset{..}{Br}}-\overset{-}{FeBr_3}$

(e)

$$CH_3\overset{CH_3}{\underset{H}{\overset{|}{\underset{|}{C}}}}\overset{+}{\underset{..}{OH}} \quad CH_3\overset{..}{\underset{..}{OH}} \longrightarrow \overset{CH_3}{\underset{H}{\overset{|}{\underset{|}{C}}}}\overset{OH}{\underset{\overset{|}{\underset{H}{O}}-CH_3}{}}$$

6.05

$$CH_3CO_2H + NH_3 \underset{}{\overset{K}{\rightleftarrows}} CH_3CO_2^- + NH_4^+$$

pK_a　4.76　　　　　　　　　　　　　　　　　9.24

$K = [AcO^-][NH_4^+]/[AcOH][NH_3]$

$\quad = ([AcO^-][H_3O^+]/[AcOH])([NH_4^+]/[NH_3][H_3O^+])$

$\quad = K_a(AcOH)/K_a(NH_4^+) = 10^{-4.76}/10^{-9.24} = 10^{4.48} = 3.0\times10^4$

6.06

(a) pH 4.76　　(b) 5.06　　(c) 5.06　　(d) 4.46

（式 6.3 から pH$=pK_a+\log([AcO^-]/[AcOH])$となる．$\log 2 \simeq 0.30$ の関係も覚えておくと便利である．）

6.07

安息香酸が溶けるためには塩基と反応して $PhCO_2^-$ になる必要がある．塩基の共役酸の pK_a が安息香酸の pK_a 4.2 より大きければ，十分に強い塩基となる．それぞれの共役酸の pK_a は，(a) HCl −7，(b) H_2CO_3 6.37，(c) HCO_3^- 10.33，(d) HSO_4^- 1.99，(e) H_2O 15.7 である．

(a) 不溶　　(b) 溶解　　(c) 溶解　　(d) 不溶　　(e) 溶解

6.08

(a) $H_3\overset{+}{N}-\overset{CO_2H}{\underset{CH_2CH_2CO_2H}{\overset{|}{\underset{|}{C}}}}-H$　　　　(b) $H_3\overset{+}{N}-\overset{CO_2^-}{\underset{CH_2CH_2CO_2H}{\overset{|}{\underset{|}{C}}}}-H$　　　　(c) $H_3\overset{+}{N}-\overset{CO_2^-}{\underset{CH_2CH_2CO_2^-}{\overset{|}{\underset{|}{C}}}}-H$　　　　(d) $H_2N-\overset{CO_2^-}{\underset{CH_2CH_2CO_2^-}{\overset{|}{\underset{|}{C}}}}-H$

6.09

$CH_3NH^- > CH_3O^- > CH_3NH_2 > CH_3C(O)O^- > CH_3OH$

6.10

エタンチオールのほうがエタノールより酸性が強い．S は第 3 周期，O は第 2 周期の元素であり，S−H 結合は O−H 結合よりも弱い．したがって，EtSH のほうが酸としては EtOH よりも強い．

6.11

電気的に陰性な（電子求引性の）置換基はアルコールの酸性度を高める．混成炭素は s 性が大きいほど電気的に陰性である．すなわち，電子求引効果はエチル < C＝C < C≡C の順に大きいので，この置換基をもつ順に酸性度が高くなる．

6.12

二つ目のアルコールはエノールであり，共役塩基のエノラートイオンは共鳴安定化されている．したがって，このほうが酸性が強い．

$$\overset{\frown}{\curvearrowright}\overset{..}{\underset{..}{O}}{}^- \longleftrightarrow \overset{..}{\underset{..}{O}}{:}$$

エノラートイオン

6.13

$$\overset{O}{\underset{HO}{\overset{||}{S}}}\overset{O}{\underset{O^-}{}} \longleftrightarrow \overset{O}{\underset{HO}{\overset{||}{S}}}\overset{O^-}{\underset{O}{}} \longleftrightarrow \overset{^-O}{\underset{HO}{\overset{}{S}}}\overset{O}{\underset{O}{}}$$

（これらの硫黄原子は四面体形であることに注意しよう.）

6.14 トルエンの共役塩基(ベンジルアニオン)の負電荷はベンゼン環にいくらか非局在化している. 4-ニトロ基があるとその負電荷を受け入れるので, 負電荷の非局在化が大きくなり, このアニオンは強く安定化される. したがって, 4-ニトロトルエンの酸性は強い.

6.15

(a) シアノ基は電子求引的な誘起効果をもっているが, ベンゼン環のパラ位に対しては共役効果によりさらに強い電子求引効果を示す. とくに4位の官能基がアミノ基のように非共有電子対をもっていると, 下に示すような直接共役が可能になり, 非共有電子対を引きつける. したがって, 4-シアノアニリンのアミノ基の非共有電子対は3位異性体と比べてプロトン化を受けにくく塩基性が弱くなっている.

(b) メトキシ基はOの電気陰性度のために電子求引的であるが, 同時に共役によって電子供与性も示す. 3位には電子求引効果が現れるのに対して, 4位には電子供与性効果が現れ, 4-アミノ基の塩基性を強める. したがって, 4位異性体の塩基性は3位異性体よりも大きい.

6.16 アニリンはNの非共有電子対がベンゼン環に非局在化しているために塩基性が弱くなっている. しかし, かご形構造をもった一つ目のアミンのN上の非共有電子対はベンゼン環のπ系と直交するように固定されている. したがって, この非共有電子対は非局在化できないのでプロトン化されやすく, 塩基性は強い.

6.17 4-アミノピリジンの共役酸は主としてアミノピリジニウムイオンの形である. この構造ではアミノ基の非共有電子対が, 電荷分離を起こすことなく, ピリジン環のNに非局在化し, 安定化される. そのために4-アミノピリジンの塩基性は強い. このような安定化効果は無置換のピリジニウムイオン(pK_a 5.25)やアニリニウムイオン(pK_a 4.60)にはみられないものである.

6.18

	共役塩基	共役酸
(a)	HO$^-$	H$_3$O$^+$
(b)	HN-CN$^-$	H$_2$N=C=NH$^+$

(c) H₂N—◯—CO₂⁻　　　H₃N⁺—◯—CO₂H

(d)　　　　　　

(e)

6.19　アミドは O と N に非共有電子対をもつので，プロトン化によって 2 種類の共役酸が可能である．*O*–プロト
ン化形は三つの共鳴構造式(いずれも電荷分離していない)をもつのに対して，*N*–プロトン化形に書ける共鳴構
造式のうち電荷分離したものは二つの電荷が隣接しており，ほとんど共鳴には寄与していない．NH₂ 基の塩基性
はカルボニル基の電子求引効果によっても低くなっている．したがって，*O*–プロトン化形のほうが安定である．

O–プロトン化形　　　　　　　　　　*N*–プロトン化形

6.20　アセト酢酸エチルは，下に示すように，二つのカルボニル基にはさまれた炭素上の水素が最も強い酸性
を示す．その共役塩基は二つのカルボニル基を含む共鳴によって安定化されている．酢酸エチルの共役塩基
がカルボニル基一つだけの安定化しか受けないのと比較して，この安定化は大きい．

6.21　フタル酸のモノアニオンは分子内水素結合を形成し，安定化されている．これは
フタル酸の酸性度を高めている(第一解離を促進している)が，第二解離を起こりにく
くしている．テレフタル酸にはそのような効果がないので，二つの pK_a の差はフタル
酸に比べて小さい．

6.22　章末問題 6.25(c)で述べたように，2 位異性体の第一解離で生成したアニオンは分子内水素結合で安定化
されているので，第二解離が起こりにくくなっている．しかし，4 位異性体ではそのような効果が現れないの
で第二解離は起こりやすい．すなわち，酸性が強く pK_{a2} が，より小さい．

7章

7.01
(a) 置換　　(b) 脱離　　(c) 置換　　(d) 置換　　(e) 付加　　(f) 置換

7.02
(a) 付加　　(b) 置換　　(c) 置換　　(d) 置換　　(e) 付加
反応物の左から次のようになる．
(a) 求核種，求電子種　　(b) 求電子種，求核種　　(c) 求核種，求電子種
(d) 求電子種，求核種　　(e) 求電子種，求核種

7.03

7.04

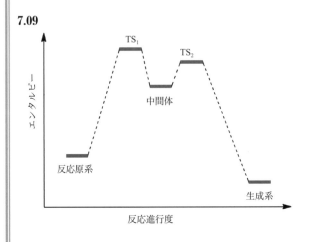

遷移構造

7.05

7.06

MeOH

− Cl⁻

− H⁺

7.07

水溶液中では Cl⁻ より塩基性の強い H_2O が H⁺ を引き抜き，HCl は H_3O^+ Cl⁻ になっている．

7.08

(a) 正しい．

(b) 求核種は電子対供与体であるが，その電子対は必ずしも非共有電子対である必要はない．アルケン(π 電子)や金属水素化物(σ 電子)のように結合電子対を供与する求核種もある．

(c) 求電子種も求核種も電荷をもっている必要はない．たとえば，HCl や Br_2 は求電子種として反応するし，H_2O や NH_3 は求核種としてはたらく．

7.09

TS₁

TS₂

中間体

反応原系

生成系

エンタルピー

反応進行度

(エンタルピーや Gibbs エネルギーを問題にするのは，モル単位で反応を考えている場合である．)

7.10

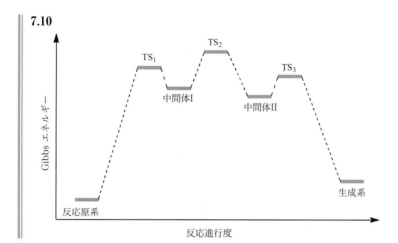

8章

8.01

(a)
(b)

(c)

(d)

8.02

(a) 5-ヒドロキシペンタナール

(b) (E)-2-ブテナール　　3-ペンタノール

(c) プロパノン　　1,3-プロパンジオール

(d) シクロペンタノン　　2-メチル-1-プロパノール

(e) シクロヘキサノン　　1,2-エタンジオール

(f) HO‐‐‐‐‐‐‐‐ 5-ヒドロキシ-2-ペンタノン　　エタノール

8.03

8.04　トリメチルシクロヘキサノンのカルボニル基隣接炭素上にある三つのメチル基は，下に示すようにシア
ン化物イオンの付加に対して大きな立体障害となるので付加物をほとんど生成しない．

2,2,6-トリメチルシクロヘキサノン

8.05

(a) 2,2-ジメチルプロパナールの t-ブチル基は，カルボニル炭素が sp^2 混成から sp^3 混成になり結合角が小さくなるので，水和物において大きな立体ひずみの原因となる．したがって，水和反応の平衡定数は小さくなる．

(b) トリフルオロプロパノンにおいては，分子内で C–F と C=O 結合の双極子–双極子反発相互作用があり，この分子を不安定化している．この不安定化要因は水和によって弱くなるので，トリフルオロ体の平衡定数はそれだけ大きくなる．

(c) ベンズアルデヒドのフェニル基はカルボニル基と共役してこの分子を安定化している（教科書の問題 8.2 参照）．この安定化要因は水和によって失われるので，ベンズアルデヒドの水和平衡定数はそれだけ小さくなる．

8.06　4-ジメチルアミノベンズアルデヒドは，下に示すようなアミノ基とカルボニル基の直接共役によって余分の安定化を受けている．この安定化は水和によって失われるので，その分だけ水和平衡定数は無置換体よりも小さくなる．

8.07　シクロプロパノンは，三員環構造のために大きな結合角ひずみをもっている．水和されるとカルボニル炭素が sp^2 混成から sp^3 混成になり結合角が小さくなるので，この結合角ひずみが部分的に解消される．そのため，水和された構造のほうが安定である．

8.08

8.09　酸性条件ではアセタールが生成するが，塩基性条件における生成物はヘミアセタールである．酸性条件では，ヘミアセタールから H_2O が脱離してさらに反応が進みアセタールを生成するが，塩基性条件では HO^- は脱離できない．プロトン化が起こってはじめて H_2O として脱離する．

8.10

（a）酸性条件ではアセタールが生成する．

（b）塩基性条件ではヘミアセタールの生成までしか反応が進行しない．

8.11　反応は次のように進み，^{18}O 標識は失われる．

（● = ^{18}O）

　もしプロトン化アルコールに対して，次のような S_N2 型機構が可能であれば ^{18}O 標識が残るはずだが，この条件ではこのような反応は起こっていないことを示している．

8.12　酸触媒アルコール交換反応が起こる．

8.13

8.14

8.15

8.16

8.17

8.18

8.19

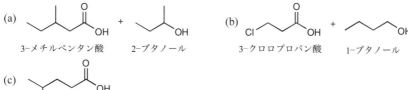

8.20

(A) $(C_6H_5)_3\overset{+}{P}CH_2CH_2CH_3$ Br^- (B) $(C_6H_5)_3\overset{+}{P}-\overset{-}{C}HCH_2CH_3$ + NaBr + H$_2$

(C) 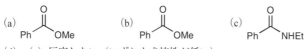 + $(C_6H_5)_3P=O$

9章

9.01

(a)

3-メチルペンタン酸　　　2-ブタノール

(b) 3-クロロプロパン酸　+　1-ブタノール

(c)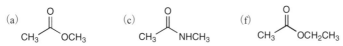

4-ヒドロキシペンタン酸

9.02

(a) Ph—C(=O)—OMe   (b) Ph—C(=O)—OMe   (c) Ph—C(=O)—NHEt

(d), (e) 反応しない（いずれも求核性が低い）.

9.03

(a) Ph—C(=O)—OMe   (b) Ph—C(=O)—NH$_2$ (d) Ph—C(=O)—O—C(=O)—CH$_3$ (e) Ph—C(=O)—OH

(c) 気体の HCl と反応しても出発物の塩化ベンゾイルが得られるだけである. 水溶液として反応すると安息香酸が得られる.

9.04

(a) CH$_3$—C(=O)—OCH$_3$ (c) CH$_3$—C(=O)—NHCH$_3$ (f) CH$_3$—C(=O)—OCH$_2$CH$_3$

(b), (d) 求核種の反応性が低くてカルボニル基に付加できない. (b) のアミドのカルボニル基は求電子性が低い. (e) 求核種(Cl^-)が付加してできた四面体中間体で, もとの脱離基(AcO^-)よりも脱離能が大きいので, 生成物になるよりも出発物に戻ってしまう.

9.05 安息香酸エチルは下に示すような共鳴によって（正電荷がフェニル基に非局在化し）安定化されているので, エタン酸エチルよりも反応性が低い. 共鳴安定化は求核付加によって失われるので, 付加を受けにくいためである.

9.06

(a) エタン酸エチルとエタン酸フェニルを比べると，カルボニル基との共役がフェノキシ基のほうがエトキシ基よりも弱いので求核攻撃を受けやすく，またフェノキシ基がエトキシ基よりも脱離しやすいので，エタン酸フェニルの反応性のほうが高い．

(b) 2-メチルプロパン酸エチルのイソプロピル基がエタン酸エチルのメチル基よりもかさ高いので立体障害が大きく反応性が低い．

(c) エタン酸フェニルの4位置換基を比べると，メチル基は電子供与性で反応性を下げるが，アセチル基は電子求引性で反応性を高める．アセチル基はフェノキシ基とエステルカルボニル基の共役を阻害し，フェノキシ基の脱離能を高めることにより活性化する．

(d) Cl基は電子求引性でエステルを活性化する．

9.07 出発物は次のとおりであり，その反応性は(a)＞(d)＞(c)＞(b)である．

出発物： (a) Me-C(=O)Cl (b) Me-C(=O)NHMe (c) Me-C(=O)OPh (d) Me-C(=O)OAc

生成物： (a) Me-C(=O)OMe ＋ Cl⁻ (b) Me-C(=O)NHMe ＋ MeO⁻ (c) Me-C(=O)OMe ＋ PhO⁻ (d) Me-C(=O)OMe ＋ AcO⁻

9.08

9.09

9.10 エステル交換において，酸触媒はカルボニル基をプロトン化してアルコールの付加を可能にし，塩基触媒はアルコキシドを生成し，アルコキシドイオンがカルボニル基に付加できるようになる．その結果として，付加-脱離機構で交換反応が達成できる．しかし，アミドは求電子性が低いので，塩基性条件でもアミンとは直接反応できない．酸性条件ではアミンが酸塩基反応でアンモニウムイオンになり求核性を失うのでアミドとは反応できない．

9.11

9.12

(a)

(b)

(c)

(d)

9.13

9.14　サリチル酸のフェノール性の OH 基はカルボキシ基よりも求核性が高い（酸性は弱い）ので，無水酢酸は選択的にフェノール OH と反応する．

9.15

Org. Synth., Coll. Vol. **5**, 545（1973）参照.

9.16

(a) 次に示すように二つの 2 位のメチル基が立体障害になってカルボニル基への付加が起こりにくい．

メチル 2,4,6-トリメチル安息香酸

(b)

(Ar = 2,4,6-Me$_3$C$_6$H$_2$)

(c) 次のように酸素を同位体標識すると，酸素同位体は付加-脱離機構ではメタノールに含まれるが，S$_N$2 機構ではカルボン酸イオンに残るはずである．

10章

10.01

(a) ブタナール (b) 2-ブタノン (c) シクロペンタノン (d) アセトフェノン (e) ベンゾフェノン

10.02 (b)，(c)，(d)は反応しない．

10.03

10.04

10.05

10.06

(a) ニコチン酸イオン + CH₂OH体　(b) シクロペンチル CH₂OH　(c) シクロヘキシル NHPh体　(d) シクロペンチル CH₂NMe₂体

10.07

(a) シクロヘキサノン + CH₃CH₂NH₂　または　シクロヘキシルアミン NH₂ + CH₃CHO

(b) ベンズアルデヒド CHO + (CH₃)₂CHNH₂　または　ベンジルアミン CH₂NH₂ + (CH₃)₂CO

10.08

10.09

(a), (b), (c), (d), (e), (f)

10.10

10.11

(a) $CH_3CH_2CH_2MgBr + CH_2=O \xrightarrow[\text{2) } H_3O^+]{\text{1) } Et_2O} CH_3CH_2CH_2CH_2OH$

$$CH_3CH_2MgBr \;+\; \overset{O}{\triangle} \xrightarrow[\text{2) } H_3O^+]{\text{1) } Et_2O} CH_3CH_2CH_2CH_2OH$$

(b) $(CH_3)_2CHMgBr \;+\; CH_3CH_2CHO \xrightarrow[\text{2) } H_3O^+]{\text{1) } Et_2O} (CH_3)_2CH\overset{OH}{\underset{}{CH}}CH_2CH_3$

(c) $CH_3CH_2CH_2MgBr \;+\; CH_3CH_2CHO \xrightarrow[\text{2) } H_3O^+]{\text{1) } Et_2O} CH_3CH_2CH_2\overset{OH}{\underset{}{CH}}CHCH_2CH_3$

(d) $2\, CH_3CH_2CH_2MgBr \;+\; H\overset{O}{\overset{\|}{C}}OC_2H_5 \xrightarrow[\text{2) } H_3O^+]{\text{1) } Et_2O} (CH_3CH_2CH_2)_2CHOH$

(e) $\diagup\!\!\diagdown\!\!MgBr \;+\; $ (acetone) $\xrightarrow[\text{2) } H_3O^+]{\text{1) } Et_2O}$ product

(f) $CH_3CH_2MgBr \;+\; \triangleright\!\!=\!\!O \xrightarrow[\text{2) } H_3O^+]{\text{1) } Et_2O}$ 1-ethylcyclopropanol

(g) $2\, CH_3CH_2MgBr \;+\; CH_3\overset{O}{\overset{\|}{C}}OCH_3 \xrightarrow[\text{2) } H_3O^+]{\text{1) } Et_2O} CH_3CH_2\underset{\underset{CH_3}{|}}{\overset{\overset{OH}{|}}{C}}CH_2CH_3$

(h) $CH_3CH_2MgBr \;+\; CH_3CN \xrightarrow[\text{2) } H_3O^+]{\text{1) } Et_2O} CH_3CH_2\overset{O}{\overset{\|}{C}}CH_3 \xrightarrow[\text{2) } H_3O^+]{\text{1) } CH_3CH_2CH_2MgBr\ /Et_2O} CH_3CH_2\underset{\underset{CH_3}{|}}{\overset{\overset{OH}{|}}{C}}CH_2CH_2CH_3$

10.12

(a)   cyclopentyl-CH(Me)-CH₂OH

(b) Cl_2CHCH_2OH

(c) $(CH_3)_3CCH_2OH \;+\; HCO_2Na$

(d) $CH_3C\!\equiv\!CCO_2H$

(e) m-Cl-C₆H₄-CH(OH)CH₃

(f)

10.13

(a)

(b)

(c)

10.14

段階(1) 1) LiAlH₄, Et₂O 2) H₂O   段階(2) H₃O⁺, H₂O

段階(2)の反応機構：

10.15

1–フェニル–1–ペンタノール

合成反応：

① Ph–C(=O)–CH₂CH₂CH₂CH₃ + LiAlH₄ $\xrightarrow[\text{2) H}_3\text{O}^+]{\text{1) Et}_2\text{O}}$

② H–C(=O)–CH₂CH₂CH₂CH₃ + PhMgBr $\xrightarrow[\text{2) H}_3\text{O}^+]{\text{1) Et}_2\text{O}}$

③ Ph–C(=O)–H + CH₃CH₂CH₂CH₂MgBr $\xrightarrow[\text{2) H}_3\text{O}^+]{\text{1) Et}_2\text{O}}$

11章

11.01　キラルな化合物：(a)，(c)，(d)，(g)

　ほかの化合物がアキラルである理由：(e)は C1–C4 を通る垂直な面が対称面になっている．置換基をもつ炭素について(b)の C2 は二つのメチル基，(f)の C3 は二つのエチル基，(h)の C1 は二つのメトキシ基をもつのでキラル中心にはならない．

11.02

(a) (*S*)–2–ペンタノール　　(b) 2–メチルペンタン　　(c) (1*R*, 2*R*)–1–クロロ–2–メチルシクロヘキサン

(d) (1*S*, 3*S*)–1–クロロ–3–メチルシクロヘキサン　　(e) *trans*–1–クロロ–4–メチルシクロヘキサン

(f) 3–メチルペンタン　　(g) (*R*)–2–メトキシブタン　　(h) 1,1–ジメトキシエタン

11.03　キラルな化合物：(a)，(d)，(f)

　(c) 以外は軸性キラリティーをもつタイプの化合物であるが，キラルであるためには面の上下(または左右)と裏表が区別されている必要がある．

11.04

(*S*)–アラニン　　　(*R*)–アラニン

11.05　*R, S* 立体表示の異なるのは：(b)，(c)，(d)，(e)，(f)．

　(d) はエナンチオマー対であり，他の例では，次のように置換基の優先順が変化するからである．

　(b) CH(CH₃)₂＞CH₂CO₂H＞CH₃，　(c) C(O)Cl＞CF₃＞CO₂H，　(e) CO₂H＞CH₂OH＞CN，

　(f) CHO＞CH(OH)CO₂H＞CH₂OH．

11.06

(a) ジアステレオマー　　(b) 構造異性体　　(c) エナンチオマー　　(d) ジアステレオマー

11.07

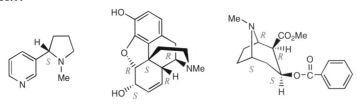

11.08

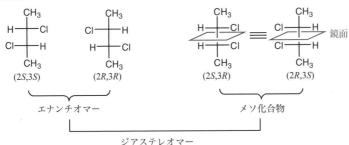

エナンチオマー メソ化合物

ジアステレオマー

11.09 環状化合物の立体配置を考えるときに，その立体配座を気にする必要はない．仮想的に平面的な環構造を考えるのが便利である．

(a) *trans*-1,2-シクロヘキサンジオールはエナンチオマー対になっているが，シス異性体は鏡面（対称面）をもつのでメソ化合物であり，トランス体のジアステレオマーである．

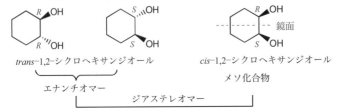

trans-1,2-シクロヘキサンジオール　　　*cis*-1,2-シクロヘキサンジオール

エナンチオマー　　　　　メソ化合物

ジアステレオマー

(b) *trans*-と *cis*-1,4-シクロヘキサンジオールは互いにジアステレオマーであり，両方とも鏡面をもちキラル中心をもたないのでアキラルである．これらは 1,2-シクロヘキサンジオールの構造異性体である．

trans-1,4-シクロヘキサンジオール　　　*cis*-1,4-シクロヘキサンジオール

11.10

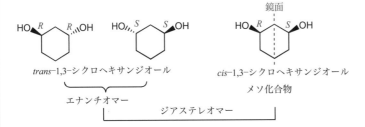

trans-1,3-シクロヘキサンジオール　　　*cis*-1,3-シクロヘキサンジオール

エナンチオマー　　　　　　　メソ化合物

ジアステレオマー

11.11

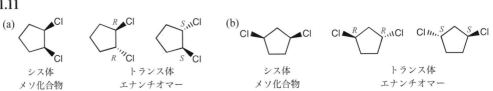

(a) シス体　　　トランス体　　(b) シス体　　　トランス体
メソ化合物　　エナンチオマー　　　メソ化合物　　エナンチオマー

11.12　個々の単結晶に注目してラセミ体の結晶を調べると，一方のエナンチオマーだけから形成された結晶ができてその混合物になる場合(これをコングロメラートという)と，単結晶の中で単位格子に両エナンチオマーが同数ずつ含まれるような結晶をつくる場合(これをラセミ化合物という)とがある．多くの場合は後者のようになり，結晶状態における分子間相互作用が純粋なエナンチオマーの結晶とは異なるので，融点が異なる．分子間相互作用の違いを反映するような性質として，融点のほか，溶解度，密度，赤外吸収スペクトルなどが異なる．前者のようにエナンチオマー結晶の混合物になった場合，固体としての性質は純粋なエナンチオマーの結晶と同じであるが，異なる結晶の混合物なので融点は純粋なエナンチオマーよりも低くなる(融点降下)．

11.13　アダマンタンのかご状構造のために，四つのキラル炭素がありながらそれらが独立に逆の立体配置になることはできないので，唯一の立体異性体はすべてのキラル炭素が逆の配置になったエナンチオマーである．かご状構造の中心点を分子全体のキラル中心とみなすこともできる．

11.14　2,3-ジブロモブタンが二つのキラル中心をもっているにもかかわらず，アキラルであるのは，メソ化合物になっていることを意味する．*trans*-2-ブテンとの関係をみると，Brが二重結合平面の反対側から結合したことになる．このような付加反応はアンチ付加という(15.4節参照)．

11.15

(a)，(b)，(f)はそれぞれエナンチオマー対になっている，(e)は二つのキラル中心をもち，ジアステレオマーのエナンチオマー対になっている．

12章

12.01　S_N2 反応性を決めるおもな要因は立体効果と脱離基の外れやすさ(脱離能)である．

(a) 2-ブロモペンタンは第二級アルキル化合物であり，第一級アルキル化合物の1-ブロモペンタンよりも立体障害が大きくなるので反応性が低い．すなわち，反応性の高いのは1-ブロモペンタンである．

(b) メチル基による枝分かれが反応中心に近いほど立体効果が大きく現れるので，反応性は2-メチル置換体＜3-メチル置換体となる．

(c) Br^- のほうが Cl^- よりも脱離能が大きいので，1-ブロモペンタンのほうがクロロ体よりも反応性が高い．

12.02　この問題を考えるためには，まず化合物の構造式を書いてみよう．S_N1 反応では，より安定なカルボカチオン中間体を生成できるものの反応性が高い．

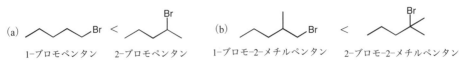

(a) 　　ペンタン〜Br　　＜　　Br付ペンタン　　　(b) 　　メチルペンタン〜Br　　＜　　Br付メチルペンタン

1-ブロモペンタン　　2-ブロモペンタン　　　　1-ブロモ-2-メチルペンタン　　2-ブロモ-2-メチルペンタン

(c) 　　2-ブロモ〜Br　　＜　　4-ブロモ〜Br

2-ブロモペンタン　　4-ブロモ-2-ペンテン

(a) 第二級アルキル化合物が第一級アルキル化合物より反応性が高い.
(b) 二つ目の化合物は第三級ハロゲン化物である.
(c) 二つ目はアリル型化合物である（この化合物の命名法に注意しよう）.

12.03　与えられた構造の相違点に注目しよう.

(a) 　　Br　　＜　　Br　　　　(b) 　　OTs　　＜　　OTs

(c) 　　Br　　＜　　OMe/Br　　　(d) 　　Br/Cl　　＞　　Cl/Br

(a) 第三級アルキル化合物のほうが第二級アルキル化合物よりも反応性が高い.
(b) アリル型化合物のほうが反応性が高い.
(c) メチル基よりもメトキシ基のほうがカルボカチオン安定化効果が大きい.
(d) 3 位の Cl のほうが 2 位の Cl よりも電子求引性が大きく，より強く反応性を下げる. 2 位置換基の電子効果は 4 位置換基の電子効果と似ている.

12.04　この問題でも構造の違うところに注目しよう.

(a) 　　Cl　　＜　　I　　　　(b) 　　Br　　＞　　Br

(c) 　　Br　　＞　　Br　　　　(d) 　　Br　　＞　　Br

(a) 脱離能が Cl^- ＜ I^- である.
(b) アリル型化合物の反応性は S_N2 反応では高いが，ビニルハロゲン化物はほとんど S_N2 反応を起こさない.
(c) 第一級のほうが第二級アルキル化合物より反応性が高い.
(d) 2 位メチル基は立体障害になる.

12.05　S_N1 反応性は中間体カルボカチオンが安定であるほど大きい. 第一級アルキル＜第二級アルキル＜アリル型となる.

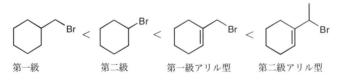

第一級　　　　　第二級　　　　第一級アリル型　　　第二級アリル型

12.06　このかご形化合物では，脱離基が外れてカルボカチオンが生成したとしても，正電荷中心となる炭素が橋頭位にあるため安定な平面構造をとれない. したがって，不安定でカルボカチオンを生成することができない. すなわち，S_N1 反応は進まない.

12.07　シアン化物イオンの求核性が高いので，ハロゲン化アルキルとの反応は S_N2 機構で進む. したがって，立体障害が小さいほうが速やかに反応する.

12.08

(a) $CH_3(CH_2)_{10}CH_2CN$　　(b) $C_6H_5CH_2CN$　　(c) $CH_3\overset{NH_2}{\underset{}{CH}}CO_2^-$　　(d) $H_2NCH_2CH_2SO_3Na$

12.09

(a) 　　(b) 　　(c) $BrCH_2CH_2CH_2OPh$　　(d)

12.10

(a)
アキラル

(b)

(c)

(d)

12.11　二つの可能性があるが，反応は S_N2 置換で起こるはずであり，副反応として E2 反応が競合する可能性がある．第一級アルキル化合物のブロモエタンにイソプロポキシドを反応させたほうが，第二級アルキル化合物の 2-ブロモプロパンにエトキシドを反応させるよりも，S_N2 反応が速く副反応の E2 脱離も起こりにくい．

$$(CH_3)_2CHONa + CH_3CH_2Br \longrightarrow (CH_3)_2CHOCH_2CH_3 \dashleftarrow (CH_3)_2CHBr + CH_3CH_2ONa$$

12.12

12.13

12.14　Br^- の脱離によって共鳴安定化した同じアリル型カチオンを生成するので，それが水と反応すると 2 種類のアルコールが同じ比率で生成する．

12.15　反応基質は第三級の塩化物なので，S_N1 反応でカルボカチオン中間体を経て，環の両面から水が反応して 1,3-ジメチルシクロペンタノールのシス・トランス異性体の混合物になる．

12.16　この反応の基質は第二級ハロゲン化物であり，水酸化物イオンと S$_N$2 反応して立体反転した置換生成物 *trans*-3-メチルシクロペンタノールを与える（副生成物は脱離によるメチルシクロペンテンの異性体混合物である）．

cis-1-クロロ-3-メチル
シクロペンタン

trans-3-メチルシクロ
ペンタノール

12.17

12.18　この溶液中では 2-ブロモペンタンと臭化物イオンの S$_N$2 反応が繰り返し起こり，立体配置反転を起こしながら Br の交換が起きている．その結果，光学活性を失っていき，平衡状態では二つのエナンチオマーの等量混合物になる．すなわち，ラセミ化している．

12.19　両反応ともアニオンによる S$_N$2 反応である．アニオンはプロトン性溶媒中では水素結合による溶媒和で安定化され反応性が低下する．したがって，反応は，プロトン性溶媒中よりも非プロトン性極性溶媒中で速く進む．
(a) メタノール中よりもエタンニトリル（アセトニトリル）中で速く反応する．
(b) NMF はプロトン性溶媒なので，NMF よりも DMF 中で速く反応する．

12.20
(a) $(CH_3)_3S^+ + CH_3CH_2O^- \longrightarrow CH_3OCH_2CH_3 + (CH_3)_2S$
(b) この反応は，カチオンとアニオンが反応して中性の生成物を与えるので，出発物から遷移構造になるに従って電荷が消滅していく．したがって，極性のより高い溶媒（水）で出発物がより強く安定化されるので，活性化エネルギーは極性の高い溶媒（水）中で大きくなり反応は遅くなる．
（生成物はエタノール中ではエーテルだが，水中ではメタノールになる．）

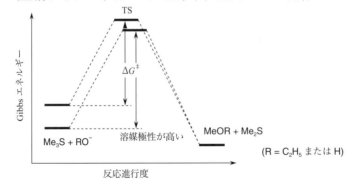

12.21

(a) CH₃I + (CH₃)₂NH ⟶ (CH₃)₃NH⁺ + I⁻

(b) この反応では，電荷をもたない出発物から電荷が分離したイオン生成物を与える．したがって，遷移構造で電荷分離が起こるので，溶媒極性が高くなると TS がより強く安定化されるので，活性化エネルギーが小さくなり反応は速くなる．

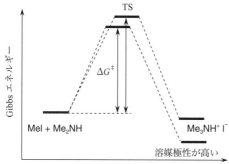

12.22　この反応は第一級臭化アルキルのアニオン性求核種(N_3^-)による S_N2 反応である．アニオンは水素結合によって安定化されるので求核性が小さくなる．ホルムアミド(NMF)はプロトン性溶媒であるが，ジメチルホルムアミド(DMF)は代表的な非プロトン性極性溶媒である．したがって，NMF は N_3^- を溶媒和するが，DMF はアニオンを溶媒和しないので，この溶媒中ではアジドが裸のアニオンとして高い求核性を示し，反応が非常に速くなる．

12.23　単分子的に生成した第二級カルボカチオンは，2 位のメチル基の 1,2-移動により第三級カルボカチオンに転位する．このカチオンからは，水分子の攻撃面によってシス・トランス異性体が生じる．したがって，2,2-ジメチルシクロヘキサノールに加えて，1,2-ジメチルシクロヘキサノールのシス・トランス異性体が生じる(あとの二つにはそれぞれエナンチオマーもある)．

12.24　塩基の作用で生成した基質のアルコキシドは，分子内求核置換反応を起こし立体反転する．したがって，最初の生成物は(S)-メチルオキシランであり，さらに反応が進むと(S)-1,2-プロパンジオールが得られる．

13章

13.01　生成可能なアルケンを示した．最初に書いたものが主生成物になる(波線の結合は E, Z 異性体の存在を示し，一般に E 体のほうが主生成物になる)．

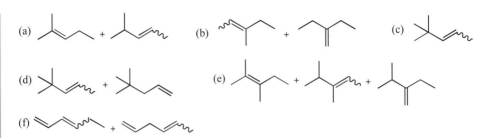

(a)　(b)　(c)　(d)　(e)　(f)

13.02　NaOEt によって E2 生成物が得られるが，メタノール中では E1 反応が起こる．

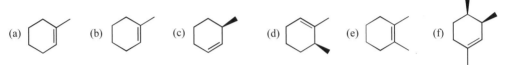

(a)　(b)　(c)　(d)　(e)　(f)

　E1 反応は立体特異性をもたないので，シスの関係にある Br と H でも脱離できる．すなわち，メタノール中で生成するアルケンは次のようなものである．

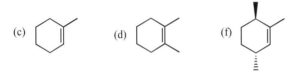

(c)　(d)　(f)

13.03

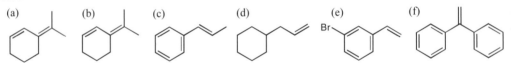

(a)　(b)　(c)　(d)　(e)　(f)

13.04

(a)

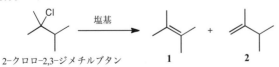

主生成物

（塩基性条件でも，塩基濃度によっては S_N1 生成物も得られる．）

(b)　NaOEt は強塩基なので，置換よりも脱離を優先的に起こす．したがって，その濃度とともに脱離生成物の比率が増える．

(c)　*t*-ブトキシドはかさ高い強塩基なので，末端アルケン，2-メチル-1-ブテンが主生成物になる（Hofmann 配向）．

13.05　メタノール中では単分子反応が起こるので，より安定なカルボカチオンを生成するものの反応性が高い．

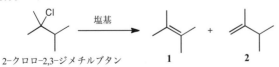

13.06　2 種類の脱離生成物 **1** と **2** が可能である．

2-クロロ-2,3-ジメチルブタン　**1**　**2**

(a)　EtOH 中 NaOEt ではより安定な多置換アルケン **1** が主生成物になる（Zaitsev 則）．

(b)　*t*-BuOH 中 *t*-BuOK では塩基がかさ高いので末端のプロトンを引き抜いて末端アルケン **2** を優先的に与える（Hofmann 則）．

13.07

(a) F$^-$ が Cl$^-$ よりも脱離しにくく，F の電子求引性が大きいので，脱プロトンがより速く起こり末端アルケンを優先的に生成する（Hofmann 則）．

(b) かさ高い塩基の t–ブトキシドは末端アルケンを優先的に生成する．

13.08

(a) トリメチルアンモニオ基はかさ高く正電荷をもち，しかも脱離しにくいので Hofmann 配向の生成物を与える．臭化物は Zaitsev 則に従って多置換アルケンを優先的に生成する．

(b) 隣接アルキル基 R がかさ高いと同じ炭素に塩基が近づいてプロトンを引き抜くのを阻害するため，末端アルケンを生成しやすい．

13.09

(a)

(b)

13.10　1–ブロモシクロヘキセンを生成するためには，1, 2 位の H と Br が脱離する必要があるが，これらはシスの関係になっているので E2 機構は不可能である．

13.11　いす形シクロヘキサン誘導体で E2 脱離が起こるためには，脱離基がアキシアルになり，アンチ共平面のアキシアル H をもっている必要がある．ここで比べる二つの化合物では，最もかさ高い置換基のイソプロピル基がエクアトリアル位を示す傾向が強い．塩化ネオメンチルでは Cl がアキシアルになるので E2 脱離が容易に起こり，2 位(a)または 6 位(b)の H が引き抜かれて 2 種類のアルケンが生じる．より置換基の多いアルケンを生成するルート(a)のほうが優勢になる．

塩化メンチルでは Cl がアキシアルになるためには，イソプロピル基もアキシアルになる必要があり，より不安定な立体配座であり，平衡では濃度が低いので反応速度は遅い．Cl の隣接炭素には片方にしかアキシアル H がないので，アルケンは単一生成物となる．

13.12

PhS—H + EtO⁻ ⟶ PhS⁻ + EtOH

PhS⁻
Br～Br ⟶ Br⁻ ⟶ PhS-CH / H H Br ≡ H SPh / H Br ⟶ PhS〜
EtO⁻ ⟶ EtOH + Br⁻

13.13　反応は E2 脱離である.

EtO⁻
H CH₃ / Br CH₃ H :Br: ⟶ Br C CH₃ / CH₃ C H ＋ EtOH ＋ Br⁻

(2S,3S)-2,3-ジブロモブタン　　　(Z)-2-ブロモ-2-ブテン

13.14

Br CH₃ / CH₃ H / H Br :I: Na⁺ ⟶ CH₃ CH₃ / H H ＋ IBr ＋ Na⁺Br⁻

(2S,3S)-2,3-ジブロモブタン　　　(Z)-2-ブテン

Br CH₃ / H H / CH₃ Br :I: Na⁺ ⟶ H CH₃ / CH₃ H ＋ IBr ＋ Na⁺Br⁻

meso-2,3-ジブロモブタン　　　(E)-2-ブテン

　　一方の Br が求電子的に I⁻ と反応する. ハロゲンの求電子付加の逆反応とみなせる.

13.15

(a) 1,1-脱離で生じたカルベンが 1,2-転位で二重結合を生成する.

Br H NEt₃ / O: ─Et₃NH⁺ ⟶ Br: O⁻ ─Br⁻ ⟶ H O ⟶ O

カルベン

(b) 基質の α 位を重水素化すると, 反応が 1,1-脱離で起こっているなら生成物から重水素が失われる. しかし, 1,2-脱離でできた生成物には重水素が残っているはずである. したがって, この重水素化物の反応で二つの機構を区別できる.

Br D / O=O 1,1-脱離 ⟶ H H / O=O

1,2-脱離 ⟶ H D / O=O

1,2-脱離:
Et₃N: H D / H Br / O=O ⟶ D / O=O ＋ Et₃NH⁺Br⁻

Org. Synth., Coll. Vol. **5**, 255 (1973) 参照.

13.16　第一段階は酸触媒ラクトン化（ノート 9.1 参照）であり，第二段階は E1cB 脱離である．

13.17

13.18

酸触媒脱離反応（E1 機構）

　この機構ではプロトン化中間体から単分子的な H_2O の律速的脱離でカチオン中間体（カルボカチオン）が生成し，それからプロトンが塩基（H_2O）で引き抜かれて二重結合を生成する．この工程は E1 機構と同じである．

塩基触媒脱離（E1cB 機構）

　この機構では塩基によるプロトン引抜きでアニオン中間体が生成し，酸素アニオンからのプッシュによって律速的に単分子的な HO^- の脱離が起こる．カルボアニオン中間体から律速的に脱離基が外れる E1cB 機構とよく似ている．

14章

14.01

(a)　　　　　(b)　　　　　(c)　　　　　(d)

14.02　アルコールと臭化水素酸の反応は，プロトン化アルコールの S_N1 または S_N2 反応で進行する．したがって，より安定なカルボカチオン中間体を生成するものほど反応性が高い．カルボカチオンを生成しない第一級アルコールは，S_N2 反応を起こす．

$$R-OH + H_3O^+Br^- \rightleftharpoons R-\overset{+}{O}H_2 \quad \underset{S_N2}{\overset{S_N1}{\longrightarrow}} \quad R^+ \xrightarrow{Br^-} R-Br$$

$$\xrightarrow[S_N2]{Br^-} R-Br$$

　アルキルカチオンの安定性は第三級(c)＞第二級(a)＞第一級(b：生成しない)の順であり，フェニル基と共役できる第二級カルボカチオン(d)は単純な第三級カチオン(c)よりも安定であると考えられる．したがって，反応速度は次の順に小さくなると予想される．

(d) ＞ (c) ＞ (a) ＞ (b) (S_N2反応)

14.03

エトキシベンゼン

14.04

酸触媒による H_2O の脱離でアリル型カチオンが生成し，Br^- と反応して2種類のアルケンが生成する．臭化水素酸は $H_3O^+Br^-$ になっている．

3-ブテン-2-オール ─ $+H_3O^+$ / $-2H_2O$ → [⟷] ─ Br^- → 3-ブロモ-1-ブテン ＋ 1-ブロモ-2-ブテン

14.05

(a) $(CH_3)_3C\bullet CH_2CH_3 \underset{H_2O}{\overset{H_3O^+}{\rightleftharpoons}} (CH_3)_3C\overset{+}{\bullet}-CH_2CH_3 \rightleftharpoons (CH_3)_3C^+ + CH_3CH_2\bullet H$

($\bullet = {}^{18}O$)

$(CH_3)_3C^+ \xrightarrow[S_N1]{H_2O} (CH_3)_3C\overset{+}{O}H_2 \xrightarrow{-H^+} (CH_3)_3COH$

(b) (a)の反応機構でエーテル酸素を●で示しているが，これを ${}^{18}O$ で標識したとすると，プロトン化体からカルボカチオンを生成するとき，より安定な t-ブチルカチオンが生成するように C−O 結合が切れるので，${}^{18}O$ はエタノールに含まれる．

14.06

(a) ⬡−Br ＋ ⬡−OH　(b) Br−⌇⌇⌇−Br

(c) Br−⌇−Br ＋ CH₃CH₂Br (2当量)　(d) Br−⌇⬡−CH₂Br

14.07

(a)ジメチルエーテルとジイソプロピルエーテル．(b)ナトリウムイソプロポキシドとヨードメタンを反応させる．

14.08

多置換アルケン(あるいは二置換アルケンの場合はトランス体)が安定で，より多く生成する．

(a) （主生成物） ＋ ＋

(b) （主生成物） ＋

(c) ＋ 　　　(d) ＋ ＋

（主生成物）　　　　　　　　　　　　（主生成物）

14.09　最初に生成した第二級カルボカチオンは少量の末端アルケンを生成するが，1,2-メチル移動で生成した第三級カルボカチオンから2種類のアルケンが生成する．多置換アルケンの生成がより多くなる．

14.10　プロトン化アルコールからより安定なカルボカチオンを生成するアルコールほど反応性が高い．**3**は第三級アリル型カチオン，**2**は第二級アリル型カチオン，**1**は単純な第二級カルボカチオンを生成するので，この順に反応性は低下する．すなわち，反応性は**3**＞**2**＞**1**．

14.11

(a)

または

(b)

(c)

(d)

(e)

14.12　最初に生成した第二級カルボカチオンからも転位しないアルケンが生成すると考えられるが，カチオンの転位により第三級カルボカチオンが生成し，それから3種類の転位したアルケンを生じる．

14.13　プロトン化アルコールから水が外れると，五つのアルコールから次に示す第二級と第三級のカルボカチオンが生成する．第一級アルコールの場合には，水の脱離は1,2-転位を伴って起こる．二つのカルボカチオンから主生成物として共通のアルケン，2-メチル-2-ブテンが生じる．

2-メチル-2-ブテン

14.14　最初に示した構造が最初の主生成物であり，さらに NaOEt/EtOH による反応生成物を矢印で示している．

(a)　PhCH$_2$Cl　⟶　PhCH$_2$OEt

(b)　

(c)　

(d)　

14.15

(R)-2-ブタノール　　　　　　　　　　　　　　　　　　(S)-2-メチルチオブタン

14.16

(a) 　(b) 　(c) 　(d)

(e) 　(f) 　(g) 　(h)

14.17　(a)では，メトキシドイオンが S$_N$2 反応を起こすので置換基の少ない炭素を攻撃するのに対し，(b)では酸触媒でプロトン化されたオキシランの S$_N$1 的な開裂によって生成した安定なフェニル置換カルボカチオンがメタノールで捕捉される．

(a) 　(b)

14.18　オキシランに次の反応剤を反応させて後処理すると，目的化合物が得られる．

(a) 　(b) 　(c) 　(d) 　(e) PhONa

14.19

14.20

(a) PhCH₂Ñ(CH₃)₃ I⁻　　(b) PhCH₂OH　　(c) PhCH₂ÑH₃ Br⁻　　(d) PhCH₂ÑH₃ ⁻OAc

14.21

14.22

(a) EtBr　　(b) MeI　　(c) MeI　　(d) Br⌇⌇⌇Br

14.23

(S)-2-オクタノール (AcCl)　　　　　　　　　　　　　　　　　　酢酸 (S)-1-メチルヘプチル

酢酸 (R)-1-メチルヘプチル

アルコールのエステル化では R*−O 結合の切断が起こらないので立体保持されるが，スルホン酸エステルにして Sɴ2 反応を起こすと立体反転したエステルが得られる．

14.24　酸触媒による第二級アルコールの脱水は，E1 機構でカルボカチオン中間体を経て進むが，塩基によるハロアルカンの脱離は E2 機構により 1 段階で起こる．このとき，脱離する水素とハロゲン原子はアンチ形になっている必要があり，いす形シクロヘキサンでは両者ともアキシアル位にあることが必要である．したがって 2 位の水素は脱離できない．

trans-2-メチルシクロヘキサノール　　　　　　　　　　　　　　　　　　　　　2-メチルシクロヘキセン

trans-1-ブロモ-2-メチルシクロヘキサン　　　　　　　3-メチルシクロヘキセン

15章

15.01

(a) (b) (c) (d) (e)

15.02

(a) + (b) (c) +

(d) + (e) +

15.03

(a) (b) (c) (d)

(e) (f) (g) (h)

15.04

(a) (b) + (c) +

(d) PhCHO + (e) (f)

(b)の臭素化は選択的にアンチ付加，(c)のヒドロホウ素化はシン付加で起こる．

15.05　4種類の立体異性体が生成する．これらは二組のエナンチオマーであり，キラル中心の立体配置は図中に示したとおりである．反応はアキラルな条件で行われているので，エナンチオマー対は原理的に等量生成しラセミ体になっている．ジアステレオマーの関係にあるエナンチオマー対は等量になるとは限らない．

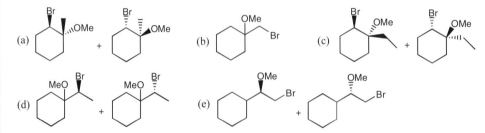

1,2-ジメチルシクロペンテン

エナンチオマー　　エナンチオマー

15.06　臭素付加は立体選択的にアンチ付加になるので，2種類の立体異性体，エナンチオマーが等量生成する．生成物はラセミ体である．

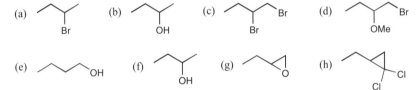

（ラセミ体）

15.07

(a)

(b)

15.08

15.09

15.10

(a) 　(b)
エナンチオマー

(c)
エナンチオマー

(d) 　シス・トランス異性体

いずれもカルベン付加反応である．(c)のアンモニウム塩は相間移動触媒となる．

15.11

2-メチルプロペンより：　　スチレンより：

15.12

(a)

(b)

(c)

(d)

(e)

15.13

15.14

15.15

(a)

(b)

15.16

15.17

(a)

(b)

（エナンチオマー）

（エナンチオマー）

(c)

(d)

（エナンチオマー）

(c)と(d)では，エンド攻撃で生成する付加物が主生成物になる．

15.18 3-メチレンシクロヘキセンの二つの二重結合は s-トランス形に固定されているので，1,3-ジエン部の C1 と C4 が離れすぎていて協奏的にジエノフィルの二重結合と反応することができない．

3-メチレンシクロヘキセン

15.19

ジメチルスルホキシド　　ヘキサンジアール
（副生物）

15.20

（a）臭素化はアンチ付加で起こる．

(E)-2-ペンテン

(Z)-2-ペンテン

（b）このジヒドロキシル化はシン付加で起こる．

(E)-2-ペンテン

(Z)-2-ペンテン

15.21

(A)　　(B)　　(C)　　(D)

15.22 相対反応速度定数は遷移状態の相対的安定性によって決まる．これはそれぞれの反応中間体（すなわち，酸触媒水和反応ではカルボカチオン，臭素化ではブロモニウムイオン）に似ている．これらのカチオン性中間体の構造は下式に示している．

　水和反応においては，プロペンと 2-ブテンからはほぼ同じ安定性の第二級カルボカチオンが生成するが，2-メチルプロペンからはずっと安定な第三級カルボカチオンが生成する．これらの安定性を反映して，前二者の反応性は似かよっているが，2-メチルプロペンの反応性は非常に大きい．

　臭素化においては，ブロモニウムイオンが対称的な構造をもち，二つの炭素に部分正電荷があるので，ど

ちらの炭素についているかを問わずメチル基によって安定化される．したがって，モノメチル置換アルケン（プロペン）よりもジメチル置換アルケンの反応性が高い．二つのジメチル体のうちでは1,1-ジメチルブロモニウムイオンのほうが，下に示す二つ目の共鳴構造式のために，1,2-ジメチルブロモニウムイオンよりも安定である．その結果，2-メチルプロペンが最も反応性が高くなる．

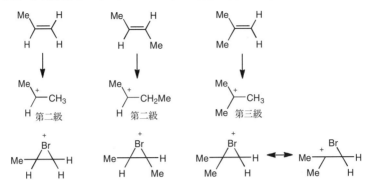

16章

16.01 トリメチルベンゼンには3種類の異性体があり，それぞれから生成するモノニトロ化物の数は異なる．

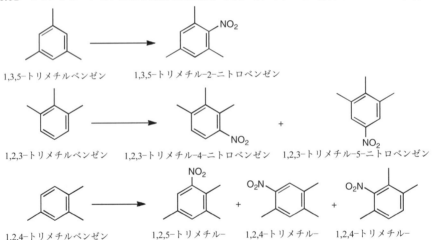

1,3,5-トリメチルベンゼン   1,3,5-トリメチル-2-ニトロベンゼン

1,2,3-トリメチルベンゼン   1,2,3-トリメチル-4-ニトロベンゼン   1,2,3-トリメチル-5-ニトロベンゼン

1,2,4-トリメチルベンゼン   1,2,5-トリメチル-3-ニトロベンゼン   1,2,4-トリメチル-5-ニトロベンゼン   1,2,4-トリメチル-3-ニトロベンゼン

16.02 (a)，(b)，(d)，(f)，(h)はオルト異性体も生成するが，パラ異性体の構造だけを示す．

(a) O_2N—⟨⟩—OEt   (b) O_2N—⟨⟩—F   (c) O_2N—⟨⟩—SO_3H   (d) O_2N—⟨⟩—NHAc

(e) O_2N—⟨⟩—CN   (f) O_2N—⟨⟩—CH(CH_3)_2   (g) O_2N—⟨⟩—COCH_3   (h) O_2N—⟨⟩—OAc

16.03 非対称な化合物は二つのベンゼン環のうち，より活性なベンゼン環が反応する．(c)を除いていずれもオルト異性体も生成する可能性が高いが，パラ異性体の構造のみを示す．

(a)   (b)   (c)

(d) 〔構造式〕　(e) 〔構造式〕　(f) 〔構造式〕

16.04

(a) 〔構造式〕 OMe > 〔構造式〕 CH₃ > 〔構造式〕 CH₂OMe

　メトキシ基はその非共有電子対の供与により反応性を高め，その効果はメチル基より大きい．逆にメチル基に結合したメトキシ基は誘起的な電子求引基になるのでメチル基の電子供与性を弱める．

(b) 〔構造式〕 NMe₂ > 〔構造式〕 > 〔構造式〕

　窒素の非共有電子対による電子供与性はカルボニル基によって弱められるが，その効果はアシル基よりアミノカルボニル基のほうが小さい．すなわち，カルボニル基は両方のアミノ基と共役できるので，ベンゼン環に結合したアミノ基の供与性を弱める影響は小さくなる．

(c) 〔構造式〕 > 〔構造式〕 > 〔構造式〕

　酸素の非共有電子対による電子供与性はベンジル基よりも大きい．その酸素の効果はもう一つのフェニル基と共役できると弱くなる．結果的に，最初に示した化合物のベンジルオキシ基の電子供与性がもう一つのベンゼン環に対して最も強い電子供与効果を示す．

16.05

(a) 〔構造式〕　(b) 〔構造式〕　(c) 〔構造式〕　(d) 〔構造式〕

(e) 〔構造式〕 + 〔構造式〕　(f) 〔構造式〕 + 〔構造式〕

(g) 〔構造式〕　(h) 〔構造式〕 + (〔構造式〕)

16.06

(a) 〔構造式〕 + 〔構造式〕

　ベンゼン環に結合しているカルボニル基は不活性化基としてはたらくが，CH₂O基は活性化基となるのでこのオルト，パラ配向効果に従って二つの生成物を生じる．

(b)

ベンゼン環には酸素官能基が結合しており，オルト，パラ配向性を示す．それに対して CH₂ を介して影響するカルボニル基の効果は小さい．

16.07

16.08

16.09

16.10　フッ素はほかのハロゲンに比べてとくに電気陰性度が大きく，この誘起効果はパラ位よりもオルト位に大きく作用する．その結果，カチオン性求電子種はオルト位に反応しにくい．

16.11

1-クロロ-2,2-ジメチルプロパン

1,1-ジメチルプロピルベンゼン

16.12

(a)

(b)

16.13

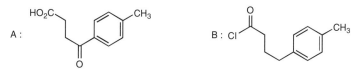

1-クロロ-3-プロピルベンゼン

16.14

A : （構造式）　　　B : （構造式）

(a) Zn/Hg, HCl　　(b) SOCl₂　　(c) AlCl₃

16.15

（反応式）

16.16　速度支配の反応条件における2-メチルプロペンとの反応では，1,3-キシレン（1,3-ジメチルベンゼン）は二つのメチル基のオルト，パラ配向効果により，おもに1-t-ブチル-2,4-ジメチルベンゼンを生成する．しかし，熱力学支配の条件では，t-ブチル基（下の反応機構式ではRで示している）が可逆的なアルキル化によって移動し，立体反発が少なくてより安定な1-t-ブチル-3,5-ジメチルベンゼンになる．

（反応機構式）

16.17

（反応式）　C₁₀H₁₃Cl

3-クロロ-2-メチルプロパン

硫酸触媒ではClを含む生成物が得られている．これは硫酸による二重結合プロトン化から始まるFriedel-Crafts型置換反応の生成物と考えられる．

（反応機構式）

（2-クロロ-1,1-ジメチルエチル）ベンゼン

Lewis酸触媒の反応では，Clが外れてできたアリル型カチオンによる通常のFriedel-Crafts反応が起こると予想される．

2-メチル-3-フェニルプロペン

Org. Synth., Coll. Vol. **4**, 202 (1963) 参照.

16.18 この反応に中間体として含まれるカルボカチオンはアキラルであるために生成物はラセミ体になる.

(R)-1-ブロモ-1-フェニルプロパン　　カルボカチオン（アキラル）　　生成物（ラセミ体）

16.19

3-アセチルサリチル酸

5-アセチルサリチル酸

16.20

16.21

スチレン

二量体

16.22

(a) 二つの生成物は H または D が Br によって置換されたものである.

および

(b) 二つの生成物が等量生成したということは，律速段階に C−H/C−D 結合切断が含まれていないことを示唆する．律速段階はこの結合切断が起こる前にあり，最初の求電子付加によりベンゼニウムイオン中間体が生成する段階であると考えられる．

17章

17.01　一般に多置換エノラートが安定であり，シス・トランス異性の可能なものは炭素鎖がトランス形になったほうが優勢である．(c)の Ph と t−ブチル基がシスになる構造は立体ひずみが大きくほとんど生成しないと考えられる．(d)の二つの異性体の安定性にはあまり差がないと思われる．(g)では橋頭位炭素での二重結合は不可能である．

17.02　カルボニル基に対して α 位の水素がエノラートを経て重水素に置き換わる．(e)では問題 17.01 でみたようにジエノールを経て(f)と同じ共役不飽和カルボニル化合物に異性化する．そのとき α 位と γ 位が重水素化される．(f)は(e)と同じ生成物になる．α 位の不飽和炭素に結合した水素は酸性ではないが，ジエノールのプロトン化（ジュウテロン化）のときに D が入ってくる．(g)の橋頭位は α 位であるにもかかわらず，脱プロトンできないので重水素化もされない．

17.03　酸性条件では同じ炭素に二つ目の Br が入る反応は遅くなるが，(a)ではもう一つの α 位に二つ目の Br が入った生成物が副生しやすい．

17.04 アセトフェノンではフェニル基が二重結合と共役して安定化しているが，この効果はケトン C＝O に対してもエノール C＝C に対しても作用するので，フェニル共役による安定化効果は相殺され，そのエネルギー差には反映されない．平衡定数はそのエネルギー差によって決まるので，フェニル基の効果は平衡定数にも反映されない．

プロパノン　　　　　　　　　　　　　　　アセトフェノン

17.05

(a)　＋ H⁺　　　　　　　　　　　　　　　　　　＋ H₃O⁺

(b)　　　　　　　　　　　　　　　　　　　　　＋ HO⁻

17.06

(a)　　　　　　　　　　　　　　　　　　　　　＋ H₃O⁺

(b)　　　　　　　　　　　　　　　　　　　　　＋ HO⁻

17.07 二つのカルボニル基にはさまれた炭素はかご状化合物の橋頭位に相当するので，この位置のプロトンが引き抜かれてエノラートイオンを生成すると，この炭素は平面状にならなければならない．しかし，この構造はあまりにもひずみが大きいので不可能である（橋頭位炭素には二重結合をつくれないという一般則は，Bredt 則とよばれている）．すなわち，エノラートは生成できないので，この水素は引き抜かれにくい．したがって酸性度は小さい．

エノラートイオンとして
不可能な構造

17.08

生成物
＋ D₃O⁺

17.09　エノールあるいはエノラートイオンがアキラルであるためにラセミ化する.

(a)

（反応機構図）

＋ H₃O⁺

(b)

（反応機構図）

＋ ⁻OH

17.10

（反応機構図）

＋ H₃O⁺

17.11　カルボン酸エステル基がエノラートになることによってシクロヘキサン環の1位(または2位)炭素が平面状になり, 再プロトン化されてエステルに戻るとき, 平面炭素へのプロトンの反応がもう一つのエトキシカルボニル基と同じ側から起こるよりも反対側から起こるほうが立体障害が小さい. すなわち, トランス異性体の生成のほうが有利であり, 生成物もより安定であるので, シス体からトランス体への異性化が進行する.

（反応機構図）

＋ EtO⁻

cis−シクロヘキサン−
1,2−ジカルボン酸ジエチル

trans−シクロヘキサン−
1,2−ジカルボン酸ジエチル

17.12

(a)

（反応機構図）

＋ H⁺

1

2

(b)

（反応機構図）

1

2

17.13　糖の部分構造で反応機構を示す.

ケトース　　　　　　　エノラート中間体の異性体　　　　　　アルドース

17.14　この反応はヨードホルム生成反応である.

ヨードホルム

17.15　まず出発物のカルボニル化合物の構造を書いて，どのプロトンが引き抜かれてエノール化するか考える．その位置(カルボニルの α 位)で結合する.

(a)

(b)

(c)

17.16　アルドール縮合を 2 回繰り返している.

エノール化　　アルドール付加　　脱水

エノール化　　アルドール付加

脱水

（最終生成物）

17.17　3 種類のエノラートイオン **A〜C** が可能であり（*E, Z* 異性は無視），**A** は七員環アルドールを生成するが，これは五員環生成物よりも不利である．**B** と **C** はいずれも五員環アルドールを生成できるが，**B** は分子内エノラートがアルデヒドカルボニルと反応するのに対して，**C** ではケトンカルボニルと反応することになる．立体効果と電子効果により，**B** のアルドール生成反応のほうが **C** の反応よりも有利であり，主生成物は脱水すると 1-アセチルシクロペンテンになる．

17.18

17.19

(a) 　(b) 　(c) 　(d) 　(e)

17.20

17.21

(a)

(b)

17.22

17.23

(a)

4-メチルペンタン酸

(b)

2-メチルペンタン酸

(c) 3,3-ジメチルペンタン酸はマロン酸ジエチルを 2-ハロ-2-メチルブタンでアルキル化すれば得られるように思える.

3,3-ジメチルペンタン酸

しかし, この第三級アルキルハロゲン化物は, S_N2 反応によるアルキル化は不可能である(塩基性条件では脱離反応が主になる).

(d)

2,2-ジメチルペンタン酸

このカルボン酸には, カルボニル基の α 位に酸性の水素がないのでマロン酸エステル合成ではつくれない.

(e)

シクロペンタンカルボン酸

17.24

(a)

(b)

(c)

17.25

(a)

(b)

Org. Synth., Coll. Vol. **4**, 597(1963)参照.

17.26

17.27　アルドール付加と脱水(縮合)を2回繰り返している.

18章

18.01

(a), (b), (c), (d), (e), (f) の構造式

18.02

(a), (b), (c), (d) の構造式

18.03 ブチルリチウムは共役付加よりも選択的にエステルのカルボニル付加を起こす. 生成した四面体中間体から MeO⁻ が外れてエノンになると, さらにもう 1 分子の BuLi が付加して第三級アルコールを生成する.

18.04 酸を加えると HCN が生成する.
カルボニル付加:

（可逆反応である）

共役付加:

18.05

18.06

(A)

もう一方のエステルの
加水分解が同じように起こる

(B)

ケト化

(C)

18.07　亜硝酸イオンには，酸素に負の形式電荷があるが，N の非共有電子対でプロペナールと反応しエノラートイオンを生成し，それがプロトン化されて生成物になる.

18.08

18.09

(a)　(b)　(c)

18.10

(a) マロン酸ジエチルからアニオンを生成するための塩基は第二級アミンのような弱塩基でよい.

$$PhCHO + H_2C(CO_2Et)_2 \quad \xrightarrow[\text{加熱}]{\text{塩基}} \quad Ph \text{—} CH\text{=}C(CO_2Et)_2$$

(b) 最初の生成物をみると，CN^- が共役付加したあとエステル基が一つ失われていることがわかる. 反応条件は弱い塩基性水溶液であり，部分的な加水分解と脱炭酸が起こったものと考えられる. ついで酸性の強い条件でエステルとニトリルが酸加水分解され，最終生成物が得られる.

（共役付加　部分加水分解　脱炭酸　互変異性化　酸加水分解）

Org. Synth., Coll. Vol. 4, 804 (1963) 参照.

18.11　ブチル基のカルボニル付加と共役付加によって(**A**)と(**B**)が生成する. その選択性は，それぞれ BuLi と Bu₂CuLi を用いることによって達成できる.

1) BuLi, Et₂O
2) H₃O⁺　→　(**A**)

1) Bu₂CuLi, THF
2) H₃O⁺　→　(**B**)

18.12　水酸化ベンジルトリメチルアンモニウムは，ベンゼンと水の混合溶媒中で相間移動触媒(ノート 12.2 参照)として，また塩基としてはたらく. 第一段階でフェニルプロパノンの α 位からのプロトンを引き抜いてエノラートを生成し，このエノラートがエノンへの付加することにより 1,5-ジケトンを与える. ついで，このジケトンの 2 種類のエノラートが分子内アルドール縮合を起こし異性体生成物を生じる.

18.13

共役付加（2回）

MeNH₂ / MeOH

NaOMe / MeOH

分子内 Claisen 結合

1) NaOH, H₂O
2) H₃O⁺

加水分解と中和

加熱 − CO₂

脱炭酸

18.14

− EtOH

− EtOH

− EtO⁻

18.15

H₂S

1) 4 MeMgI, Et₂O
2) H₃O⁺

18.16 2-フェニルシクロヘキサノンの二つの α 位が異なるため 2 種類のエノラートイオンが生成する．そのうちフェニル基側で脱プロトンして生成したエノラートのほうが安定であり，主生成物はこのエノラートから得られる．

水処理 − HO⁻

より不安定

副生成物

主生成物

18.17

(a) 2

NaOH / H₂O

−H₂O 加熱

(b)

（b の図：Ph-CO-CH3 + H2C=O → NaOH/H2O → Ph-CO-CH2CH2OH → −H2O 加熱 → Ph-CO-CH=CH2）

または

（Ph-CO-CH2CH3 → Br2/AcOH → Ph-CO-CHBr-CH3 → t-BuOK/t-BuOH → Ph-CO-CH=CH2）

(c)

（Ph-CO-CH3 + Ph-CHO → NaOH/H2O, EtOH → Ph-CO-CH2-CH(OH)-Ph → −H2O 加熱 → Ph-CO-CH=CH-Ph）

(d)

（シクロヘキサノン → Br2/AcOH → 2-ブロモシクロヘキサノン → t-BuOK/t-BuOH → シクロヘキセノン）

または

（ジケトン → NaOH/H2O → ヒドロキシケトン → −H2O 加熱 → シクロヘキセノン）

18.18

非プロトン性溶媒中における酸触媒エノール化と共役付加.

18.19

(a) 1-(2,4-ジニトロフェニル)ピロリジン

(b) 4-OMe, 3-NO2, Cl置換体

(c) OPh, 2,4-ジニトロ置換体

(d) PhO, I, NO2置換体

18.20

(a) F のほうが Br よりも電気陰性度が大きく強い電子求引基としてはたらくので，付加–脱離機構の付加段階はフッ素化合物のほうが起こりやすく，全体としても反応性が高い.

（2,4-ジニトロフルオロベンゼンの構造式）

(b) NO₂のほうが CN よりも電子求引性が強いので，ジニトロ誘導体のほうが反応性が高い.

（2,4-ジニトロクロロベンゼンの構造式）

18.21 (b)では 2 種類のベンザインが生成し，メチル基の電子効果が小さいので 3 種類の生成物が得られる. (c)では OMe 置換基が電子求引基としてはたらくため，ベンザインにアミドイオンが付加するとき，負電荷がオルト位に生成するように配向する. (d)～(f)は，ジアゾニウム塩を経る反応である.

(a) 〔構造式〕 + 〔構造式〕

(b) 〔構造式〕 + 〔構造式〕 + 〔構造式〕

(c) 〔構造式〕　(d) 〔構造式〕　(e) 〔構造式〕　(f) 〔構造式〕

18.22　求核付加で生じる中間体のアニオンは，*m*-ニトロ基よりも*p*-ニトロ基の直接共役によって強く安定化されるので，パラ位の Cl が選択的に置換される．二つ目の求核置換に対してはメトキシ基がオルト位に対しては電子供与的に作用するので，二置換体は得られない．

〔反応式〕　MeONa / MeOH　→　（生成しない）

18.23　強い塩基性条件で生成したベンザイン中間体に対する HO⁻ の付加は，メチル基の電子効果が小さいので，ほとんど選択性を示さず二つの生成物を等しく与える．

〔反応式〕　NaOH / 360 ℃　→　〔ベンザイン中間体〕　→　H₂O　→　〔生成物〕 + 〔生成物〕

18.24

〔反応機構〕

18.25

〔反応式〕　HNO₃ / H₂SO₄　→　H₂, Ni　→　NaNO₂, H₂SO₄ / H₂O, 0 ℃　→　加熱　→　〔フェノール〕

18.26

(a) 〔反応式〕　*t*-BuCl / AlCl₃　→　HNO₃ / H₂SO₄　→　Sn / HCl　→　NaNO₂, H₂SO₄ / H₂O, 0 ℃　→　H₂O / 加熱

(b) 〔反応式〕　(a)から　Ac₂O / AcONa　→　HNO₃ / H₂SO₄　→　NaOH / H₂O　→　1) NaNO₂, HCl　2) H₃PO₂　→　Sn / HCl　→　NaNO₂, H₂SO₄ / H₂O, 0 ℃ / 加熱

18.27

18.28

18.29

(a)

(b)

(c)

(d)

(e)

(f)

18.30

この反応はベンゼンを求核種とする Lewis 酸触媒 Michael 反応あるいは Friedel–Crafts アルキル化とみなせる.

18.31　アミノアルコールの求核中心が反応条件の塩基性の強さによって変化する.

（a）弱塩基性条件ではアミノ基が求核種として反応する.

（b）強塩基の NaH はアルコキシドを生成するので反応は O で起こる（NaH はアミドイオンを生成するほど強くない）.

18.32

19章

19.01　アントラセンの四つの共鳴構造式のうち，三つで C1－C2 が二重結合になっているのに対して，C2－C3 が二重結合になる共鳴構造式は一つしかない．したがって，1,2 結合は 2,3 結合に比べて二重結合性が大きく，短い．

19.02　いずれの場合も，内側の環の水素化が起こると 9,10-ジヒドロ生成物が得られる．これらの生成物には二つのベンゼン環が独立して残り，それらが芳香族性を保っているために，外側の環の水素化でナフタレン環が残るよりも芳香族安定性の損失が少なくてすむ．生成物は次のジヒドロ化合物である．

9,10-ジヒドロアントラセン　　　9,10-ジヒドロフェナントレン

19.03　(a) ナフタレンは 1 位で反応しやすい，(b) NHAc は 1 位配向性を強めている，(c) アントラセンは 9 位で反応しやすい，(d)，(e) チオフェンとピリジンの求核性はどうか，(f) 過酸によるヒドロキシル化．

(a)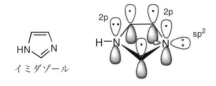

(b)

(c)

(d)

(e)

(f)

19.04

Mg
THF

− MgBrF

ベンザイン

Diels–Alder
反応

トリプチセン

19.05　NH の非共有電子対は 2 p 軌道にあり，芳香族 π 電子系に含まれるが，もう一つの N 上の非共有電子対は sp^2 混成軌道にあり，π 電子系とは直交している．

イミダゾール

2p　　2p

sp^2

H—N　　N

19.06　イミダゾールの共役塩基においては，下の共鳴で表したように負電荷が非局在化している．共鳴構造式のうち，等価な最初の二つが負電荷を電気陰性な N 上にもっているので重要である．すなわち，二つ目の N が部分負電荷を受けもつことができることによって共役塩基の安定性が増しているといえる．これがピロールよりも酸性が強い原因である．

イミダゾールの共役塩基

　イミダゾールはプロトン化されても芳香族性を失わない（例題 19.1 参照）が，ピロールはプロトン化を受けるとプロトン化を受けた炭素（19.3 節参照）が sp^3 混成になり芳香族安定性を完全に失うので，ほとんど塩基性を示さない．

19.07　双性イオン中間体から芳香族性を回復することによって脱炭酸が進む．

+

N
H

+

CO$_2$
N
H

19.08　C2 と C4 の付加中間体の三つの共鳴構造式のうち，それぞれ一つで正電荷が電気陰性な N 上に現れており，これは混成体にあまり寄与していない．それに対して C3 中間体はそのような構造を含まない共鳴構造式が三つ書けるので，いちばん安定であり，反応は主として C3 中間体を経て進む．

C2 付加の中間体：

N　E

+

N　E

+

N　E

C4 付加の中間体：

C3 付加の中間体：

19.09　2-アミノピリジンのイミン形互変異性体には，環状 6π 電子系をもち負電荷を側鎖の N 上にもつ双性イオン形共鳴構造式が二つ書ける．N の電気陰性度は O ほど大きくないので，この共鳴構造式は混成体にあまり寄与しない．それに対して，ピリドンの同様な共鳴構造式(例題 19.2 参照)では負電荷が電気陰性度のより大きい O 上にくるので，かなりピリドンの安定化に寄与している．結果的に，ピリドンは 2-ヒドロキシピリジンよりも安定であるが，2-アミノピリジンはイミン形互変異性体よりも安定である．

2-アミノピリジン　　　　　　　　　　　　互変異性体

19.10

+ HI

19.11
(a)　ピロリジンにおいては N の電気陰性度が大きいので，双極子の負末端が N を向くが，ピロールでは N の非共有電子対が非局在化し，この効果が N の誘起効果を上回るので N には双極子の正末端がくる．

ピロリジン　ピロール

(b)　ピロールの 3 位と 4 位に電気陰性度の大きい Cl が入ると，電子はその方向に引かれるので，双極子は大きくなる．

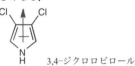
3,4-ジクロロピロール

19.12　これらのヘテロ環アミンの水溶性に影響するおもな因子は，N の非共有電子対の水素結合受容能である．ピロールの N の非共有電子対は環に非局在化しているので，水素結合受容能は小さい．ピロールの N-H 水素は水素結合供与体になり得るが，あまり効果的ではない．ピリジンの N の非共有電子対は N に局在しており，優れた水素結合受容体になるので，水分子によってよく溶媒和される．
　　イミダゾールは二重結合した N 上に局在した非共有電子対をもち，もう一つの N 上の非共有電子対は非局在化している．局在した非共有電子対はピリジンの場合と同様に水素結合受容体になるが，その能力は塩基性の弱いピリジンよりも大きい．さらに NH は弱いながらの水素結合供与体にもなり得る．したがって，イミダゾールは非常に水溶性が大きい．

ピロール　　　　　ピリジン　　　　　　　　　　イミダゾール

19.13　プロトン化によって生じたイミニウムイオンが求電子種になって，別のピロールと反応する．さらに類似の反応を繰り返してポリマーが生成する．この方法では低分子量のオリゴマーしかできない．導電性のポリピロールは電解重合でつくられ共役系をつくっている(酸化されている)．

19.14　ピロールの求電子置換反応はテキストの 19.4.1a 項で説明したように 2 位で起こる(a)が，塩基性条件ではピロールが脱プロトンされて，求核性が N で最も高くなる(b)．

(a)　(b)

19.15

19.16

19.17

19.18

　　二段階目では，EtO⁻ がカルボニル基に付加したあと，Cl₃C⁻ が脱離基として外れて CHCl₃ になる．この過程はハロホルム反応の最終段階に似ている（17 章参照）．

$$(Cl_3C^- + EtOH \rightleftharpoons Cl_3CH + EtO^-)$$

19.19

19.20　ここで起こるおもな反応は，フェノラートイオンによる芳香族求核置換反応である．

20 章

20.01

20.02

$$Cl\cdot \quad H{-}CH_2Cl \longrightarrow Cl{-}H \ + \ \cdot CH_2Cl$$

$$Cl{-}Cl \quad \cdot CH_2Cl \longrightarrow Cl\cdot \ + \ CH_2Cl_2$$

20.03　ラジカルの濃度は非常に低いので，二つのラジカルが出合う確率は非常に小さい(連鎖停止反応となる)．クロロメチルラジカルはもっと高濃度にある Cl_2 分子と出合い，ジクロロメタンと塩素原子(ラジカル)を生成する反応を起こす確率のほうが高い．これが問題 20.02 でみた連鎖成長反応になっている．

20.04　メチルプロパンには等価な第一級水素が 9 個と第三級水素が 1 個ある．したがって，相対的反応性は
第一級：第三級＝63/9：37＝7：37＝1：5.3 となる．

20.05

20.06　ハロゲン化の選択性は，テキストの 20.3.2 項で述べたように，競争的に起こる反応のエンタルピー変化に依存する(ノート 7.1「Hammond の仮説」参照)．ここで考える反応は，一般式として次に示すようなものである．

$$X\cdot \ + \ R{-}H \longrightarrow X{-}H \ + \ R\cdot$$

結合の強さは，$F{-}H > Cl{-}H > Br{-}H$ の順に小さくなるので，F の場合は強い発熱反応であり，Cl の場合にはわずかに発熱的であり，Br の場合には吸熱反応である．このことから，反応選択性は $F < Cl \ll Br$ の順に大きくなる．第一級，第二級，第三級水素の反応性はこの順に大きくなっているが，これは対応するアルキルラジカルの安定性の順に一致しているので合理的である．

20.07　NBS はアリル位臭素化を優先的に起こす．この化合物は第三級と第二級のアリル位をもつが，第三級ラジカルのほうが安定なので第三級臭化物が主生成物になる(この生成物はキラル中心をもつがラセミ体となる．副生成物の第二級臭化物はシスとトランス異性体の混合物になる)．

3-メチルシクロヘキセン　　（ラセミ体）　　（シス・トランス混合物）

20.08　一般的に，アルケンと Br_2 を反応させると，ラジカル的なアリル位臭素化と二重結合への付加が競争して起こる．二重結合への付加は通常，極性反応であるので，この反応を抑えるためにアリル臭素化は非極性溶媒中で行う．非極性溶媒中では Br_2 付加は二次反応になるので，Br_2 濃度を低く保つと付加反応が抑えられラジカル置換が優先して起こる．NBS は反応が進むにつれて Br_2 を生成するので，その濃度はつねに低く抑えられ，アリル位臭素化を行うのに適している．

20.9　(a) Br ラジカルの付加が位置選択性を決めるので逆 Markovnikov 配向の HBr 付加物を与える．(b) NBS による臭素化はアリル位またはベンジル位での置換生成物を与える．このアルケンにはフェニル基があるが，ベンジル位は sp^2 炭素で H をもたないのでこの位置では置換しない．すなわち，アリル位置換生成物になる．(c) ベンジル位置換が起こる．(d) シクロヘキシルラジカルの付加になる．

(a) 　　　(b) 　　　(c) 　　　(d)

20.10

開始反応：

$$BPO \longrightarrow 2\,Ph\cdot + 2\,CO_2$$

$$PhS-H + Ph\cdot \longrightarrow PhS\cdot + PhH$$

成長反応：

PhCH=CH$_2$ + PhS· ⟶ PhS–CH$_2$–ĊH–Ph

PhS–CH$_2$–ĊH–Ph + PhSH ⟶ PhS–CH$_2$–CH$_2$–Ph + PhS·

（主生成物）

20.11

開始反応：

$$AIBN \xrightarrow{\text{加熱}} 2\,Me_2\dot{C}(CN) + N_2$$

Bu$_3$Sn–H + Me$_2$Ċ(CN) ⟶ Bu$_3$Sn· + Me$_2$CH(CN)

成長反応：

R–O–C(=S)–SMe + ·SnBu$_3$ ⟶ R–O–Ċ(S–SnBu$_3$)–SMe

R–O–Ċ(SSnBu$_3$)–SMe ⟶ R· + O=C(SSnBu$_3$)–SMe

R· + H–SnBu$_3$ ⟶ R–H + ·SnBu$_3$

20.12 不均化反応では2分子のラジカルから水素移動によって二重結合と飽和化合物が生成する（例題20.2 参照）.

RO(CH$_2$CH(Z))$_n$–Ċ(Z)–ĊH(Z) + RO(CH$_2$CH(Z))$_n$CH$_2$Ċ(Z) ⟶ RO(CH$_2$CH(Z))$_n$–CH=CH(Z) + RO(CH$_2$CH(Z))$_n$–CH$_2$CH$_2$(Z)

20.13

1,5–H移動による連鎖移動反応

20.14

(a) 開始段階：

$$Me_2C(CN)-N=N-C(CN)Me_2 \longrightarrow 2\,\dot{C}Me_2(CN) + N_2$$

Bu$_3$Sn–H + ·CMe$_2$(CN) ⟶ Bu$_3$Sn· + HCMe$_2$(CN)

成長段階：（シクロヘキサン環上 OMe, Br）⟶ + BrSnBu$_3$ ⟶ + H–SnBu$_3$ ⟶ ·SnBu$_3$

(b) 開始段階：

$$Cl_3C-Br \xrightarrow{h\nu} Cl_3C\cdot + \cdot Br$$

成長段階：

20.15　問題 20.14(a)の反応と同じように生成したスズラジカルが連鎖伝達体になって，次のように成長段階が進行する．

（＋シス異性体）

20.16　2,2-ジメチルヘキサンの t-ブチル基部分には等価な水素原子が 9 個あり，この水素が（Cl_2 のホモリシスで生成した）塩素ラジカルで引き抜かれると 1,5-水素移動で C5 にラジカルが生じる．このラジカルから主生成物が生じる．

2,2-ジメチルヘキサン　　　　　　　　　HCl　　　　　　1,5-H 移動　　　　　　　　　　　　　·Cl　　　2-クロロ-5,5-ジメチルヘキサン

20.17

アニソール　　一電子移動

1-メトキシ-1,4-シクロヘキサジエン

3-シクロヘキセン-1-オン
（温和な条件で単離できる）

2-シクロヘキセン-1-オン

20.18

(a)

(b)

20.19 還元反応の条件でカルボン酸はリチウム塩になり，さらに還元されてジリチオ中間体になる．ヨードメタンによりこの中間体が α 位でメチル化され，酸で処理すると，生成物のカルボン酸がラセミ体として得られる．

20.20 一電子移動・プロトン化・一電子移動の連続的な反応で，エノラート中間体が生成し，メチル化されるとシス・トランス異性体混合物として生成物が得られる．

2,6-ジメチルヘキサノン

21 章

21.01 求電子付加と 1,2-H 移動で進む．

21.02 求核性の低い反応条件では，第二級カルボカチオンどうしの可逆的な 1,2-転位が起こり安定なアルケンに到達する．

21.03 ピナコール転位の一つ．

21.04　ピナコール転位とセミピナコール型転位.

(a)

(b)

21.05　いずれもセミピナコール型転位である.

(a)

(b)

21.06　エノールエーテル部位へのプロトン化についで，OH によるプッシュで 1,2-転位が起こる.

21.07　ピナコール転位とセミピナコール転位の例である．酸触媒による H₂O の脱離は，より安定な第三級カルボカチオンを生成するように起こるので，第二級炭素側に OH が残り，転位生成物はアルデヒドになる.

　トシル化は立体障害の小さい第二級炭素側で選択的に起こり，中性条件でトシラートが脱離すると第二級カルボカチオンが生成し，ついでメチル移動してケトンを生じる.

21.08　アルケンへの求電子的塩素付加に続いて，酸素のプッシュによる 1,2-転位が起こる.

21.09

21.10　まず，炭素骨格の関係を見極めることが重要である．生成したカルボカチオンの隣接位から移動する結合を見つけ，ジメチル置換した炭素の位置から対応する炭素を見つけよう．

21.11　ヒドロペルオキシ基から酸触媒により H_2O が外れると同時に O への 1,2-移動が起こる．

Org. Synth., Coll. Vol. **5**, 818(1973)参照．

21.12　ジアゾケトンからのカルベン転位である．

21.13　(a) 塩基性メタノール中でメトキシドがカルボニル基に付加したあと，フェニル基が隣のカルボニル炭素へ移動する(ベンジル酸転位に類似)，(b) Baeyer–Villiger 転位，(c) Beckmann 転位，(d) Hofmann 転位．

21.14　アジドのカルボニル付加のあと，N_2 の脱離とともに Beckmann 型の転位が起こる．

$$N_3^- + H_2SO_4 \rightleftharpoons HN_3 + HSO_4^-$$

21.15　シス異性体のいす形配座では，ヒドロキシ基と隣接メチル基がアキシアルでアンチ共平面になっているので，プロトン化されたヒドロキシ基の脱離とともに協奏的にメチル移動が起こり得る．一方，トランス体では OH が両方ともアキシアルになっているので，OH の脱離とともに協奏的に移動できる C−C 結合がない．酸触媒でゆっくりカルボカチオンが生成したあと，環内の C−C 結合(第一級アルキルに相当しメチル基より転位しやすい)が 1,2-移動を起こす．

21.16

21.17　シグマトロピー転位のあと，ケト化が起こる(微量の酸あるいは塩基が触媒していると考えられる)．

21.18　シグマトロピー転位が 2 回起こっている．

22章

22.01

(a)

(b)

PhNH~~~CO-OEt ⟹ PhNH⁻ + ⁺CH₂CO-OEt

PhNH₂ + CH₂=CH-CO-OEt ⟶ PhNH-CH₂CH₂-CO-OEt

(c)

環己酮-CH₂CO₂H ⟹ 環己酮⁺ + ⁻CH₂CO₂H

⟹

⁻CH₂CO₂Et ⟹ ⁻CH(CO₂Et)₂

環己烯酮 + CH₂(CO₂Et)₂ —NaOEt, EtOH→ [ケトン]-CH(CO₂Et)₂ —1) NaOH, H₂O; 2) H₃O⁺→ [ケトン]-CH(CO₂H)₂ —加熱, −CO₂→ [ケトン]-CH₂-CO₂H

(d)

CH₃CH=CH-CH₂-O~~~CH(OH)Ph ⟹ CH₃CH=CH-CH₂-O⁻ + ⁺CH(OH)Ph

CH₃CH=CH-CH₂-OH —NaH→ CH₃CH=CH-CH₂-O⁻Na⁺ —1) エポキシド(Ph); 2) H₃O⁺→ CH₃CH=CH-CH₂-O-CH₂-CH(OH)Ph

22.02

(a)

① CH₂=CH~~~CH₂-CO-CH₃ ⟹ CH₂=CH⁻ + ⁺CH₂-CO-CH₃   (CH₂=CH)₂CuLi + CH₂=CH-CO-CH₃ —1) THF; 2) H₃O⁺→ 標的分子

② CH₂=CH-CH₂~~~CO-CH₃ ⟹ CH₂=CH-CH₂⁺ + ⁻CO-CH₃   CH₃-CO-CH₃ —LDA→ CH₂=C(OLi)-CH₃ —CH₂=CH-CH₂Br→ 標的分子

③ CH₂=CH-CH₂~~~CO-CH₃ ⟹ CH₂=CH-CH₂⁻ + ⁺CO-CH₃   CH₂=CH-CH₂-CH₂-MgBr + CH₃-C≡N —1) Et₂O; 2) H₃O⁺→ 標的分子

(b)

① CH₃CH₂~~~C≡C-CH₂-[ジチアン] ⟹ CH₃CH₂⁺ + ⁻[C≡C-CH₂-ジチアン]   CH₃CH₂Br + Li-[C≡C-CH₂-ジチアン] —1) Et₂O; 2) H₃O⁺→ 標的分子

② CH₃-C≡C-CH₂~~~[ジチアン] ⟹ CH₃-C≡C-CH₂⁺ + ⁻[ジチアン]   CH₃-C≡C-CH₂-Br + Li-[ジチアン] —1) THF; 2) H₃O⁺→ 標的分子

22.03

(a)

CH₂=CH-CH₂CH₂CH₃ —1) Hg(OAc)₂, H₂O; 2) NaBH₄→ CH₃-CH(OH)-CH₂CH₂CH₃ —CrO₃, H₂SO₄, H₂O→ CH₃-CO-CH₂CH₂CH₃

(b)

CH₃CH₂CH₂-Br + HC≡C-Li —1) Et₂O; 2) H₃O⁺→ CH₃CH₂CH₂-C≡CH —Hg(OAc)₂, H₂SO₄, H₂O→ CH₃CH₂CH₂-CO-CH₃

(c)

22.04　エノラートの共役付加を考えればよいが，信頼性のある反応として β-カルボニル化合物のエノラートまたはエノラート等価体を用いる．

22.05

(a)

(b)

22.06

(a)

（プロパノンのエノラートはプロパノンと反応してアルドール型付加物を与える可能性もあるが，この反応は平衡的に不利であるためにゲラニアールとの反応が進む．）

(b) Lewis 酸・塩基付加物の BF$_3$・AcOH は強いプロトン供与体としてはたらく．反応機構として，下の二つの可能性が考えられる．

$$BF_3 + AcOH \rightleftharpoons CH_3-\overset{+}{\underset{}{C}}-OH \quad (BF_3 \cdot AcOH)$$

(i)

(ii)

(c) エノールエーテル **B** は，Wittig 反応でつくるのがよいので，反応剤は次の反応で調製できる．

$$MeOCH_2Cl + PPh_3 \longrightarrow MeOCH_2-\overset{+}{P}Ph_3 \ Cl^- \xrightarrow{BuLi} \overset{MeO}{\underset{H}{\diagdown}}C=PPh_3$$

(d) エノールエーテルの加水分解は酸性水溶液中で行う．

22.07

(a)

(b)

22.08

22.09

(a)

A:

B:

C:

D:

(b)

(c) 化合物 **D** にはエステル基が二つとアミド基が一つあるので，激しい条件では三つとも加水分解され，次の副生成物が得られる．

+ Cl₂CHCO₂⁻Na⁺

温和な条件でエステルだけを加水分解すれば目的のジオールが得られる．

22.10

(a) 段階(3)：LiAlH₄　　段階(4)：HSCH₂CH₂NH₂, HCl　　段階(6)：CH₃NH₂

(b)

段階(1)

段階(2)

段階(5)

(中間体アミンをR−NH₂で表す)

22.11

(a) (1) 1) LDA/THF, 2) MeI　　(2) Ph₃P＝H₂

(b)

$$\left(R = \right)$$

(c)

M.C. Pirrung, *J. Am. Chem. Soc.*, **103**, 82 (1981) 参照.

22.12

(a) **A** から **B** への変換は Baeyer–Villiger 酸化による (21.2 節).

(b) (1) 1) EtOH, H₂SO₄, 2) BrCH₂OCH₃, PhNMe₂, CH₂Cl₂
　　(2) 1) LiAlH₄, Et₂O 2) MsCl, ピリジン, 3) PhSNa, DMF

(c) スルホキシドからスルフェン酸の分子内脱離が起こる.

(d)

(e) 環状ヘミアセタールは溶液中で鎖状のアルデヒドと平衡になっている.

(f)

Y. Kishi, *et al.*, *J. Am. Chem. Soc.*, **101**, 259, 260（1979）参照.

23章

23.01

D-フラクトフラノース　　　　　　　　D-フラクトピラノース

23.02

メチル *α*-D-グルコピラノシド

メチル *β*-D-グルコピラノシド

23.03　キシリトールはメソ化合物であり，(2S, 4R) と (2R, 4S) 構造は同一である．すなわち，対称面をもつので，どちらの末端を C1 にとるかによって C2 の R, S 配置が入れ替わるので D と L を決められない（D と L は同一であるといってもよい）．

23.04　糖の環状構造はヘミアセタールであり，鎖状構造（アルデヒド）と平衡状態にあり，そのアルデヒドが Ag⁺ や Cu²⁺ を還元する．マルトースやラクトースではグルコースの 1′ 末端がヘミアセタール構造のままなので，中性条件でもアルデヒドになり還元作用をもつ．しかしスクロースでは，グルコースの 1-OH とフルクトースの 2′-OH でグリコシド結合をつくっているので，遊離のヘミアセタール OH をもっていない．そのために中性からアルカリ性の条件ではアルデヒドを生成できず，還元作用を示さない．

23.05　アノマー位でいずれもアセタールになっているので還元されないので還元糖ではない．

トレハロース
trehalose

23.06

2′-デオキシグアノシン5′-二リン酸

23.07　DNA の塩基配列は 5′ から 3′ 末端に向けて書くことになっているので，二重らせんの相補鎖は逆平行になっている．したがって，部分構造 5′-ACCTGAATCG-3″ の相補鎖は 3′-TGGACTTAGC-5′ であるが，書き直して 5′-CGATTCAGGT-3′ となる．

23.08

6-メルカプトプリン

6-チオグアニン

（H が五員環のもう一つの N に結合した互変異性体がさらに五つ可能である．）

23.09　3′ 位のリン酸エステルがシス位にある 2′-OH の求核攻撃を受けて開裂を起こす．すなわち，分子内求核置換反応によって容易に開裂反応を起こす．

23.10 （a）ヒスチジンが電荷をもたなくなるのは第二解離と第三解離の間であるので，pI＝（pK_{a2}＋pK_{a3}）/2＝（6.04＋9.17）/2＝7.605≈7.61 となる.

ヒスチジン
pK_a 1.82, 6.04, 9.17

pH 4   pH 8   pH 11

23.11

ニンヒドリン

紫色色素

23.12

23.13

(a) アキラル

(b) C2 がキラル中心で R 配置

(c) C2 と C3 がキラル中心で 2S, 3R 化合物

23.14　点線でイソプレン単位に分ける.

23.15　キラル中心　5 個，可能な立体異性体　32(2^5)種類.

著者紹介
奥山　格（おくやま ただし）
1968 年　京都大学大学院工学研究科博士課程修了
1968〜1999 年　大阪大学基礎工学部
1999〜2006 年　姫路工業大学・兵庫県立大学理学部
現　在　兵庫県立大学名誉教授
専　門　物理有機化学・ヘテロ原子化学

『有機化学 改訂3版』問題の解き方

令和 5 年 10 月 30 日　発　行

著作者　　奥　山　　格

発行者　　池　田　和　博

発行所　丸善出版株式会社
〒101-0051　東京都千代田区神田神保町二丁目17番
編集：電話（03）3512-3266／FAX（03）3512-3272
営業：電話（03）3512-3256／FAX（03）3512-3270
https://www.maruzen-publishing.co.jp

Ⓒ Tadashi Okuyama, 2023

組版印刷・製本／三美印刷株式会社

ISBN 978-4-621-30855-4 C 3043　　　　Printed in Japan